中国石油勘探开发研究院出版物

非常规油气开发
对环境和健康的影响

［美］ Debra A. Kaden　　Tracie L. Rose　　编

王　南　　陈娅娜　　卢　斌　　周春雷　　译

北　京

冶 金 工 业 出 版 社

2024

图书在版编目（CIP）数据

非常规油气开发对环境和健康的影响/（美）黛伯拉·A. 凯登（Debra A. Kaden），（美）特蕾西·L. 罗斯（Tracie L. Rose）编；王南等译. —北京：冶金工业出版社，2024.8

书名原文：Environmental and Health Issues in Unconventional Oil and Gas Development

ISBN 978-7-5024-9341-7

Ⅰ.①非… Ⅱ.①黛… ②特… ③王… Ⅲ.①油气田开发—研究 Ⅳ.①TE3

中国版本图书馆 CIP 数据核字（2022）第 254454 号

Environmental and Health Issues in Unconventional Oil and Gas Development
Debra A. Kaden, Tracie L. Rose
ISBN：978-0-12-804111-6
Copyright © 2016 Elsevier Inc. All rights reserved.
Authorized Chinese translation published by Metallurgical Industry Press.

《非常规油气开发对环境和健康的影响》（王南　陈娅娜　卢斌　周春雷　译）
ISBN：978-7-5024-9341-7
Copyright © Elsevier Inc. and Metallurgical Industry Press. All rights reserved.

No part of this publication may be reproduced or transmitted in any form or by any means, electronic or mechanical, including photocopying, recording, or any information storage and retrieval system, without permission in writing from Elsevier（Singapore）Pte Ltd. Details on how to seek permission, further information about the Elsevier's permissions policies and arrangements with organizations such as the Copyright Clearance Center and the Copyright Licensing Agency, can be found at our website：www.elsevier.com/permissions.

This book and the individual contributions contained in it are protected under copyright by Elsevier Inc. and Metallurgical Industry Press（other than as may be noted herein）.

This edition of Environmental and Health Issues in Unconventional Oil and Gas Development is published by Metallurgical Industry Press under arrangement with ELSEVIER INC.

This edition is authorized for sale in China only, excluding Hong Kong, Macau and Taiwan. Unauthorized export of this edition is a violation of the Copyright Act. Violation of this Law is subject to Civil and Criminal Penalties.

本版由 ELSEVIER INC. 授权冶金工业出版社在中国大陆地区（不包括香港、澳门以及台湾地区）出版发行。

本版仅限在中国大陆地区（不包括香港、澳门以及台湾地区）出版及标价销售。未经许可之出口，视为违反著作权法，将受民事及刑事法律之制裁。

本书封底贴有 Elsevier 防伪标签，无标签者不得销售。

注　意

本书涉及领域的知识和实践标准在不断变化。新的研究和经验拓展我们的理解，因此须对研究方法、专业实践或医疗方法作出调整。从业者和研究人员必须始终依靠自身经验和知识来评估和使用本书中提到的所有信息、方法、化合物或本书中描述的实验。在使用这些信息或方法时，他们应注意自身和他人的安全，包括注意他们负有专业责任的当事人的安全。在法律允许的最大范围内，爱思唯尔、译文的原文作者、原文编辑及原文内容提供者均不对因产品责任、疏忽或其他人身或财产伤害及/或损失承担责任，亦不对由于使用或操作文中提到的方法、产品、说明或思想而导致的人身或财产伤害及/或损失承担责任。

北京市版权局著作权合同登记号　图字：01-2024-2825

非常规油气开发对环境和健康的影响

出版发行	冶金工业出版社	电　话	（010）64027926
地　址	北京市东城区嵩祝院北巷 39 号	邮　编	100009
网　址	www.mip1953.com	电子信箱	service@mip1953.com

责任编辑　武灵瑶　张熙莹　美术编辑　彭子赫　版式设计　郑小利
责任校对　郑　娟　责任印制　禹　蕊
北京建宏印刷有限公司印刷
2024 年 8 月第 1 版，2024 年 8 月第 1 次印刷
710mm×1000mm　1/16；15.5 印张；299 千字；218 页
定价 109.00 元

投稿电话　（010）64027932　投稿信箱　tougao@cnmip.com.cn
营销中心电话　（010）64044283
冶金工业出版社天猫旗舰店　yjgycbs.tmall.com
（本书如有印装质量问题，本社营销中心负责退换）

本书贡献者

Carl E. Adams, Jr
美国田纳西州布伦特伍德，安博英环公司

Karen J. Anspaugh
美国密歇根州特拉弗斯城，印第安纳大学罗伯特麦肯尼法学院

Uni Blake
美国华盛顿特区，美国石油工业（API）监管和科学事务

Katharine Blythe
英国爱丁堡，英国安博英环有限公司

Margaret Cook-Shimanek
美国科罗拉多州丹佛市，科罗拉多大学（丹佛）和健康科学中心

Eric J. Esswein
南非约翰内斯堡，金山大学公共卫生学院
美国科罗拉多州丹佛市，国家职业安全与健康研究所（NIOSH）西部州分部

Bernard D. Goldstein
美国宾夕法尼亚州匹兹堡，公共卫生研究生院；德国，科隆大学

Anthony R. Holtzman
美国宾夕法尼亚州哈里斯堡，高盖茨律师事务所

Robert Jeffries
英国伦敦，英国安博英环有限公司

Aleksander S. Jovanovic
德国斯图加特，斯坦贝斯先进风险技术公司

Debra A. Kaden
美国马萨诸塞州波士顿，美国安博英环公司

Bradley King
美国科罗拉多州丹佛市，国家职业安全与健康研究所（NIOSH）西部州分部

Alan J. Krupnick
美国华盛顿特区，未来资源研究所（RFF）能源与气候经济中心

Wayne G. Landis
美国华盛顿贝灵汉，西华盛顿大学赫胥黎环境学院环境毒理学研究所

MariAnna K. Lane
美国华盛顿贝灵汉，西华盛顿大学赫胥黎环境学院环境毒理学研究所

David Richard Lyon
美国得克萨斯州奥斯汀，环境保护基金
美国阿肯色州费耶特维尔，阿肯色大学环境动力学项目

Matthew M. Murphy
美国伊利诺伊州芝加哥，BatesCarey 律师事务所

Daniel J. Price
美国密苏里州圣路易斯，安博英环公司

Ortwin Renn
德国斯图加特，斯图加特大学 SOW

Elyse Rester
美国全球水资源实践部门水资源管理，美国安博英环公司

Kyla Retzer
美国科罗拉多州丹佛市，国家职业安全与健康研究所（NIOSH）西部州分部

Tracie L. Rose
美国伊利诺伊州芝加哥，RHP 风险管理公司

Alicia Jaeger Smith
美国伊利诺伊州芝加哥，BatesCarey 律师事务所

Mark Travers
丹麦哥本哈根，安博英环公司

Scott D. Warner
美国全球水资源实践部门水资源管理，美国安博英环公司

Robert Westaway
英国苏格兰格拉斯哥，格拉斯哥大学工程学院

Craig P. Wilson
美国宾夕法尼亚州哈里斯堡，高盖茨律师事务所

关 于 作 者

本书编者

Debra A. Kaden 博士在毒理学和环境健康科学方面有超过 25 年的经验，特别是在空气毒性领域，是资深的环境健康科学的实践者。Kaden 博士是国际暴露科学学会成员，同时担任战略沟通和外联委员会主席，也是毒理学学会（SOT）和风险分析学会（SRA）成员，曾担任风险分析学会新英格兰分会主席。在毒理学和环境健康学方面发表了 25 篇以上经过同行专家评议的出版物。专业研究领域包括：有机化合物（包括苯、丙烯醛和甲醛）挥发性对人类健康的毒理学影响，以及与此相关的批判性评论，这些化合物可能与钻井过程中的天然气排放有关。她同时一直在调研相关领域的科学文献，对井场建设导致的污染（如交通）进行评估。她在接触科学领域的经验和实践使她能够对社区环境潜在的空间和时间影响进行评估。Kaden 博士拥有麻省理工学院（Massachusetts Institute of Technology）生物学学士、毒理学硕士和博士学位，并在纽约大学医学院（New York University Medical School）和哈佛医学院（Harvard Medical School）有博士后研究经验。在健康影响研究所从事了近 20 年的空气毒性研究工作，参与了包括柴油排放，苯、1，3-丁二烯、甲醛和其他醛类的移动污染源研究，以及包括臭氧层和颗粒物等污染物的排放标准研究。

Tracie L. Rose 女士是一位文化人类学家，拥有超过 20 年从业经验，为客户提供包括人身伤害、产品责任、毒物致害侵权、破产、仲裁审判等现有或潜在的法律诉讼、事务纠纷、沟通等方面的业务。Rose 女士是芝加哥 RHP 风险管理公司负责人，她获得北伊利诺伊大学文化人类学硕士和人类学、美国劳工史学士学位。她的经验包括在联邦和州司法管辖区内，对大规模侵权、集体诉讼、产品责任、场所责任、监管、尽职调查、环境、化学品排放和暴露、会计责任、破产、反垄断以及保险诉讼中研究分析庭审前、审判和审后相关业务咨询和事务处理。也曾担任保险顾问、联邦庭审顾问，具有就职于大型跨国公司的经历。她与庭审参与人和证人密切合作，通过对数据的分析和说明来展示科学概念，在信息挖掘和客观分析方面经验丰富。其演讲内容和相关出版物包括暴露风险和分析、工人安全和健康、历史责任现状和警示方面等主题。

分章作者（按字母顺序排序）

Alan J. Krupnick 博士，州政府、联邦机构、私人公司、加拿大政府、欧盟、世界卫生组织和世界银行的顾问，拥有马里兰大学经济学博士学位。曾担任美国环境保护署（US Environmental Protection Agency）顾问委员会的领导职务，是总统委员会针对环境和自然资源政策问题提供建议的高级经济学家，也是美国国家科学院（National Academy of Sciences）和美国环境保护署（EPA）等机构专家委员会的固定成员。他担任未来资源研究所（RFF）能源与气候经济中心（CECE）联合主任和未来资源研究所高级研究员，研究侧重于分析环境和能源问题，特别是美国及发展中国家污染和能源政策的收益、成本和设计问题。Krupnick 博士是 *Toward a New National Energy Policy：Assessing the Options Study* 一书的主要作者，研究一系列联邦能源政策在交通和电力领域的成本和效益，通常偏好以调查方式开展分析研究，以及对天然气供应及其对能源价格和政策的影响进行研究，比如美国重型卡车转为使用液化天然气的成本和收益，扩大对深水石油钻探的监管成本和收益等方面。

Aleksander S. Jovanovic 博士，斯图加特大学欧盟跨学科风险与创新中心（ZIRIUS）教授和项目负责人。自 1977 年以来，一直在多地（欧盟、日本、美国）从事行业研究，1987 年加入斯图加特大学，领导了 30 多个大型欧盟工业项目，专注于新兴工业的风险问题、最佳实践、资产完整性管理、决策和支持系统、智能软件系统和成本效益分析的研究。此外，Jovanovic 博士还担任欧盟及国际企业的"欧盟国家的专家支持"和"合同代理人"总干事。目前，在斯图加特大学联合创办的欧洲综合风险管理虚拟研究所（EU-VRi）担任领导职务。他曾在米兰（Politecnico）、斯图加特、美国加州拉霍亚（La Jolla）、巴黎（École Polytechnique）、萨格勒布和诺维萨德等地的大学担任讲师和教授，也是 CEN-CWA"新兴风险"委员会主席和 ISO-PC262 委员会联络成员（ISO 31000 标准"风险管理"）。Jovanovic 博士于 2013 年获得了 Steinbeis 奖，著作涉及新兴风险和企业责任、基于风险的决策、失败风险分析和风险管理。

Alicia Jaeger Smith 女士，美国伊利诺伊州芝加哥 BatesCarey 律师事务所的特别法律顾问，主要从事法律相关范围内的保险工作。拥有圣路易斯华盛顿大学法学博士学位，西北大学土木工程学士学位，也是华盛顿大学法律季刊成员之一。Smith 女士为北美、百慕大和伦敦的保险公司处理过一般责任保险、超额责任保险和伞型保险、错误和遗漏保险及专业责任保险等复杂的保险案件，在索赔处理、政策分析和索赔解决方面为客户提供咨询，曾在美国和伦敦代表客户进行诉讼、调解和仲裁程序。在加入 BatesCarey 律师事务所前，Smith 女士在 Hanson Peters Nye 公司从事法律工作，主要处理部门负责人和员工在雇佣责任方面的索赔，并为客户提供起草规章制度方面的咨询。凭借其经验，于 2003 年被借调到伦敦的 Limit Syndicate 2000（隶属于昆士兰保险集团），为索赔和承保人员提供索赔和储备分析方面的建议，并提供美国法律各个方面的内部培训。Smith 女士拥有在伊利诺伊州法院和伊利诺伊州北部和中部地区的美国地方法院的执业资格。

Anthony R. Holtzman 先生，高盖茨律师事务所哈里斯堡办事处的法律合伙人，以最优成绩毕业于宾夕法尼亚州立大学迪金森法学院，拥有法学博士学位。他是《宾夕法尼亚州立大学法律评论》的成员和获奖作家，拥有弥赛亚学院学士学位。业务领域主要集中在环境法、宪法、上诉诉讼、博彩法和商业诉讼，Holtzman 先生被允许进入联邦和州法院，包括美国最高法院。他经常在美国第三巡回上诉法院、美国宾州中部地区法院、宾州上诉法院和初审法院及宾州环境听证会委员会任职，代表能源行业客户处理涉及机构的执法活动、水和地表污染指控、产权纠纷、契约和合同解释、许可证纠纷及在信息自由法下产生的相关问题。此外，Holtzman 先生还为能源行业客户提供宾夕法尼亚和联邦法规合规问题的建议，包括河流穿越、泄漏修复、废物处理、暴雨水排放、机械完整性、敏感物种、许可和专业报告。除了参加环境法活动，Holtzman 先生还定期就宾夕法尼亚和联邦宪法问题向公共和独立客户提供咨询建议。他对《宾夕法尼亚宪法权利法案》、宾夕法尼亚大会的结构和权力，以及立法要求的条款方面经验丰富。在联邦层面，他曾就《第一修正案》《第二修正案》《第十修正案》《第十一修正案》《休眠商业条款》《征收条款》《平等保护条款》和《言论或辩论条款》等相关问题代表客户参与其中。除了从事法律工作，他还在弥赛亚学院担任兼职讲师。

Bernard D. Goldstein 博士，匹兹堡大学健康科学学院的荣誉退休教师，曾担任匹兹堡大学公共卫生研究生院院长。他是一名环境毒理学家，研究主要针对风险评估和公共卫生领域的生物标记。在血液毒性、接触吸入剂后致癌物质（自由基）的形成、公共卫生决策，以及全球环境医学等多领域发表过多篇研究文献。目前主要从事非常规天然气钻井对公共健康影响方面的研究，特别是在马塞卢斯页岩地区非常规天然气钻探的可持续发展科学方面。在匹兹堡大学任职前，他是罗伯特·伍德·约翰逊医学院环境与社区医学系教授和主席，在那里建立并指导了美国最大的学术环境和职业健康项目——成立环境和职业健康科学研究所。此外，Goldstein 博士还曾在美国公共卫生服务部门担任官员，并被罗纳德·里根任命为美国环境保护署（USEPA）负责研发业务的助理署长。他在纽约大学（New York University）获得医学学位，在威斯康星大学（University of Wisconsin）获得本科学位，同时也是一名医生，拥有内科、血液学和毒理学委员会的认证。Goldstein 博士在同行评议文献中发表了超过 150 篇文章，并发表了许多与环境健康有关的评论。他是美国国家科学院、医学研究所（IOM）和美国临床研究学会的民选成员，曾担任与环境健康问题有关的数十个国家研究委员会和国际移民组织委员会主席，也曾担任风险分析协会主席，以及美国国家健康研究所毒理学研究部门、清洁空气科学咨询委员会、国家公共卫生审核员委员会和健康影响研究所研究委员会主席。

Bradley King 先生，卫生政策研究理学硕士（MSHP），科罗拉多州丹佛市国家职业安全与健康研究院（NIOSH）认证工业卫生师（CIH）。King 先生于 1999年以预防医学教师协会（ATPM）院士身份加入 NIOSH，此后一直在危害评估及技术援助处（HETAB）担任工业卫生师。他拥有圣路易斯大学环境与职业健康公共卫生硕士学位，以及约翰霍普金斯大学环境健康科学博士学位。曾在美国多个不同类型的工地进行健康危害评估，目前从事油气开采过程中可能存在的环境暴露问题的评估研究工作。King 先生在美国公共卫生服务部门拥有指挥官头衔，2015 年当选为落基山脉地方分会（AIHA）主席。

Carl E. Adams，Jr 博士，曾在 32 个国家的 1000 多个美国和国外工业废水管理项目中担任顾问和主管。Adams 博士在得克萨斯大学奥斯汀分校获得环境健康工程博士学位，并在范德比尔特大学（Vanderbilt University）获得工程学士学位和硕士学位。Adams 博士撰写了 100 多篇技术出版物，并合作编辑出版了四本书和工程手册。他是公认的工业废水管理领域的国际领先专家之一，专业技术领域包括高强度和高盐工业废水的好氧和厌氧处理、硝化-反硝化、膜技术、化学氧化、源头控制和水的回收与再利用。他曾担任美国范德比尔特大学客座教授，研究废水的先进处理技术及应用。Adams 博士开发了废水管理前沿技术流程并获得了专利，包括工业废水处理厂处理挥发性废气的 VOC BioTreat™ 控制技术，其专利技术应用于 18 个国家的 75 项申请中。他是得克萨斯大学奥斯汀分校土木与建筑工程系的杰出校友，同时也是范德比尔特大学工程学院的杰出校友。

Craig P. Wilson 先生，美国高盖茨律师事务所哈里斯堡办事处的法律合伙人，也是该公司全球环境、土地和自然资源工作组的业务协调人。拥有佛蒙特州法学院法学博士和硕士学位、达特茅斯学院学士学位，均以优异的成绩毕业，并担任《佛蒙特州法律评论》主编。Wilson 先生自 1992 年以来一直与高盖茨律师事务所合作，自 2001 年起成为该公司的合伙人。他被包括美国最高法院在内的州和联邦法院录用。专注于能源、环境和自然资源领域，主要涉及环境、土地和自然资源，其次是能源、液化天然气、石油与天然气，以及房地产土地使用、规划和分区。Wilson 先生为客户提供以下范畴咨询：天然气生产勘探与运输，能源及其他商业工业项目的开发与运营，向政府机构申请环境、分区和土地开发许可，以及涉及潜在环境责任的商业交易或诉讼的当事人。Wilson 先生经常被邀请向包括同行、股东和利益集团在内的听众讲授他的专业知识。

Daniel J. Price 先生，美国安博英环公司密苏里州圣路易斯市办公室的首席顾问，拥有超过 25 年的经验，为工业、商业和投资实体提供技术专长和环境场地表征、修复和责任管理服务。拥有密苏里州立大学地质学学士学位，是一名注册地质学家，管理过各种各样的项目，从房地产交易的现场评估到全面的资源保护及恢复法案（RCRA）下的设施调查，综合环境响应，补偿和责任法案（CERCLA）下的补救调查，临时响应行动和补救。通过实践，为自有和遗留财产相关的环境责任方面的评估提供专业咨询，工作经验包括作为一个团队的项目经理，在加拿大的一个设施中开展关于石油溶剂释放的调查和实施补救工作。Price 先生支持就地进行源土壤的补救工作，他提出，技术支持需要降低地下水中的碳氢化合物浓度，评估无害油田废物（NOW）（包括自然产生的放射性物质（NORM）（Ⅱ类井）和无害工业固体废物（NID）（Ⅰ类井））注入盐穴和盐穹盖层相关的环境和商业风险的技术监督和意见。Price 参与对一家民用及商用天然气公司的评估和收购，主要负责对公司的环境责任评估提供技术支持，确定环境责任与人造天然气厂（MGPs）的历史运行有关。还曾评估了一家石油和天然气生产公司中游资产的环境和负债，该资产是得克萨斯州西部 Eagleford 页岩区块的一部分，包括 11 个天然气收集系统（GGSs），每个系统由一个或多个压缩机站和 996.18 km（619 mi）的管道组成。

David Richard Lyon 先生是环境保护基金（EDF）的科学家，拥有肯塔基大学林业硕士学位和亨德里克斯学院生物学学士学位，作为法国电力公司（EDF）的一名科学家，致力于量化天然气价值链中甲烷排放量的研究，工作包括分析排放数据，研究减少天然气泄漏和减少天然气开发对气候影响的技术和政策。在进入 EDF 之前，Lyon 先生曾在美国阿肯色州环境质量部门（ADEQ）工作，担任该州空气污染排放清单项目协调员。在 ADEQ 任职期间，担任美国环境保护署（USEPA）资助的一项研究的项目经理，该研究旨在评估费耶特维尔页岩天然气开发对排放和空气质量的影响。此外，Lyon 先生还管理了一个 50 万美元的项目，为多个州的环境机构联盟开发并实施了一个基于网络的排放清单报告系统。在阿肯色州时，Lyon 是塞拉俱乐部（Sierra Club）的一名领导人，倡导实施有效的环境法规，在空气污染教学及进行生物地球化学和恢复生态学研究方面拥有丰富的经验。

Elyse Rester 女士是美国英博安环公司加州埃默里维尔办事处的高级助理，拥有 4 年的环境咨询经验，尤其擅长水处理和监管管理。在加入安博英环公司前，Rester 女士于 2010 年获得佐治亚理工学院环境工程学士学位，2011 年获得环境工程硕士学位，在田纳西州获得专业工程师执照。目前，Rester 女士提供针对污水、雨水，以及《清洁水法》（CWA）、《国家污染物排放消除系统》（NPDES）、《资源保护与回收法》（RCRA）及特定的州和地方监管项目相关合规活动的咨询服务。

    Eric J. Esswein 先生，美国疾病预防控制中心（CDC）和国家职业安全健康研究院（NIOSH）所属的国家公共卫生服务系统官员，并担任金山大学（University of the Witwatersrand）公共卫生学院客座讲师。拥有犹他大学医学院公共卫生与工业卫生硕士学位，以及科罗拉多大学丹佛分校应急管理和计划专业毕业证书。过去的 24 年里，Esswein 先生一直是 CDC-NIOSH 西部州分部的高级工业卫生师，其职业生涯还包括担任美国公共卫生服务处工业卫生负责人，以及作为 NIOSH 健康危害评估项目组成员在南非约翰内斯堡 NIOSH 担任了一年的高级工业卫生师。Esswein 先生在国内外从事工业环境职业暴露风险和控制相关的实地研究方面具有丰富经验，他现场工作包括石油和天然气开采上游领域的暴露定量评估，以及钻井、水力压裂和油井维修。Esswein 先生是 NIOSH 评估石油和天然气现场化学品暴露工作的发起人和首席研究员，论文 "Occupational exposures to respirable crystalline silica in during hydraulic fracturing"（J. Occup. Environ. Hyg. 10，347-356，July，2013）的第一作者。Esswein 先生具有丰富的应急响应经验，包括在海湾漏油事故中领导 NIOSH 现场应急技术团队（路易斯安那州）；在 2001 年美国世贸中心恐怖袭击事件中领导工业卫生处理小组；在美国国会生物恐怖袭击事件中担任应急反应团队领导；应对东南亚海啸现场等。他还担任美国公共卫生第三纵队的副指挥官。是取样和净化技术的获奖发明家，持有美国专利。Esswein 先生荣获美国公共卫生服务杰出服务奖章、表彰奖章、USPHS 表彰、杰出单位表彰、USPHS 单位表彰等嘉奖，以及美国工业卫生协会落基山分会 2004 年度工业卫生专家。

    Karen J. Anspaugh 女士，拥有 20 年专门从事石油和天然气行业的执业律师经验。本科以优异成绩毕业于奥罗尔罗伯茨大学（Oral Roberts University），获得了塔尔萨大学（University of Tulsa）法学博士学位，拥有美国印第安纳州、密歇根州和密苏里州的执业执照，Anspaugh 女士已经起草了 1000 多份关于石油和天然气方面的意见，协助客户完成多项合规监管、租赁和矿产资产的转让谈判、合同及收购交易。她是 Surrett & Anspaugh 事务所的管理合伙人，该事务所在俄克拉何马州、宾夕法尼亚州、伊利诺伊州、印第安纳州、肯塔基州和密歇根州开展业务。她曾在印第安纳波利斯市的 Greenebaum Doll 律师事务所和俄亥俄州哥伦布市 Vorys Sater Seymour & Pease 律师事务所担任法律顾问，并担任安斯博律师事务所管理合伙人。Anspaugh 女士在印第安纳大学罗伯特·麦肯尼（Robert McKinney）法学院教授石油和天然气法，并担任印第安纳州石油和天然气协会的董事会成员，同时也是相关专业和行业协会成员，包括美国石油陆地人协会、能源和矿产法基金会、伊利诺伊州石油和天然气协会、印第安纳律师协会、印第安纳州煤炭委员会、印第安纳州石油和天然气协会、肯塔基州石油和天然气协会、APL 分会（俄亥俄州，宾夕法尼亚州，西弗吉尼亚州）、密歇根州职业陆地人协会、密歇根州律师协会、密歇根州石油和天然气协会、三州（伊利诺伊州、印第安纳州、肯塔基州）职业陆地人协会及妇女能源网络－阿巴拉契亚分会。Anspaugh 多次受邀向同行和股东们发表演讲，受到业内的欢迎和肯定。

Katharine Blythe 博士，安博英环公司爱丁堡办公室高级顾问。拥有英国杜伦大学生态学学士学位、英国曼彻斯特大学污染与环境控制硕士学位和曼彻斯特城市大学环境植物生理学博士学位，是环境管理与评估研究所（AIEMA）成员。Blythe 博士有超过 8 年的环境项目管理与协调经验，其中包括 7 年环境领域的学术经验。参与多项环境影响评估（EIA）工作，并为英国多个地方项目提供环保事务协助，包括规划许可、污染预防与控制（PPC）、受控活动规定（CAR）和放射性物质法案（RSA）许可申请。她负责项目环评的初步咨询和界定，与环境专家和管理团队一起起草和提交规划申请、环境和技术报告。曾与不同行业的客户合作，包括非常规天然气（煤层气（CBM））、可再生能源（风电场和废物处理厂的能源）、露天矿道、二次开发、休闲和住宅开发等领域。

Kyla Retzer 女士，公共卫生硕士，自 2010 年以来担任美国疾病控制中心和国家职业安全与健康研究所（CDC-NIOSH）西部州的流行病学家和安全研究员。拥有沃斯堡北得克萨斯大学健康科学中心公共卫生硕士学位。

Margaret Cook-Shimanek，医学博士，公共卫生硕士，自 2013 年以来一直是科罗拉多大学丹佛分校和科罗拉多州奥罗拉健康科学中心职业与环境医学的住院医师。2011—2013 年，在科罗拉多大学健康科学中心担任普通预防医学和公共卫生住院医师，并在科罗拉多儿童医院儿科实习 1 年（2008—2009 年）。Cook-Shimanek 博士拥有北达科他州大学医学与健康科学学院医学博士学位，以及科罗拉多公共卫生学院公共卫生流行病学硕士学位，曾获得美国职业与环境医学学院（ACOEM）2015 年驻地研究奖，研究方向包括对科罗拉多州石油和天然气行业工人诉讼索赔数据的研究分析。

MariAnna K. Lane 女士，以优异成绩毕业于西华盛顿大学环境科学专业，并获得学士学位（侧重环境毒理学，辅修化学）。Lane 女士特别感兴趣的领域包括科学与政策的互动、科学传播、环境毒理学、生态风险评估、风险沟通、环境化学、化学命运和运输、植物学和真菌学。

Mark Travers 先生，美国安博英环公司执行副总裁，也是全球实践发展部的一员，目前住在丹麦哥本哈根。在前往丹麦前，曾在新加坡环境公司工作过 2 年，职业生涯的大部分时间都不在美国办公。他完成了工商管理研究生课程，并获得普渡大学工程地质学硕士学位和伊利诺伊州立大学地质学学士学位。Travers 先生在应用科学和工程领域拥有超过 30 年的经验，尤其擅长多介质场地的评估和修复，城市和危险废物管理，环境与岩土工程、污染泥沙评价与修复，建筑工程，矿山及选矿场地开发与经营，自然资源恢复。Travers 的职业生涯包括为全球私营企业和政府组织提供项目服务，曾为美国、欧盟和澳大利亚的油气资源项目提供技术支持或管理。

Matthew M. Murphy 先生，美国伊利诺伊州芝加哥 BatesCarey 律师事务所的创始合伙人，业务专注于复杂的保险事务，包括运输和建筑风险、再保险交易和仲裁、组织制定和解散、保险诉讼、经纪公司关系、索赔监督和审查、政策和合同准备、监管事务，以及一般的公司治理和诉讼。Murphy 先生拥有印度理工学院/芝加哥肯特法学院的法学博士学位（以优异的成绩毕业），以及伊利诺伊大学金融学士学位，拥有在伊利诺伊州和威斯康星州的州法院、伊利诺伊州北部地区地方法院、威斯康星东部和西部地区美国第七巡回上诉法院的执业资格。凭借经验，Murphy 先生曾为保险行业以外的多家公司提供代理和诉讼服务，或担任法律总顾问。在专注于个人法律实践之前，曾在怡安集团子公司担任多个行政职务，包括怡安风险顾问公司和弗吉尼亚担保公司、迪尔伯恩保险公司的高级副总裁和董事，以及怡安再保险代理公司的副总裁。在此之前，他在 Crum & Forster Managers Corporation 集团负责各种保险索赔、监管和割让再保险人的业务。Murphy 的保险生涯始于 Sentry 保险，一家互助公司，他被客户和律师同行们公认为是 2015 年美国新闻（US News）最佳律师之一（他也是 2014 年的杰出律师）。

Ortwin Renn 博士，环境社会学与技术评估教授，经济与社会科学系系主任，斯图加特大学跨学科风险与创新研究中心主任，拥有科隆大学社会心理学博士学位。Renn 博士是挪威斯塔万格大学"综合风险分析"和北京师范大学"风险治理"的兼职教授，职业生涯还包括在克拉克大学核研究中心、瑞士理工学院（苏黎世）和技术评估中心（斯图加特）担任教学和研究职务。Renn 博士是德国赫姆霍尔茨联盟的联合负责人，他认为："未来满足能源需求的基础设施，应具备可持续性和社会兼容性"，领导着这个非营利性的交流研究机构并参与环境政策制定过程。他也是洛桑国际风险管理委员会（IRGC）的科学和技术委员会成员，中国国家减灾与应急管理研究院及他家乡 Baden-Württemberg 州的州可持续发展委员会委员。Renn 博士曾任职于多个小组，包括位于华盛顿特区的美国国家科学院的"公众参与环境评估和决策"（2005—2007 年）、德国联邦政府的"福岛事件后的能源伦理委员会"（2011 年）及欧盟主席巴罗佐的科学顾问委员会（2012—2014 年）。Renn 博士是柏林勃兰登堡科学院（Berlin-Brandenburg Academy of Sciences）参议院成员和德国国家技术与工程学院（Acatech）董事会成员。2012 年，他当选国际风险分析协会（SRA）主席，任期为 2013—2014 年。荣誉包括瑞士理工学院（苏黎世联邦理工学院）的荣誉博士学位，慕尼黑工业大学的荣誉兼职教授，风险分析协会（SRA）的"杰出成就奖"和几个最佳出版物奖。2012 年，德国联邦政府授予他国家十字勋章，以表彰他出色的学术表

现。Renn 博士主要对风险治理、政治参与及面向可持续性的技术和社会变革感
兴趣，已出版了 30 多本专著和 250 篇文章，其中最著名的是专著 *Risk Governance*
(Earthscan；London 2008)。他的出版物、白皮书、专著和文章集侧重于风险、社
会冲突、不确定性、增长、风险与危害、风险沟通、决策和感知。在风险、社会
和治理方面的研究包括石油和天然气运营、纳米技术、食品安全和新兴技术等
主题。

Robert Jeffries 先生，安博英环公司伦敦办公室的负责人。Jeffries 先生拥有
理学学士学位，拥有 25 年环境咨询经验，擅长土地污染的评估和修复、多学科
团队管理，以及多地点国际尽职调查和实施环评项目。在他的职业生涯中，曾在
世界各地工作，包括英国、澳大利亚、美国和东南亚，在运营、项目和客户管理
方面担任过各种领导职务。Jeffries 先生拥有丰富的项目经验，涉及石油和天然
气、制造、采矿、化工和制药行业。此外，其专长还包括非常规油气领域（包括
水力压裂）的上下游项目。Jeffries 先生曾为英格兰西北部页岩气水力压裂项目的
开发提供技术支持。包括评估页岩气工艺对地下水和地表水资源的潜在影响，以
及编写项目规划中的环境声明。

Robert Westaway 博士，格拉斯哥大学工程学院（电力与能源系统）高级研
究员，剑桥大学毕业。2012 年入职格拉斯哥大学前，曾在多所英国和海外大学
工作，并经营自己的咨询公司，致力于地热学方面的研究，包括开发基于古气候
与地形影响的原始热流数据校正技术，以及研究侵蚀、沉积与岩浆作用对地热的
影响。凭借多学科的研究兴趣，撰写了近 200 篇论文，研究范畴包括开发概念模
型，以促进对了解甚少的地热田中高导热热流或中热地下水的理解。Westaway 博
士参与了斯洛伐克地热田的商业开发，还担任了英国地热资源评估顾问。

Scott D. Warner 先生，美国安博英环公司美国加州埃默里维尔办公室的负
责人，在水文地质、地下水修复策略、设计和评估、地下水模拟和水资源方面拥
有超过 25 年的咨询经验。在印第安纳大学获得地质学硕士学位，在加州大学洛
杉矶分校获得工程地质学学士学位，他是加州注册的专业地质学家、水文地质学
家和工程地质学家，也是水文地球化学、地下水修复、修复成本回收等方面的专
家，曾参与北美、南美和欧洲的多个项目。华纳先生在设计和评估地下水原位修
复措施方面拥有丰富的经验，包括强化生物修复、渗透性反应屏障（PRBs）和
氯代烃地化控制石油碳氢化合物、金属和放射性成分。Warner 先生在行业期刊和
会议上发表或合作发表了 50 多篇关于地下水修复、水力学和地球化学的论文，
目前担任牛津大学出版社一本关于重非水相流体（DNAPL）表征与修复著作的
联合编辑。Warner 先生是修复技术发展论坛（RTDF）、美国环境保护署
(USEPA) 和州际技术监管委员会（ITRC）美国国家和国际课程的共同开发者/
合作讲师，曾担任旧金山湾区海湾规划联盟主席，该联盟是一个倡导平衡利用和

监管旧金山湾与三角洲资源的组织。

Uni Blake 女士，毒理学家，在环境健康、环境数据分析、风险评估、空气、地表水和地下水有毒物质监管等相关项目上，有超过 15 年的工作经验。Blake 女士拥有伍斯特学院（College of Wooster）化学学士学位和美利坚大学（American University）毒理学硕士学位。目前担任华盛顿特区美国石油研究所监管和科学事务部科学顾问，工作主要是关注石油和天然气开发对人类健康的潜在影响。Blake 女士是石油工程师学会（SPE）、毒理学学会（SOT）和风险分析学会（SRA）的成员。

Wayne G. Landis 博士，赫胥黎环境学院和西华盛顿大学环境毒理学研究所的教授和所长，拥有印第安纳大学动物学博士、生物学硕士和维克森林大学生物学学士学位，目前研究领域是对空间和时间尺度的生态风险评估，研究贡献包括提出了景观毒理学的远距离作用学说，将复杂系统理论应用于风险评估，开发了多种压力源和区域尺度风险评估的相对风险模型，以及计算入侵物种和突发疾病风险的特别方法。Landis 博士拥有多项专利，并撰写了关于使用酶和生物降解化学武器的论文。撰写了 130 多篇同行评议出版物和政府技术报告，发表了 300 多篇科学报告，出版了四部专著，并编写了教科书 *Introduction to Environmental Toxicology*，目前已出版第四版。他为非政府组织及联邦（美国和加拿大）、州、省和地方政府的工业领域做过顾问。Landis 博士是 *Human and Ecological Risk Assessment* 和 *Integrated Environmental Assessment and Management* 杂志的编委会成员，同时也是 *Risk Analysis* 的生态风险领域编辑。也是环境毒理学和化学学会（SETAC）成员，并于 2000—2003 年在环境毒理学和化学学会董事会任职，被任命为普吉特海湾伙伴关系州科学小组成员，该机构专注于普吉特海湾的修复。2007 年，被任命为风险分析协会的会员，2012 年，Landis 博士被授予土壤、沉积物、水和能源年度国际会议终身成就奖。

致　　谢

我们感谢爱思唯尔（Elsevier），特别是 Marisa LaFleur，我们希望以集体的方式来完成这样一本主题非常宏大且有争议的书籍，感谢他们的耐心与鼓励。感谢我们所有的作者，他们慷慨地付出了时间、专业知识和创造力。感谢我们各自的公司——安博英环和 RHP 风险管理公司，感谢他们愿意为我们提供空间，使得有机会将这一智囊团聚集在一起。

感谢 Amnon Bar-Ilan、Gretchen Greene、Jonathan Kremsky、Ken Mundt、Don Rose 和 Suzanne Persyn 在整个过程中的建议与支持。

前　言

　　非常规油气（O&G）开发是一项异常复杂且颇具争议的工业过程。很少有人对水力压裂持中立态度，相比之下，许多人都直言不讳（无论支持或反对该技术）。有许多社论、博客、信件和评论文章阐述了辩论双方的观点。因此，当撰写一本关于非常规油气开发的书籍，以一种中立的方式涵盖许多争议性的问题是很重要的。

　　与常规油气开发一样，非常规油气开发在利益与风险并存的同时也存在许多潜在问题，例如工业操作复杂、公众理解不全面、研究结果不一致等。然而，通过更好地梳理这一过程及相关问题，相信监管机构、行业和公众可以比照其他能源，就非常规油气开发的相对收益、安全性和风险做出明智的决定。显而易见，目前对能源的需求并没有消失。相反，我们有义务了解事实，并形成系统建议来指导决策。

　　本次研究列出了我们认为目前最受关注的领域，以及最不了解的领域。进一步考虑了最受关注的作者并开始积极联系。最后，就可能遗漏的话题听取了其他专家意见。本书的章节反映了对关注主题的调查，即空气、水、废品、化学品使用、运输、工人安全与健康、公共卫生、风险预知、州和联邦法规、经济和可持续性等。为了反映不同作者的不同倾向，我们努力接触来自各种"利益相关者"团体相关领域的领导与专家，尽可能以一种中立的立场将内容呈现于书中。

　　这一过程结果呈现为涵盖系列问题的章节合集，由一群各领域权威智囊顶级专家撰写，他们的讨论和写作富有启发性和洞察力。我们非常感谢他们在时间、见解和创造力方面的慷慨付出。

Debra A. Kaden

Tracie L. Rose

章 节 介 绍

第 1 章：本书的引言章节，Uni Blake 女士介绍了非常规油气开发过程的历史和技术背景。研究主要集中在美国早期开发事件与条件。这与全球预测有关，因为美国一直处于这些资源开发和技术的最前沿。对非常规油气开发过程相关背景进行评估，可以为后续章节讨论提供关键的方法，并使后续章节的作者能够专注于各自的主题。此外，在第 1 章中，作者对油气行业进行了概述，并通过讨论可能的泄漏途径，阐述了其对环境和公共健康影响的合理性。

第 2 章：Alan J. Krupnick 博士撰写了第 2 章，阐述了非常规油气开发的已知、不确定和未知的经济后果，以及在国家范围、区域范围和行业范围内审查风险和价值之间的交换对环境健康和商业方面的影响。

第 3 章：由 David Richard Lyon 先生撰写，深入探讨了一个围绕非常规油气极具争议的问题，即空气排放。尽管人们认为，由于每能源单位产生的二氧化碳（CO_2）水平降低，用天然气替代煤炭作为能源具有长期气候效益，但它有可能增加甲烷（CH_4）的排放，从而产生一种强大的温室气体（GHG）化学物。本章对比讨论了天然气相对于碳含量较高的化石燃料对气候的影响，包括甲烷排放的贡献。只有了解潜在的甲烷效应，才能朝着减少甲烷排放的控制技术发展，从而最大限度地减少天然气开发的潜在气候影响，并带来更大的整体气候效益。

第 4 章：由 Elyse Rester 女士和 Scott D. Warner 先生撰写。重点聚焦使用水力压裂进行石油开采的区域内的地表水和地下水——在过去、现在或将来都可能作为饮用水资源。在整个水力压裂水循环中都存在饮用水暴露途径。两个在宾夕法尼亚州迪莫克和怀俄明州帕维利翁的研究案例揭示了确定水力压裂导致水污染的过程。地下水和地表水污染与水力压裂活动有关；尽管污染通常与操作问题、人为过失有关，而不是地下水力压裂本身。持续监测地下水，包括水力压裂前后及持续更长时间的地下水采样事件将是今后确定和预防饮用水源水污染的关键。除了环境污染问题外，大规模使用水还带来了与水源、丰富程度和相关废物处理有关的问题。

第 5 章：除了环境污染问题外，大量使用水还带来了与水源、丰度和相关废物处理相关的问题。Daniel J. Price 先生和 Carl E. Adams，Jr 博士介绍了水的使用和废水管理，包括将返排液循环作为未开发资源应用于压裂过程中。讨论了各种处理技术，包括成膜、电凝聚和蒸发/结晶，以及来自废物和场外处理的可再利用水。作者提出了一种创新的技术，即零排放系统（ZDS）。

第6章：任何关注非常规油气媒体的人都知道，水问题是最重要的，包括对法律权利和污染的关注。Craig P. Wilson 先生和 Anthony R. Holtzman 先生回顾了涉及非常规油气开发相关工业活动污染住宅水井的诉讼历史，描述了这些案件中涉及的事实指控、诉讼原因、救济请求和证据问题，并探讨了目前存在争议的法律和事实问题。

第7章：Eric J. Esswein 先生、Kyla Retzer 女士、Bradley King 先生和 Margaret Cook-Shimanek 博士从统计学角度回顾了归因于油气行业的死亡及其原因，并期待着评估非传统油气开发行业工人的化学暴露风险。作者提出了一项政府和行业之间的创新与合作计划，旨在提高工人的安全与健康。

第8章：Bernard D. Goldstein 博士、Ortwin Renn 博士和 Aleksander S. Jovanovic 博士集体讨论了非常规油气开发引发公共卫生风险的大众观点和社会倾向。此外，他们还调查了美国和欧洲公众对该行业风险的预判，在本章中，作者将最近的监管决定与风险证据和风险预知这两个问题联系起来。

第9章：当然，一旦从页岩区块中开采出石油或天然气，就需要想办法将其转移到将要使用的地方。第9章由 Alicia Jaeger Smith 女士和 Matthew W. Murphy 先生撰写，回顾了页岩油气的各种运输方式和路线，包括管道、油轮、铁路、驳船和卡车。作者探讨了与页岩油气开采相关的问题，包括环境与安全问题、基础设施与产能问题、矿权及保险问题，本章最后概述了监管行业的法规，虽然这一章的重点是美国，但这些问题牵涉全球。

第10章：本章初衷是评估水力压裂以确定因果关系，并分析环境风险和可持续性，目的是审查非常规油气开发的可持续性。然而，MariAnna K. Lane 女士和 Wayne G. Landis 博士很快得出结论，对潜在压力源和对典型终端之间影响的因果关系进行的系统评估，尚不足以进行生态风险评价。围绕非常规油气开发的争议并没有因为出版了许多相互冲突的出版物而得到缓解。作者进一步探讨了资金来源对所得结论的影响，并分析了已发表的科学文献，了解资金来源是否会影响发表结果。随后，作者提出了一个初步的因果概念模型，作为未来组织对非常规油气开发影响和最终可持续性研究的起点。

第11章：Robert Westaway 博士研究了历史地震事件，并参考了美国和英国的事例，回顾了当前关于诱发地震活动的知识，讨论了观测到的与废水处理相关的地震活动，以及在特定地质条件下水力压裂相关的诱发地震活动相关的问题。

第12章：Karen J. Anspaugh 女士探讨了美国各州和联邦政府如何看待水力压裂；讨论了如何通过安全生产为美国经济带来的诸多好处，包括负担能力、丰富性和替换可用性；讨论了化石燃料如何影响美国人生活的方方面面，研究了美国国家能源政策如何最有效，指出了土地法律和顶层监管机构的必要性。

第13章：Katharine Blythe 女士、Robert Jeffries 先生和 Mark Travers 先生将讨论从其他章节的美国和英国扩展到了全世界。本章从页岩气商业或勘探生产的角度描述了非常规油气开发的现状，提供了相关地质和环境信息的区域概况，并提出了全球立法和社会政治方面的考虑。

显然，围绕着非常规油气开发存在着非常复杂的问题，这13个章节中的任何一个都可以单独出书。不要求作者针对他们的主题面面俱到，而是要求突出他们的领域和专业知识，并提供足够的参考文献，以便感兴趣的读者可以进一步独立研究该主题。每个作者和作者小组都将他们的培训、知识、经验、研究和出版物融入写作中。虽然已经预料到，作为人类，可能存在偏见，作者可能倾向于他们的研究成果，但很高兴每一章都保持了学术中立，以及作者整体混编也为这个高度争议的话题带来了平衡。希望这些涉及广泛问题的章节能够为读者提供一个起点，帮助了解非常规油气问题，并以一种学术辩论的方式来共同寻求解决方案。

全球对能源的需求不会消失，那些拥有能源资源的国家所拥有的经济和政治权力也不会改变。虽然有许多不同的能源生产方法，但它们都有各自的风险和收益。只有了解非常规油气开发及所有能源的风险和收益，才能对未来的道路做出明智的决策。此外，通过准确识别潜在风险，可以修改方法将这些风险降至最低。对未知的恐惧或对利润的构想不会减轻与任何能源相关的风险。只有以平衡、系统和方法论的方式研究这些问题，才能从当前两极分化的辩论中走出来，在这场辩论中，决策往往基于媒体报道的政治或认知，而不是事实和科学。这样，政府、行业和个人就可以对未来的能源发展方案做出平衡的决定。

目　　录

1 非常规油气工艺及泄漏途径介绍

Uni Blake

美国华盛顿特区，美国石油工业（API）监管和科学事务

1.1 石油和天然气行业概述

石油和天然气（O&G）行业是一个快速发展的高技术行业，有着悠久的历史：1821 年美国第一口商业气井在纽约州的弗雷多尼亚开掘，1859 年第一口油井在宾夕法尼亚州的泰特斯维尔开凿，1901 年得克萨斯州首次将旋转钻井技术应用于油井，1937 年第一口水平井在俄亥俄州的哈夫纳·让（Havener Run）油田钻探（Dickey，1959；Primer，2009；Pees，1989）。

随着易开采的油气田逐渐成熟，人们关注的焦点转向了开采那些被认为不经济的非常规资源。与此同时，对能源的需求也在不断增长，在 1973 年能源危机时，美国能源部（DOE）资助了旨在开发非常规油气资源的项目。20 世纪 90 年代末，技术的巨大进步使非常规资源的开发成为可能，使美国国内油气生产的步伐显著加快。根据目前的增长情况，美国有望成为油气净出口国（见图 1.1）（详见第 2 章）。

1.1.1 石油和天然气行业简介

1.1.1.1 行业分类

油气行业的价值链分为三个部分。上游部门负责勘探和生产，包含钻井、开采和资源回收所涉及的业务；中游部门负责开发和管理将资源生产连接到下一个部门的基础设施，以天然气为例，包括加工、管道运输、铁路运输和其他运输业务（详见第 9 章）；下游部分作为资源向消耗品的转化点，包括资源的提炼和营销。

1.1.1.2 行业结构与参与者

油气行业由许多不同的公司和组织组成，它们为价值链的各个环节作出了贡献。一个价值链完全整合的公司应在所有环节都有业务分布，而独立生产商、独立炼油商和独立营销商只会关注某一特定领域。管道公司通过管道和压气站运输

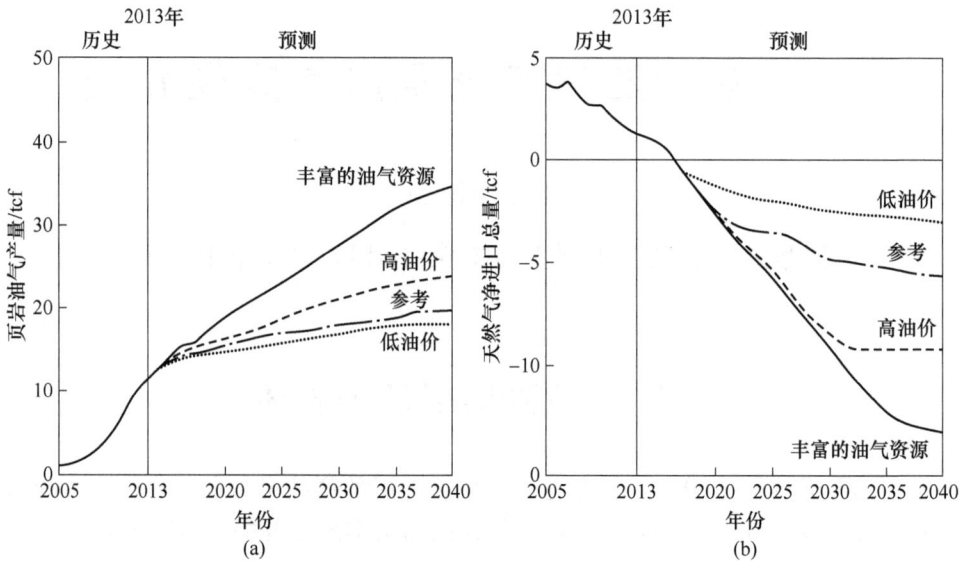

图 1.1   美国 2005—2040 年四种情况下的页岩油气产量和天然气净进口总量
(a) 页岩产量；(b) 天然气净进口总量
资料来源：美国能源信息署（2015）
（1 tcf = 283.17 亿 m^3）

资源，服务公司支持各业务的主要职能。此外，还有行业协会和支持该行业的专业组织，以及监管和确保合规的政府机构。

1.1.1.3   工业活动

通过碳氢化合物的提取和加工，油气行业为美国提供了 60% 的能源。碳氢化合物是数百万年前的有机碎屑连同泥土和淤泥一起沉积到海底而形成的，沉积物在上覆岩石的压力与地壳内部的高温作用下，最终转变为油气（Passey et al.，2010）。随着时间的推移，一些油气通过"储层"（如裂缝石灰岩和砂岩）的岩石孔隙和裂缝空间向上运移，向上的油气最终被不渗透的岩石屏障"盖层"（如泥岩）截留。此外，水、盐、硫化氢和二氧化碳有时也被困在储层中。碳氢化合物的向上运移奠定了井的类型和提取资源过程的基础。图 1.2 为各种类型的油气层。

A   常规井

早期油井从高孔隙度、高渗透性的储层中提取油气。岩石储层中含有相互连通的孔隙，一旦开采，石油或天然气将在压差作用下流入井筒，并在自然压力下上升至地表。这就是"常规"油气的开发流程。

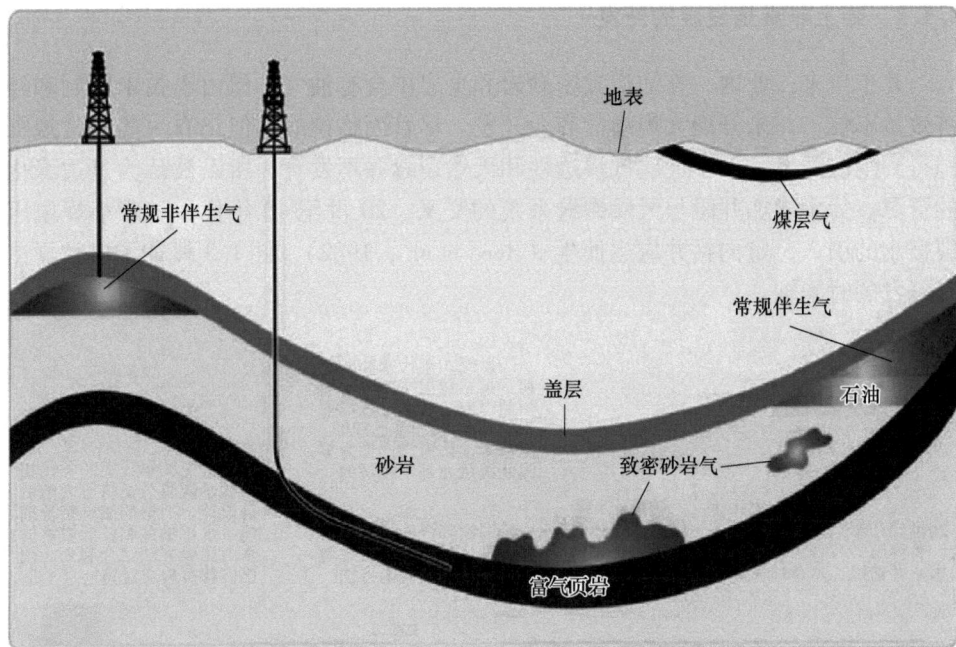

图 1.2　不同类型地层的天然气资源示意图

资料来源：美国能源信息署（2010a）

B　非常规井

"非常规"一词在许多不同的语境中都有使用。它可以用来描述正在开发的地层类型、产层所需的作业规模，以及生产井所需的成本。

就本章而言，非常规指的是不宜采用常规（传统）开采方法生产的储集层，其中包括煤层气、致密砂岩和页岩地层。

（1）煤层气：是煤在形成过程中产生的富含甲烷的气体，储存在煤的孔隙当中。煤层的埋藏深度较浅，有利于生产开发。但是这并不代表煤层气的开发没有挑战。水渗透煤层捕获气体，在煤层气开发中需要把水抽出来，这样才能动用煤层气藏。

（2）致密砂岩：描述低渗透且坚硬的岩石，如砂岩或石灰岩。与常规气藏相比，油气被困在不连通或不规则分布的岩石孔隙中，生产难度大、成本高。因此，开发致密砂岩需要通过增产措施形成裂缝，将孔隙连接起来，以提高资源开采效果。

（3）页岩：碎屑沉积在海底的原始沉积岩，也被称为"烃源岩"。烃源岩颗粒较细，呈层状结构。页岩中油气被捕获并吸附在页岩的孔隙中，使得开发变得十分困难。

1.1.2 陆上非常规资源的开发

几十年来，业内一直知道致密砂岩和页岩中含有油气，但由于技术限制和经济效益不佳，并未开展大规模的商业开发。尽管面临挑战，但仍有一些非常规资源得到生产开发，由于地层低渗透性和天然裂缝并不发育，所以被认为是边缘化的资源。为了增加井眼与天然裂缝系统的交叉，20 世纪 40 年代，随着小规模压裂概念的引入，定向钻井应运而生（Reed et al.，1982）。图 1.3 概述了非常规油气开发的时间轴。

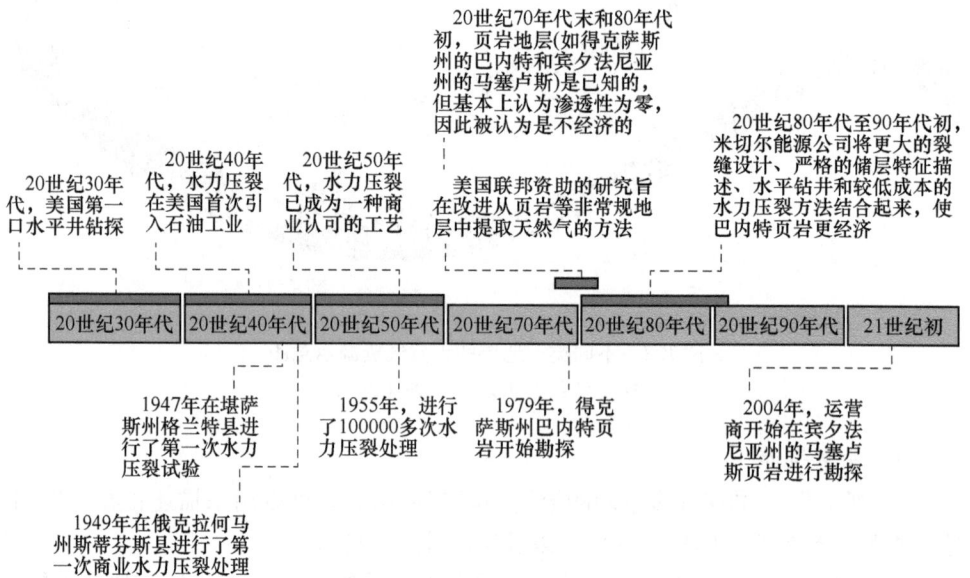

图 1.3 非常规油气开发（水力压裂）在美国的历史

资料来源：美国政府问责局（2012）

截至 2011 年，美国 95% 的生产井都在开发非常规储层，其天然气产量占美国总量的 67%，石油产量占美国总量的 43%（美国国家石油委员会，2011）。截至 2015 年，美国非常规天然气生产的主要盆地（区块）为阿巴拉契亚（Appalachian）盆地的马塞卢斯（Marcellus）、得克萨斯州的鹰滩（Eagle Ford）、得克萨斯州和路易斯安那州的海恩斯-维勒（Haynes-Ville）。主要产油盆地是二叠盆地、得克萨斯州的鹰滩（Eagle Ford）和北达科他州的巴肯（Bakken）（EIA，2014）。

为了达到具有商业经济价值的目的，从非常规资源中开采油气，需要将水力压裂（HF）和水平钻井相结合。图 1.4 为水力压裂井开发的大致时间轴。

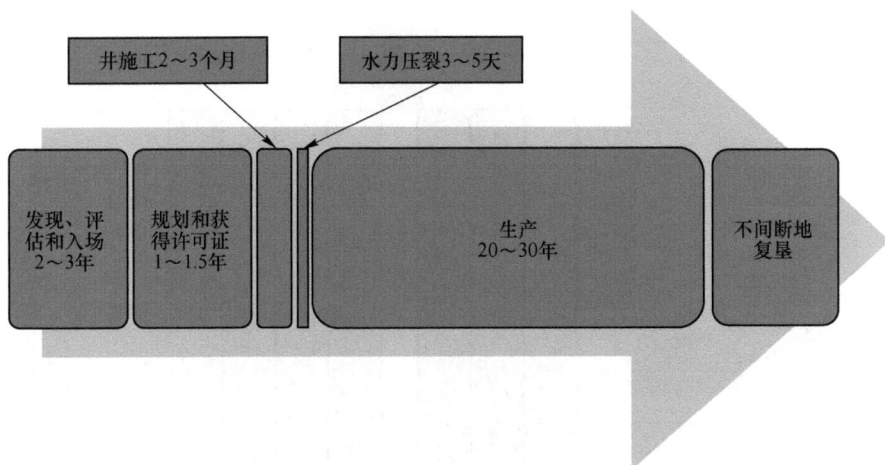

图 1.4 水力压裂井大致开发时间轴（未按比例）
资料来源：美国石油学会

1.1.2.1 勘探阶段

在勘探阶段，环境科学家和工程师团队会审查数据，以确定页岩气资源的位置。三维和四维延时图像用于捕获地层和储层，大大提高了勘探团队准确定位生产区的能力。此阶段由图 1.4 中的前两个步骤表示。企业可以与土地所有者签订租约，并进行更详细的储层评估，包括地震勘探和探井钻探。

1.1.2.2 井施工

在井施工阶段，已经取得相关的施工许可证和租约。首先清理井场区域，并将修井机运送至现场。钻井施工工程计划应考虑多种因素，其中包括钻井泥浆选择、钻头选择、套管、孔隙压力、井控问题、饮用水含水层及经济性等。

首先将井眼钻至最深淡水水源以下的预定深度，然后将套管插入井中，并将其固井到位。在不同预定深度重复该过程（见图 1.5）。钻井泥浆用于钻井过程中，一旦泥浆返回地面，就会被回收，相关的岩屑也会根据许可证的要求进行处理。对于定向井，需要使用专门的底部钻具组合来转动钻头。钻井完成后，将修井机移出现场，在地面留下一棵"圣诞树"或生产树（见图 1.5）。这一阶段还可以建造集输管线和管道。

1.1.2.3 增产（水力压裂）

在增产阶段，地层被有效改造以提高产量。增产措施的设计是影响油气井经济效益和产量的关键，最常用的增产液是水基压裂液，因此这一过程被称为"水力压裂（HF）"或"滑溜水压裂"。在对水敏感的地层中，可以使用泡沫压裂，也有使用丙烷的无水增产方案（详见第 5 章）。水力压裂持续 3~5 天，这是整个

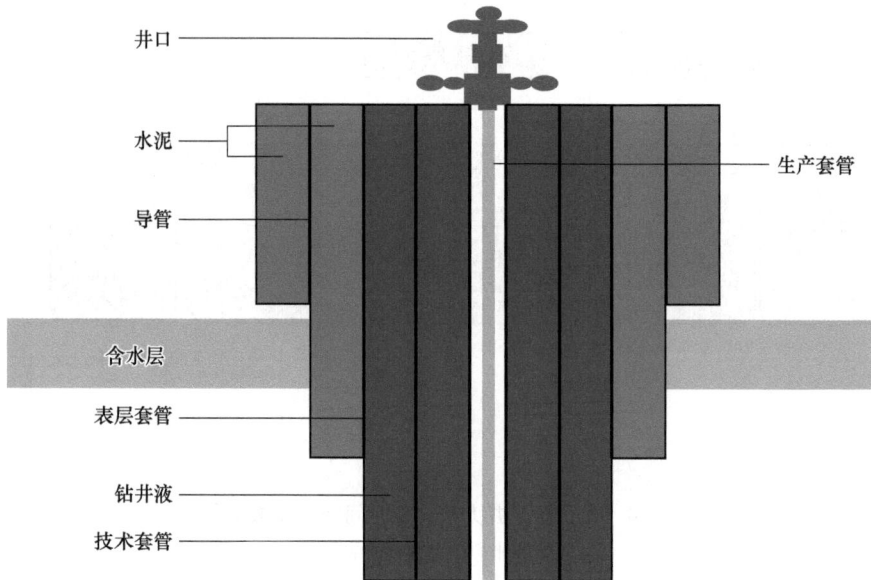

图 1.5　井口和套管（未按比例）

资料来源：美国石油学会

作业过程最短的阶段。

　　压裂流体阶段应首先收集有关储层特征的信息，以优化"压裂作业"的设计。特征信息在处理前、处理中和处理后进行复查。压裂作业在整个地层中都是相似的，但化学物质的设计或混合取决于地层特征。

　　水力压裂的第一阶段是酸化阶段。数千加仑❶的水与稀酸的混合液被泵入井筒以清除碎屑及用于放置套管的水泥。第二阶段是垫层阶段，将杀菌剂、阻垢剂、铁控制/稳定剂、减摩剂、胶凝剂，有时还包括交联剂与数千加仑的水混合，形成"滑溜水"。滑溜水在压力的作用下被泵入井筒，打开地层中原有的裂缝。之后是将支撑剂（细网砂或陶粒）与滑溜水结合，泵入井筒以支撑裂缝。最后，用水冲洗井筒，将多余的支撑剂从井筒中清除出去。

　　从地层返排到地表多余的水被称为返排液，其含有稀释的压裂过程中使用的化学品，以及地层中包含的化学品和物质。

　　随着流体继续沿井筒向上流动，其化学成分发生了变化。它最终保留了最初滞留在源岩中的水化学成分，这种流体被称为"采出水"（详见第 5 章）。一口井可能会持续地采出水，但在其生命周期内水的产量会逐渐减少。

---

　　❶　本书中为美制加仑，1 美制加仑 = 3.79 L。

1.1.2.4　生产

生产阶段是整个过程中历时最长的阶段，持续 20～30 年。最初，生产井的油气产量可能很高，但随着时间的推移会缓慢下降。一旦生产井开始投产，资源就会通过收集管线输送到加工厂或压缩机站，进行处理后输送到管道系统。

1.1.2.5　运输

石油和天然气的运输需要一个基础设施网络，即从集输到远洋船舶（详见第 9 章）。2010—2012 年，美国基础设施的投资增长了 60%。

1.1.2.6　复垦

当油田或气田成熟，生产不再具有经济价值时，就可以将其关闭或改作其他用途。然后，场地被恢复到接近原始的状态或被改造为其他用途。施工团队将把这些井封堵在地面以下，并将地表尽可能地还原，以达到看不出或几乎没有留下钻过井的痕迹。

1.1.2.7　许可、法规和其他程序

在美国，过去的 30 年里，上游油气行业的法规不断发展，以应对土地所有者、农民和市政官员的担忧，同时也响应了联邦环境法律（Groundwater Protect Council，2009）。技术、开发地点、行业管理实践、指导文件和标准的快速变化使规则制定过程保持动态，此外联邦和州一级的法规也在不断升级和改进（详见第 12 章）。

2010 年，美国地下水保护委员会（GWPC）及美国州际石油和天然气委员会（IOGCC）成立了压裂中心（FracFocus），它是一个压裂液化学品登记处，可向公众提供运营商披露的化学品（Hochheiser，2014）。截至 2015 年，约有 10 万项化学品已被公开（详见第 4 章）。

1.2　非常规油气活动的泄漏途径评估

泄漏途径评估被用来评估发生泄漏的可能性或已经发生的泄漏程度。该评估通过以下方式评估污染物来源与人口之间的连通性水平：评估污染源的浓度，考虑运输作用的路径建模，了解人群的暴露因素（Moya et al.，2011），它还考虑了泄漏反映的健康结果。这一过程如图 1.6 所示。

1.2.1　泄漏途径分析

由于陆上非常规油气开发需要管理大量的流体和气体排放，因此，为确保公众健康得到保护，了解接触情况至关重要。途径分析可以揭示潜在可行的泄漏途径，监测数据可以帮助确定途径（详见第 3 章）。途径分析需要确定以下 5 个要素：

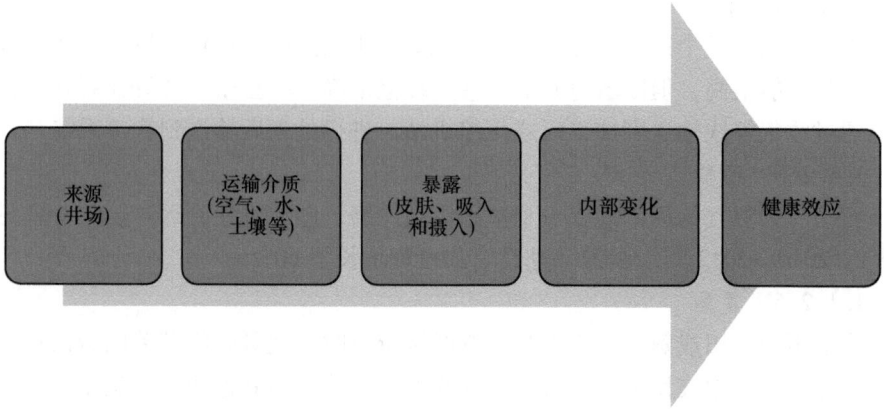

图 1.6   来源-结果-连续体的概念模型

（1）污染物来源或释放方式；

（2）污染物传播方式：污染物必须进入环境并通过介质（空气、水、土壤等）移动；

（3）泄漏点或区域；

（4）泄漏途径：存在接触污染物的途径（即皮肤接触、吸入或摄入）；

（5）潜在的泄漏人群。

对于一个完整的泄漏途径，这 5 种元素都必须存在。潜在的泄漏途径中，将有一个或多个元素不满足以上条件；在一个被淘汰的泄漏途径中，存在一种或多种元素缺失。值得注意的是，即使路径已经完成，也可能不会对健康造成影响（见图 1.6）。

1.2.2   潜在的泄漏途径

1.2.2.1   空气

空气排放可以通过设备泄漏、工艺通风和蒸发产生（详见第 3 章）。

A   甲烷排放

对甲烷排放的担忧源于甲烷被认为是一种强有力的温室气体（详见第 3 章）。然而，实际上是很难确定甲烷来源的。为此，美国联邦政府制定了在未来 10 年内将油气行业甲烷排放量降低 40% 的目标。目前，正在进行研究以继续缩小不确定性，从而进一步估计更适合的行业甲烷排放量。与此同时，行业创新和法规的结合使得天然气活动产生的甲烷排放量减少（详见第 3 章和第 12 章）。

B   挥发性有机化合物（VOCs）和其他有害空气污染物

从健康和温室气体排放的角度来看，工业活动中接触 VOCs 是一个令人关切的问题（Federal Register，2011）。一些 VOCs 被认为是致癌物，管理其接触途径和接触发生是行业和监管机构最需要优先考虑的事项。空气监测数据表明，这类化学品可以在环境空气样本中发现，但其浓度不会超过基于人类健康的警戒值（Bunch et al.，2014；Zielinska et al.，2014）。在社区一级的研究中，曾发现环境中可能存在多环芳烃。值得注意的是这些研究没有考虑泄漏时间或泄漏方式（详见第8章）。

1.2.2.2　水

水是压裂过程中不可或缺的一部分（详见第4章和第5章）。其潜在的泄漏途径包括地表泄漏、油井完整性受损和废水管理不当（Lutz et al.，2013；Vidic et al.，2013；Warner et al.，2013）（详见第6章）。

1.2.3　途径识别

可以从研究和监测活动中收集有关接触途径的具体信息。然而，由于行业活动的不断演变，这些评估只能提供一个具有即时效应的结果。

1.2.3.1　流行病学研究

流行病学调查研究污染源和与其接触的具有暴露健康风险之间的关系。然而，在利用流行病学研究为全行业评估提供相关依据上仍存在多种挑战：（1）居住在开发地点附近的人口通常较少，限制了研究的结果和影响的规模；（2）泄漏途径和潜在释放存在于特定位置；（3）潜在的健康影响是不明确和模糊的，可能是不相关泄漏的结果。由于流行病学研究的巨大成本，路径评估往往依赖于环境测量和建模（Nieuwenhuijsen，2006）。

1.2.3.2　生物监测

测量污染物或相关代谢物在生物内部的剂量有助于确定泄漏的特征或排除泄漏（详见第7章）。然而，这种方法具有局限性，因为一些生物标记只能反映最近的泄漏，因此在一些情况下无法确定泄漏源（Texas Department of State Health Services，2010；Braatveit et al.，2007）。

1.2.3.3　环境测试和监测

在监测过程中收集的数据有助于更好地了解泄漏途径（详见第3章和第4章）。监测通常是区域性的，或集中在油气活动正在进行的本地站点。

（1）环境空气监测：建模方法大大改进了利用环境空气数据来表征暴露（详见第3章）（Paulik et al.，2015；Zielinska et al.，2014；Modern Geosciences，2014）。

（2）水质监测：水质监测通常集中在公众可能接触水的地点（详见第4章和第6章）。获得基线水质样本有助于评估暴露途径的状态（Rahm & Riha，2014）。

1.2.4　社会、经济和文化方面的考虑

社会影响可以是直接的或间接的、有意的或无意的、消极的或积极的（详见第 8 章）。其中包括人口结构的变化、社会基础设施（如医疗和教育系统、应急系统）及交通和道路的变化（详见第 9 章）。

随着发展机会的增加（美国 28 个州的 26 个盆地），经济效益的重要性在美国各地广泛传播。预计到 2025 年，非常规油气的收益和雇主提供的收益将超过 2780 亿美元。目前，油气行业为美国国内提供了 920 万个就业岗位，对美国经济的贡献率超过 7.7%（详见第 2 章）。

1.3　结　　论

非常规油气开发的位置、规模和速度为美国带来了经济机遇，并有望成为油气净出口国。与此同时，该行业与地方、州和联邦政府及社区一起努力，找到管控风险的方法，以实现利益最大化。行业格局的不断变化和不断创新，提高了整个行业价值链的效率和有效性。新兴市场将期望美国在管理资源开发的环境和健康挑战方面发挥领导作用。

参 考 文 献

BRAATVEIT M, KIRKELEIT J, HOLLUND B E, et al., 2007. Biological monitoring of benzene exposure for process operators during ordinary activity in the upstream petroleum industry [J]. Ann. Occup. Hyg., 51 (5): 487-494.

BUNCH A G, PERRY C S, ABRAHAM L, et al., 2014. Evaluation of impact of shale gas operations in the Barnett Shale region on volatile organic compounds in air and potential human health risks [J]. Sci. Total Environ., 468: 832-842.

DICKEY P A, 1959. The first oil well [J]. J. Petrol. Technol., 11 (1): 14-26.

DOE, US, 2009. Modern shale gas development in the United States: A primer [R]. Office of Fossil Energy and National Energy Technology Laboratory, United States Department of Energy.

EIA, 2014. Drilling Productivity Report [R].

Federal Register, 2011. Oil and natural gas sector: new source performance standards and National emission standards for hazardous air pollutants reviews; Proposed rule [R].

Groundwater Protect Council, 2009. State oil and natural gas regulations designed to protect water resources, Department of Energy (DOE), Office of Fossil Energy, Oil and Natural Gas Program and the National Energy Technology Laboratory (NETL), DOE Award No. DE-FC26-04NT15455) [R].

HOCHHEISER H W, ARTHUR R, LAYNE M A, et al., 2014. Overview of Frac Focus and analysis of hydraulic fracturing chemical disclosure data [C] //SPE International Conference on

Health Safety and Environment.

LUTZ B D, LEWIS A N, DOYLE M W, 2013. Generation, transport, and disposal of wastewater associated with Marcellus Shale gas development [J]. Water Resour. Res., 49 (2): 647-656.

Modern Geosciences, 2014. Air monitoring report SE Mansfield Padsite, Mansfield, Texas, December 29 [R].

Moya J, Phillips L, Schuda L, et al., 2011. Exposure Factors Handbook, 2011 ed. [R]. US Environmental Protection Agency, Washington, DC.

NIEUWENHUIJSEN M, PAUSTENBACH D, DUARTE-DAVIDSON R, 2006. New developments in exposure assessment: the impact on the practice of health risk assessment and epidemiological studies [J]. Environ. Int., 32 (8): 996-1009.

PASSEY Q R, BOHACS K, ESCH W L, et al., 2010. From oil-prone source rock to gas-producing shale reservoir-geologic and petrophysical characterization of unconventional shale gas reservoirs [C] //International Oil and Gas Conference and Exhibition in China. Society of Petroleum Engineers.

PAULIK L B, DONALD C E, SMITH B W, et al., 2015. Impact of natural gas extraction on PAH levels in ambient air [J]. Environ. Sci. Technol., 49 (8): 5203-5210.

PEE S, GREENAWALT J, BURGCHARDT C, 1989. Petroleum mining and horizontal wells [C] //History of the Petroleum Industry Symposium, American Association of Petroleum Geologists: 10.

PRIMER A, 2009. Modern shale gas development in the United States [R].

RAHM B G, RIHA S J, 2014. Evolving shale gas management: water resource risks, impacts, and lessons learned [J]. Environ. Sci. Processes Impacts, 16 (6): 1400-1412.

REED R M, ETNIER E L, KROODSMA R L, et al., 1982. Preparation of environmental analyses for synfuel and unconventional gas technologies [J]. ORNL, 59 (1): 1.

Texas Department of State Health Services (TDSHS), 2010. DISH, Texas exposure investigation: DISH, Denton County, Texas [R].

U.S. Energy Information Administration, 2015. U.S. Annual energy outlook 2015 [R]. US Energy Information Administration, Washington, DC.

U.S. Energy Information Administration, 2010a. Schematic geology of natural gas resources [EB/OL]. US Energy Information Administration, Washington, DC [2015-11-21]. http://www.eia.gov/oil_gas/natural_gas/special/ngresources/ngresources.html.

U.S. Energy Information Administration, 2010b. Lower 48 shale plays [EB/OL]. US Energy Information Administration, Washington, DC [2015-11-21]. http://www.eia.gov/oil_gas/rpd/shale_gas.jpg.

U.S. Government Accountability Office, 2012. Report to Congressional Requesters, "Oil and Gas: Information on Shale Resources, Development, and Environmental and Public Health Risks." [R]. GAO-12-732: 7.

US National Petroleum Council, 2011. Prudent development: realizing the potential of North

America's abundant natural gas and oil resources [R]. US National Petroleum Council.

VIDIC R D, BRANTLEY S L, VANDENBOSSCHE J M, et al., 2013. Impact of shale gas development on regional water quality. Science, 340 (6134): 1235009.

WARNER N R, CHRISTIE C A, JACKSON R B, et al., 2013. Impacts of shale gas wastewater disposal on water quality in western Pennsylvania [J]. Environ. Sci. Technol., 47 (20): 11849-11857.

ZIELINSKA B, CAMPBELL D, SAMBUROVA V, 2014. Impact of emissions from natural gas production facilities on ambient air quality in the Barnett Shale area: A pilot study [J]. J. Air Waste Manage. Assoc., 64 (12): 1369-1383.

2 页岩气水力压裂：经济回报及风险

Alan J. Krupnick

美国华盛顿特区，未来资源研究所（RFF）能源与气候经济中心

2.1 引　言

　　尽管围绕全球经济增长、环境保护、气候变化和能源安全存在诸多争论和政治僵局，但决策者、研究机构、私营部门领导人和其他利益相关者之间达成了重要共识：天然气可以改变能源的未来。具体来说，利用先进的水平钻井、三维地震成像和水力压裂技术，经济有效地开发全球范围内分布在深部页岩地层中的大量天然气，可能为美国和全球的经济增长和赤字减少带来新的机遇。此外，与煤炭和石油相比，天然气更加环保（假设挥发性甲烷排放量保持较低）。尽管如此，页岩气革命的速度，以及缺乏有关环境风险和经济问题的数据和研究，仍使这场革命的程度及其可持续性存在不确定性。

　　本章将对这场革命的已知、不确定和未知的经济后果进行评估，而对于环境后果将在本书后续章节中讨论。这里主要研究三大领域：对国家的影响、对区域的影响和对公司的影响。关注重点是以经济学为核心的社会经济研究。

2.2 国家层面的影响

　　在开展研究天然气对经济产生的影响之前，了解天然气如何融入经济是有益的。天然气是用途最广的燃料，除运输业外，在所有经济部门中的使用比例都很高（EIA，2015d）。石油主要用于运输，尽管它作为原料在工业上也有很大用途，如用于制造塑料。煤炭主要用于电力部门，而核能则完全用于发电。可再生的生物燃料用于交通运输及水电、风能和太阳能发电（见第 1 章）。

　　天然气产量一直在快速增长，从 2005 年的 5125.38 亿 m³（18.1 tcf）上升到 2013 年的 6909.35 亿 m³（24.4 tcf）（EIA，2015b）。根据美国能源信息署（EIA）的数据，到 2040 年，这一数字将继续增加到 10052.54 亿 m³（35.5 tcf）。美国天然气行业发生显著转变，EIA 2015 年预计在 2017 年从天然气进口大国转为净出

口国（EIA，2015b，第 21 页）。这在很大程度上要归功于水力压裂革命。

在鼎盛初期，天然气价格在 10 美元/mcf（1 mcf = 28.317 m³）范围内，由于使用压裂技术，供应天然气的盈亏平衡成本低于 5 美元/mcf，这极大地激励了钻井技术的发展。这种生产模式导致天然气价格急剧下降，目前约为 2.50 美元/mcf。

另一种衡量天然气繁荣对市场影响的方法是使用模型来回答，如果没有发生水力压裂革命，天然气市场会是什么样子？Rice 世界天然气模型显示，2011—2020 年，页岩的出现使天然气价格下降了 44%；2021—2039 年，价格将下降 43%；2031—2040 年将降低 51%（Medlock，2012）。这些结果反映了 Brown 和 Krupnick（2010）使用国家能源模型系统得出的结果。基本情况是：压裂技术将天然气价格降低了约 2 美元/mcf，与压裂技术繁荣之前的 2004 年近 6 美元/mcf 的历史天然气平均价格相比，这是一个很大的比例。

这些较低的价格在过去和未来如何影响经济？本章从国民经济入手，然后研究其对电力和工业部门的影响。

很少有专家质疑美国的国民经济当前及未来将持续受益于页岩气革命。许多研究将优势归结为提供更多的就业机会和促进经济增长（以国内生产总值 GDP 衡量）。之所以关注后者，是因为在所有流动工作岗位中很难区分出哪些是新的工作岗位。

关于可预见经济影响的持续时间和规模，研究结果存在差异，例如，波士顿咨询集团（Boston Consulting Group）的研究结果较高（Plumer，2013），而斯坦福能源建模论坛（EMF）的多模型研究（EMF，2013）结果较低。解释这些差异的关键因素包括：对美国经济何时能达到有效充分就业的估计，对未来油价的假设，天然气供应曲线在其上游的形态，该研究是采用事前视角还是事后视角，以及使用的模型类型（如投入产出比对一般均衡模型）。

未来资源研究所根据斯坦福能源建模论坛数据编制的一系列模拟结果阐明了对 GDP 的影响（见图 2.1）。这些模型结果均是在类似的假设条件下生成的，以便对结果进行比较。在第 26 届斯坦福能源建模论坛（EMF26）报告（EMF，2013）中，对 1 个参考案例和其他 7 个案例进行了比较，包括页岩气低产和页岩气高产资源案例。为了说明充足的天然气供应对经济的影响，必须比较页岩气低产情况（累计产量比美国能源信息署（EIA，2012）2012 年能源展望（AEO2012）的预测低 50%）和页岩气高产情况（累计产量比 2012 年能源展望预测高出 50%），并报告模型之间的预测差异。

有 6 种 EMF 模型可以得出这样的结果，它们都表明，从百分比角度来讲，这种情况对 GDP 的影响是较小的：年增长均不超过 1.4%。根据环境影响评估的

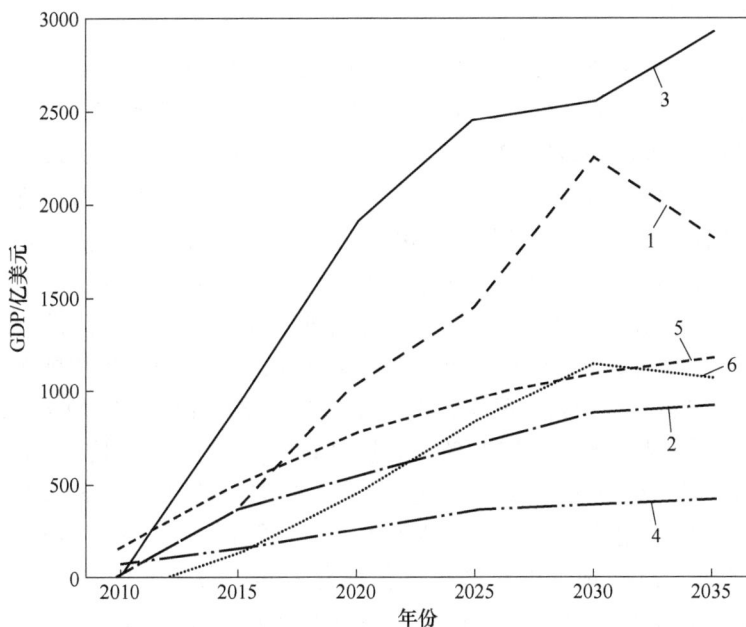

图2.1 不同模型中页岩气高产情况下与页岩气低产情况下实际 GDP 的变化
资料来源：Krupnick 等（2014）基于斯坦福能源建模论坛（2013）
1—提升指数模型；2—美国-再生模型；3—国家能源建模系统；4—新纪元模型；
5—多地区国家模型；6—全球经济的应用动态分析

国家能源建模系统模型，从绝对值来看，2035 年的收益最高，约为 3000 亿美元；到 2035 年，其他 5 种模式的投资将在 500 亿 ~ 1800 亿美元。

尽管大多数模型将对 GDP 的影响视为衡量经济效益的标准，但经济学家使用了另一种更好地反映社会经济效益的指标——消费者和生产者盈余的变化，大体反映更便宜的天然气及其用于生产的产品（如电力）和更高的利润带给消费者的实惠。在一份粗略的分析中，Mason 等人（2014）发现，在 7 年天然气革命期间，消费者盈余增加了 44 亿美元，生产者盈余增加了 96 亿美元。

Houser 和 Mohan（2014）指出，美国不应期望页岩气革命对劳动生产率和创新产生巨大影响。互联网和计算机革命从根本上改变了人们的生活方式，是众多辅助产业的催化剂，在商品制造、分配和销售的方式上刺激了生产力的巨大提高。它甚至不同于能源领域以往的革命，比如从木材能源到煤炭能源的转变，因为当前的石油和天然气热潮并没有产生一种不同的、更方便的能源形式，只是以更低的价格提供更多相同的能源（Houser 和 Mohan，2014）。根据大多数经济模型，页岩开发的经济影响是巨大的、积极的，但不具有革命性。

2.2.1 行业效应：电力

电力行业可能是使用天然气的行业中研究最多的。大量的研究分析了较低的天然气价格对电价、发电组合、发电燃料份额、电厂退役和投资的影响。其中一些研究（Brown 和 Krupnick，2010；Burtraw et al.，2012；Logan et al.，2013）认为丰富的天然气会导致电力价格降低 2%~7%。然而，对于电力行业天然气消费量的变化幅度，人们的观点却不尽相同。2015 年 4 月，天然气在发电量上首次（短暂地）超过煤炭，预计到 2040 年，天然气将在发电量中占据越来越大的份额，煤炭份额占比绝对值（及相对值）将下降（EIA，2015b）。例如，在 2000 年，约 52% 的发电量来自煤炭，16% 来自天然气，9% 来自可再生能源，20% 来自核能，3% 来自石油和其他液体。2013 年，燃煤发电比重降至 39%，天然气上升到 27%，可再生能源上升到 13%，核能（19%）和石油/其他（1%）仍与早期的比例相似。2040 年，煤炭发电量预计将进一步下降（34%），天然气（31%）和可再生能源（18%）相应增加，而核能预计将下降（16%）。然而，需要注意的是，这些预测没有考虑气候变化政策，最重要的是清洁能源计划（CPP），它可能会使天然气更具优势（参见 Burtraw et al.，2015）。在针对 CPP 进行的单独分析中，美国能源信息署（EIA，2015a）就其 CPP 政策案例相对于基线预测发现，与 2015 年能源展望（AEO2015）的预测相比，天然气产量和价格几乎没有变化。但最初天然气发电量大幅增加，然后随着可再生能源发电量的增加而减少。根据可选择的基线（如天然气生产成本的高低）或政策的扩展，天然气在发电和发电能力中的作用可以相应减小或增大。

2.2.2 行业效应：制造业

较低的天然气价格造就了油气行业及其他以天然气为原料的制造业的复兴，哪怕是狭义的。优势体现在外国公司在美国的扩张、美国出口产品的竞争力增强及美国国内生产的增加。塑料工业就是一个典型的例子，美国 3/4 的塑料生产以天然气为原料，而在欧洲和中国，石油是主要原料。这给美国生产商在世界舞台上制造了机会，表现为塑料行业自 2009 年以来增加了 12% 的就业机会（诚然，这是经济衰退导致下滑的一年），行业估计在未来 10 年还将创造 12.7 万个就业机会，到 2030 年出口将增长 3 倍（Tankersley，2015；ACC，2015）。

另一个例子是美国化学委员会（ACC，2011）发现，增加 25% 乙烷（一种天然气液体）供应会为化工部门创造 1.7 万个新的就业机会，化工行业外增加 39.5 万个，增加联邦、州和地方年税收 44 亿美元及美国 1324 亿美元的经济产出。其他报告包括普华永道会计师事务所（PwC）2012 年的报告、德勤能源解决方案中心（2013）和生态与环境公司（2011）对天然气价值链和间接行业影响的分析，以及 IHS 环球透视（2011）对页岩气开发将如何影响化工、水泥、钢铁和铝等多个行业的总体预测。

2.3 地方性的影响

2.3.1 地方的影响

围绕当地经济效益的实际规模存在很大的争议。例如，基于 IMPLAN 投入产出模型，对纽约、宾夕法尼亚州和西弗吉尼亚州马塞卢斯（Marcellus）区块的影响进行了一系列研究（Considine et al.，2010，2011；Considine，2010）。其中一项由马塞卢斯页岩联盟赞助的研究认为，2009 年，宾夕法尼亚州的页岩气开发创造了 44000 个新工作岗位，产生了 39 亿美元附加值，增加了 3.98 亿美元税收（Considine et al.，2010）。

Kelsey 等人（2011）使用了相同的模型，但补充了对企业、土地所有者和地方政府官员的调查，以及对土地所有权的地理信息系统（GIS）分析，发现 2009 年宾夕法尼亚州只增加了 24000 个新工作岗位和 30 亿美元的增值收入。Kelsey 等人（2011）将这些较低的经济收益归因于对州外相关利益的输送。

两份报告均论述了如果纽约州取消水平钻井禁令，可能会对纽约州造成的潜在的经济影响（见第 12 章关于州禁令的讨论）。虽然两份报告对估计流程有些相似，但结论不同。据 Considine 等人（2011）估计，允许在马塞卢斯页岩区钻探可创造 15000～18000 个就业岗位，如果在尤蒂卡（Utica）页岩区钻探将增加 75000～90000 个就业岗位。他们得出的结论是，这将使该州经济产出大幅增长，税收收入大幅增加。

同样，纽约州环境保护部的一份报告称，天然气开采将直接或间接地创造 12491～90510 个工作岗位。但这份报告暗示这些额外的工作岗位并不重要，因为它们只占纽约州 2010 年总劳动力的 0.1%～0.8%（Ecology and Environment，2011）。但是泄漏问题导致了对州级效益评估的质疑，这些评估都没有考虑到这一因素。因此，从国家层面分析可能更具有优越性。

毋庸置疑，由于征收了遣散税，州政府的收入有所增加。Richardson 等人（2013）使用两种不同的公式说明了这些遣散税的税率如何因州而异，一种是每单位天然气提取税额，另一种是按开采天然气价值的百分比征收。

美国人口普查数据显示，2009 年州遣散税的总收入为 134 亿美元（几乎占州税收总额的 2%）。Ozpehriz（2010）通过对各州遣散税税率的对比发现，与预期相同，对于天然气产量较多、税率较高的州，天然气遣散税占该州总税收的比例较高。2009 年阿拉斯加的遣散税占该州收入的 77%，其次是怀俄明州（43%）和北达科他州（34%）。

在一项关于遣散税收入的分析中，美国全国州议会会议发现，大多数州都会将一部分收入分配给州普通基金或用于油气开发与监管。越来越少的州将资金分配给地方政府及学校和交通相关的用途（Brown，2013）。宾夕法尼亚州影响费用系统的信息（Pifer，2013）表明，地方政府只获得大约47%的收入。鉴于该系统的结构，这些局部分布可能与局部影响几乎没有关系。

Raimi 和 Newell（2014）是研究页岩热潮（包括天然气和石油）对当地公共财政影响的先驱者。表2.1列出了处于热潮前沿的8个州许多市县的定性结果（注意，不是最近出现的萧条）。总的结论是，财政状况有所改善，但在经济基础多元化程度低、增长速度不高的城镇，对道路、住房、学校、饮用水和污水处理等服务的需求超过了收入。这种情况在地方政府缺乏税收权力，过分依赖州立法机构资助的州尤其明显。

表2.1　对美国地方政府的净财政影响（Raimi 和 Newell（2014））

州	县	市
阿肯色州	中—大幅度净增长	小—中幅度净增长
科罗拉多州	微下降—大幅度净增长	小—中幅度净增长
路易斯安那州	中—大幅度净增长	（数据不足）
蒙大拿州	（数据不足）	大致持平—大幅度净增长
北达科他州	小—中幅度净增长	中—大幅度净增长
宾夕法尼亚州	小—大幅度净增长	小—大幅度净增长
得克萨斯州	大致持平—大幅度净增长	大致持平—大幅度净增长
怀俄明州	大幅度净增长	大致持平—小幅度净增长

Raimi 和 Newell 的研究还没有反映出最近油价的急剧下跌。但分析显示，有些单一的市政当局陷入了困境，但各州正在向他们提供更多的资金。有些是一次性注资，如北达科他州的交通项目"激增"法案（2015年2月20日，北达科他州众议院通过了石油区块"激增"融资法案）。如何根据页岩气开发所承担的当地风险和负担来调整地方政府的收入分配是一个长期存在的问题（见表2.1）。

2.3.2　地产价值

另一种衡量当地影响的方法是检查当地房地产价值的变化情况。这些价值反映了买卖双方对繁荣的感知收益和成本（包括环境风险）的评估。

在宾夕法尼亚州的华盛顿县，两项类似的研究检验了页岩气开发对房地产价值的影响。Gopalakrishnan 和 Klaiber（2014）发现，一般而言，房地产价值会随着开发下降，但这些下降很大程度是短暂的，取决于页岩气活动的临近程度和强度。他们还发现影响是多方面的，负面影响不同程度地与依赖井水、靠近主要高速公路或位于农业较多地区的家庭有关（Gopalakrishnan 和 Klaiber，2014）。

Muehlenbachs 等人（2015）还分析了宾夕法尼亚州和纽约州 1995 年 1 月—2012 年 4 月间距离钻井地点不同距离的房产价值。他们发现，与距离较远的类似房屋相比，位于页岩气井附近的住宅如果有管道供水，其房产价值会上升，但与距离天然气井较近（1.01 ~ 1.50 km（0.63 ~ 0.93 mi））的类似房屋相比，依赖地下水的房屋价值下降了 10% ~ 22%。总体而言，对地下水环境风险的负面看法导致邻近地区的房价下降。

Kelsey 等人（2012）研究了房产税评估（而不是房屋销售），发现页岩气开发对房地产税基的影响较小。

2.3.3 其他影响

一些研究显示页岩气开发在地方和州产生了积极的经济影响，许多批评人士认为，这些研究忽略了公共成本、娱乐和旅游业的成本，以及新兴城市的影响，如犯罪率上升、教室拥挤及繁荣之后的萧条。Barth（2010）详细描述了这些影响，但没有量化。Christopherson 和 Rightor（2011）认为：为了充分理解页岩气钻探对社区的经济影响，需要考虑长期后果（经济发展）和累积影响（如对政府服务的新需求、交通拥堵、噪声和社会干扰），这些都是投入产出模型所忽略的。回顾过去与石油和天然气开发相关的繁荣—萧条周期可能会有所帮助。

政府成本增加的另一点在于对犯罪行为的执法和预防方面。Kowalski 和 Zajac（2012）在马塞卢斯的主要县没有发现宾夕法尼亚州警察事件、服务电话或逮捕纪录"持续增加"，但在同一时期，其他县的电话在下降。

Food & Water Watch（2015）对比了大量使用水力压裂的县和未使用水力压裂的县的妨碍治安行为，发现水力压裂县的逮捕人数增加了 4%。压裂跟踪联盟（FracTracker Alliance）发现，俄亥俄州水力压裂县的犯罪率略高，但这些主要是由于交通或其他汽车问题（Auch，2014）。

2.3.4 新兴城市经济学

有大量文献研究各种类型资源开发对社区繁荣与萧条周期的影响，但由于经济影响的动态性，专门针对页岩气的研究文献较少。

具体到页岩气，Christopherson 和 Rightor（2011）发现，钻井的速度和规模决定了繁荣的持续时间，并预测马塞卢斯地区尽管作为一个整体未来几年将持续繁荣，但该地区的个别县和市将经历短期繁荣到萧条，因为这些地区的产量在迅速下降。图 2.2 以特许权使用费的形式显示了该周期。页岩气的开采通常需要州外的劳动力，这导致当地政府成本增加。Christopherson 和 Rightor（2011）指出，随着社区人口的突然增加，需要更多的警力、更多的应急响应和准备、更多的教师和更大的学校。虽然人口的增长导致了某些行业（如酒店和餐馆）的暂时繁荣，但通常为更多传统客户提供服务的其他本地企业可能无法同步增长。

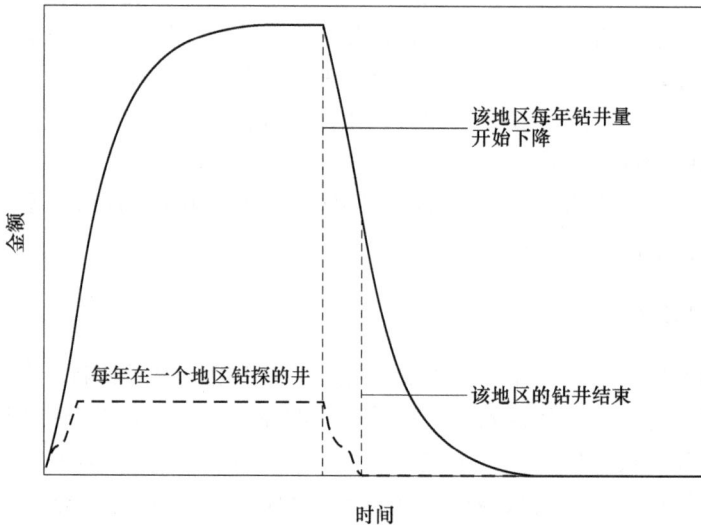

图 2.2　在繁荣—萧条周期中随着时间变化的特许权使用费

资料来源：Christopherson 和 Rightor（2011）

从更广泛的角度看（即油气开发及其对社区的影响），Brown 和 Yücel（2013）发现，当与繁荣相关的经济活动减弱时，收入和地区生产总值高度依赖这种发展的社区甚至州的生产总值都会受到影响。

Allcott 和 Keniston（2014）利用美国县级人口普查和其他数据，在一项关于油气行业繁荣现象的统计分析中发现，与非油气生产县相比，油气行业繁荣使其增长率提高了 60% ~ 80%，当地工资水平也略有提高（每年 0.3% ~ 0.5%）。人们担心工资上涨会导致制造业在繁荣时期收缩，但与此相反，制造业就业和产出都出现了增长（而在"萧条"时期，随产量下降而下降）。

Haggerty（2013）、Weber（2012）、Jacobsen 和 Parker（2014）对其他县级的研究主要聚焦于西部。Haggerty 等人发现，尽管经济繁荣会增加县收入，但一个县对油气开发的高度依赖（油气开发占县收入的比例）时间越长，相对于依赖程度较低、时间较短的县，其人均收入增长受到的影响就越大。生活质量指标（如犯罪）也与这种依赖相关（Haggerty et al.，2013）。Weber 在科罗拉多州、得克萨斯州和怀俄明州进行了事后分析，发现在开发页岩气的县，每价值 100 万美元的天然气产量为当地创造了 2.35 个工作岗位，这一数字远低于经济投入产出模型的预测（Weber，2012）。Jacobsen 和 Parker（2014）对 20 世纪 70 年代和 80 年代的繁荣进行回顾性分析，发现新兴城市经历了积极的短期效应——在繁荣的巅峰时期，当地收入比繁荣前水平增加了 10%，失业率下降。但长期效应是消极的，失业救济金和收入比繁荣时要低 6%。

2.4 企业面临的风险

"上游"企业投资租赁、钻井、压裂和将天然气输送至市场所需的基础设施，它们的供应商、油气行业的中下游企业、制造业和电力公用事业部门，都在或多或少地下注于天然气生产的未来经济效益，对环境和经济调控的过程进行风险投资。在本节中将考虑这些行业的下行风险。

2.4.1 经济风险

除非所有的预言家都错了，否则该行业面临的经济风险是微乎其微的。图 2.3 是这类图中的一幅，显示了在假设的目标内部收益率下，实现盈亏平衡需要开采的天然气量。来自德文能源公司的这一数据比大多数数据都要好，因为它

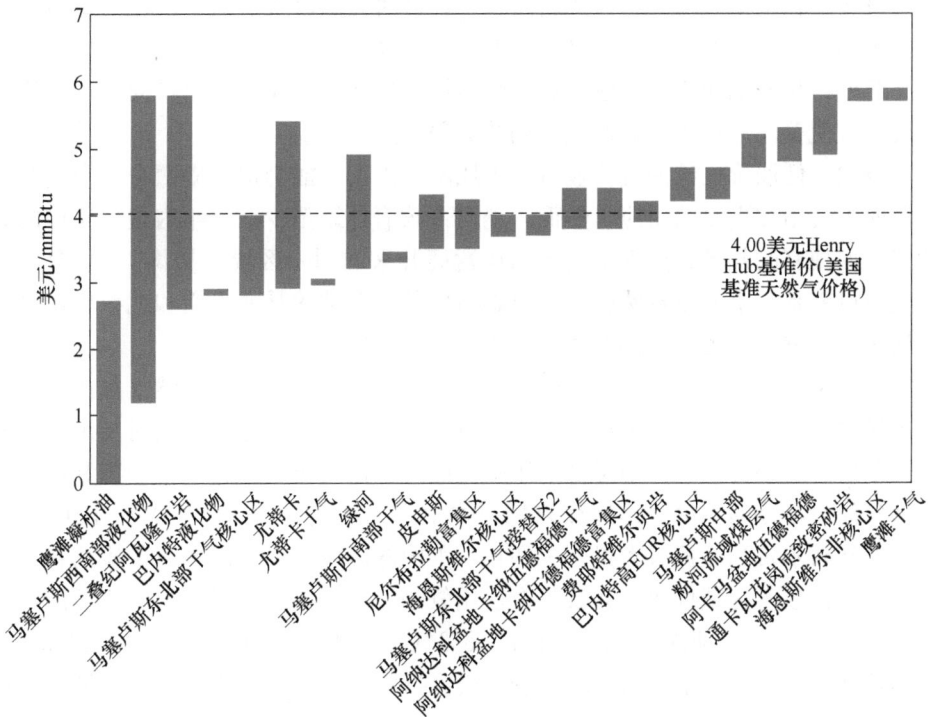

图 2.3 各个区块的天然气盈亏平衡价格

资料来源：德文能源公司

(1 mmBtu = 1.055 GJ)

给出了给定区块中成本分布的一些概念，而不是一个区块中所有可能油气井的平均成本。因此，马塞卢斯区块的富液部分是最经济的区块之一。

部分液体燃料之所以能降低成本，是因为它们的售价受世界油价的控制，直到最近，1 Btu（1 Btu = 1055 J）的价格还远高于天然气。虽然这个数字忽略了假定的内部收益率目标，它通常是 10% 或 15%。期望的回报越高，油价就必须越高才能实现收支平衡。

图 2.3 基本上是天然气行业的一条粗供应曲线，由每个区块的最低成本部分组成。在天然气供需模型预测的价格范围内，这条曲线相当平坦，意味供应充足，可以以相对低的成本来满足日益增长的天然气需求。鉴于目前的石油价格约为 2.5 美元/mmBtu，许多这样的油气藏似乎是不经济的，但这是 2011 年的数据。一系列技术革命一直在促进成本的降低，所以即使在当前较低的油价下，许多区块也是有经济效益的。

人们普遍担忧的是不断增长的需求是否会迅速推高价格。虽然这将有利于油气行业，但可能会给制造业、电力部门和液化天然气（LNG）出口部门带来麻烦。事实上，鉴于天然气出口的新需求，许多研究都审查了这一问题。最可信的研究表明不断增长的需求对价格的影响很小（Ditzel et al.，2013）。

此外，高液化和跨洋运输天然气的运输成本使美国天然气出口商对未来感到乐观，这使美国市场免受非北美市场的竞争压力。

当然，低油价也给油气行业带来了风险。人们可能会担心墨西哥正在进行的能源改革会增加更多的供应。然而，墨西哥政府计划至少在 5 年内进口美国的天然气，而现有的部分天然气来自美国运营商开采的同一区块（鹰滩）。加拿大天然气更可能是一个低成本威胁，但很难想象美国东部的马塞卢斯和尤蒂卡矿区将被通过管道输送到美国东部的阿尔伯塔天然气所取代。

这并不是说液化天然气出口商没有承担风险。目前，美国天然气与亚洲和欧洲市场之间的差价，大到足以使其有利可图出口到亚洲和印度。同时与出口商和各国政府的长期合同进一步降低了风险。此外，没有研究人员希望中国和巴西等天然气储量丰富的国家会迅速或以低成本生产天然气。另外，澳大利亚在亚洲、俄罗斯和阿尔及利亚拥有大量资源和相对美国的区域优势，而中东供应商在向欧洲供应方面也有区域优势，尤其是在使用管道运输时（详见第 13 章关于国际市场的进一步讨论）。此外，由于美国的天然气出口成本约为 5 美元/mcf（1 mcf = 28.317 m³），因此价格不需大幅上涨，就会抵消这些价值数十亿美元的液化工厂的利润。

2.4.2　社会经营许可证：监管风险与禁令

页岩气革命的迅猛发展及由此引发的社区混乱（详见第 8 章）导致了许多反

对水力压裂的社区团体成立。此外，美国的非政府环保组织对化石燃料产生的二氧化碳排放及泄漏的天然气（这是一种威力更大的温室气体）表示强烈担忧（详见第3章）。就油气行业而言，至少在传达油气开发专业知识和"最佳实践"环境伦理方面存在问题。正如 Siikamäki 和 Krupnick（2013）的一项调查显示，行业对页岩气风险的描述可能有帮助，也可能适得其反，而环保主义者的信息则要成功得多。

关于风险的认识和现实结果是，大约有450项关于水力压裂或水力压裂废物运输的禁令（Food & Water Watch）（详见第12章和第13章）。其中纽约州的禁令辐射范围最广，影响也最大。它在马塞卢斯和尤蒂卡地区占有相当大的份额，并且和宾夕法尼亚州一样，靠近东海岸的人口中心天然气需求很高。另一项规模不大但可能具有风向标作用的禁令是得克萨斯州的丹顿，一个石油产区的小镇，它表明在使用水力压裂技术时，熟悉可能会招致轻视。这些禁令或试行的禁令遭到了强烈抵制，得克萨斯州（众议院第40号法案）、俄克拉何马州（参议院第809号法案）和（更早的）宾夕法尼亚州❶立法机关禁止这种做法（第13号法案）。此外，地方禁令的法律可行性仍然是不确定的，因为它向征用条款或相对于国家❷而言不适当的地方自治管辖权提出了挑战。另外，科罗拉多州或许展示了一种更好的方式，州长领导的工作组将利益相关者聚集在一起，提供更多的地方投入，从而避免禁令的通过。这种工作组也在地方一级召集，新墨西哥州圣达菲就是一个突出的例子；然而，即使是圣达菲的努力也导致了根据征收条款提起的诉讼（斯维皮尔普（SWEPI LP）诉新墨西哥州莫拉县）。这种地方性的先发制人可能是一个解决办法，但最终效果尚待观察。

如果禁令变得普遍，对行业的影响可能会相当大。然而，考虑到强劲的生产水平，我们离这一点还很远。目前的情况是，作为解决油气外部性问题的主要机构，国家监管机构正在收紧对油气行业的监管（Groundwater Protection Council，2014），从而提高了生产成本，尽管目前还没有研究表明会提高多少成本（详见第12章）。

此外，尽管监管收紧，但监管机构不太可能止步于此。许多并不敌视石油和天然气行业的团体正在呼吁制定更严格或更有效的法规，如美国州际石油和天然气委员会（IOGCC，隶属国家石油和天然气环境法规审查股份有限公司）召集了

---

❶ 宾夕法尼亚州在2012年通过了第13号法案，该法案设立了一个影响费项目，向经历页岩气开发的地方司法管辖区分配资金，以换取这些司法管辖区放弃停止页岩气开发的权利。2013年12月，宾夕法尼亚州最高法院在罗宾逊镇诉联邦案中裁定，这种对地方当局的限制是违宪的。

❷ 征收诉讼成功的程度可能会继续不同。加利福尼亚州圣贝尼托县一项选民投票通过的禁令被取消，引发了诉讼。对于与水力压裂禁令相关的更容易申请征收索赔的法案，请参阅第114届国会第510号决议。

更强有力的州监管审查（State Review of Oil，2014），以及由环境保护基金（2014）和西南能源公司起草的最佳监管框架模型（详见第 3 章）。

　　本轮政策及未来的几轮政策收紧，是否会因成本提高而大大遏制生产？简而言之，答案可能不会。然而，原因可能与监管成本在总生产成本和利润中所占比例较小有关（没有人知道这些成本有多大），但更因为技术变革的快速发展不断降低了生产成本和监管成本。最突出的是，许多位于一些盆地的公司决定回收压裂液和采出水，这种方法减少了淡水提取和材料需求，以及用于运输水到现场和清除废水的相关交通费用（EPA，2015）（详见第 5 章）。如图 2.4 所示，在钻机数量减少的情况下，产量仍在增加（EIA，2015c）。随着一口新井的产量迅速下降，这些趋势意味着每台剩余的钻机都比以前的钻机更高产，这是准确认识地质条件与水力压力技术结合的结果。因此，即使监管合规的成本在上升，生产成本也在下降，可以做到相互抵消。

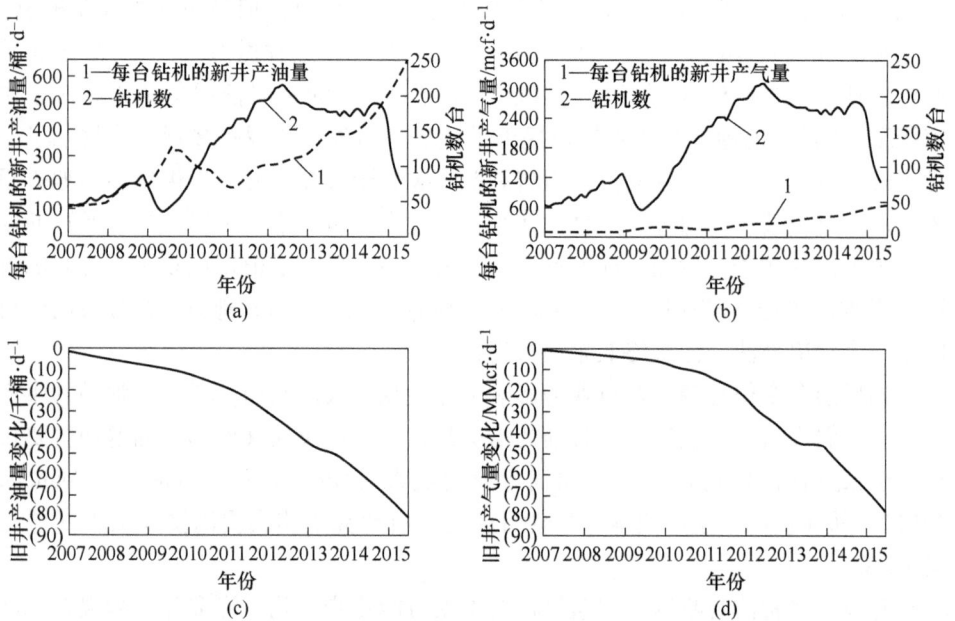

图 2.4　巴肯地区钻机数量和传统石油产量的变化趋势
（a）每台钻机新井产油量；（b）每台钻机新井产气量；（c）旧井产油量变化；（d）旧井产气量变化
资料来源：EIA（2015c）
（1 mcf = 28.317 m³，1 MMcf = 28317 m³）

2.4.3　气候变化

　　与前述社区层面的担忧相比，气候变化和监管风险是该行业的主要生存威胁。研究表明（McGlade 和 Ekins，2015），为了实现全球升温目标（2℃ 或更低），全球能源剩余量需保持在一定的水平，其中煤炭储量不低于 80%，天然气储量不低于 50%，石油储量不低于 30%。从目前的情况来看，要达到这一目标似乎是不可能的，但由于气候政策（尤其是碳定价），天然气、煤炭和石油逐渐处于不利地位，可能会迫使化石燃料行业规模大幅缩减。另外，碳捕获和存储技术成本或其他从废物流中去除碳的方法的突破可能会拯救该行业，尽管这是一个有争议的观点（McGlade 和 Ekins 2015 年的研究发现，碳捕获和存储只允许增加 6% 的化石燃料使用储备）。

从短期来看，丰富、低成本的天然气可以作为通向中期未来低碳能源的"桥梁"，通过燃料转换降低全球温室气体排放，直到可再生能源和其他低碳能源技术成熟并且在经济上具有可行性。天然气也被建议作为可再生能源的补充，填补负荷曲线；"快速循环"天然气工厂的能力将能应对可再生能源的间歇性。天然气桥案例的一个原则是，丰富的天然气和伴随的低天然气价格将单独通过能源市场发挥作用（在政府没有实施温室气体缓解政策的情况下），取代碳含量较高的燃料，从而减少碳排放。（Brown 和 Krupnick，2010；Burtraw 等，2012；Paul 等，2013）。

联合全球变化研究所（Joint Global Change Research Institute，JGCRI）研究人员使用大规模全球变化评估模型（GCAM）在全球范围内和更长的时间尺度上检查天然气桥，发现这个假设是有问题的。JGCRI 团队在两种气体情景下运行了到 21 世纪中叶（2050 年）的全球变化评估模型（Flannery 等，2013）。第一种情景，从 2000 年开始，当时全球有大量的天然气资源，但开采成本太高，无法大规模开发。第二种情景，大约 2010 年开始，存在相同的天然气资源，但开采成本低得多。2010 年的情景模拟了当前对未来天然气供应和定价的理解。毫无疑问，在天然气储量丰富的情况下，2050 年全球天然气产量和使用量将比在更保守的供应和定价情况下做出的预测高 37%。

与未来资源研究所的两项研究一致，天然气在所有能源领域的份额都有所扩大，最大的增长是电力，取代了煤炭和可再生能源（煤炭减少 10%，可再生能源减少 10%）。煤炭排放的二氧化碳减少了 12%，但天然气价格下降导致电价下降，用电量增加了 3.7%。最重要的是，匮乏和富足的天然气情景之间的二氧化碳排放量没有差异——也就是说，在缺乏政府缓解政策的情况下，天然气的广泛市场渗透并没有降低二氧化碳排放量。丰富的天然气不会减少排放的结果是由于抵消因素。虽然天然气确实取代了高碳煤，但它也取代了零碳核能和可再生能源。重要的是，价格较低的天然气会增加所有燃料类型的发电量。

之前的所有研究都只研究了二氧化碳排放，天然气明显比煤炭更有优势。如果考虑到本身的泄漏（详见第 3 章），天然气的未来将变得更加暗淡。在这种情况下，除非有低成本的选择来减少这些泄漏（很有可能存在，见 ICF International，2014），更严格的政府温室气体法规可能会使行业处于危险之中。

2.5　结　　论

天然气革命的经济学涉及评估廉价天然气的社会效益，并将其与社会成本进行比较。前文阐述了对国家利益的几种不同看法，并将其非正式地分解为行业和区域利益，尽管人们可能会补充说，由于不必像革命前所预期的那样依赖进口天然气，能源安全将有所改善。此外，还对天然气革命的可能风险及预期未来利益的减少进行分类。其革命的代价和环境风险将在接下来的章节中进行讨论。

总而言之，丰富而廉价的天然气将很可能成为美国未来的一部分，除非气候变化政策在负担得起碳减排技术缺乏的情况下，迫使其退出。快速的技术变革将继续提高生产力并降低开发成本。而且，如果天然气价格开始攀升，并且能够开发出输送天然气的基础设施，墨西哥、加拿大和其他地方的新天然气供应源（通过压裂技术得以实现）就会出现。

所有这一切对美国经济来说都是好消息，因为它正推动一些制造业的复兴，创造了当地的繁荣，在廉价煤炭逐步淘汰的情况下抑制了电价上涨，并降低了天然气供暖的费用。

尽管如此，还是存在经济风险。一种是针对液化天然气出口国，全球供应量的增加可能会压低亚洲的价格，导致出口资产陷入困境。另一种更根本的风险在于该行业的社会经营许可不断被侵蚀。由于墨西哥湾深水地平线（Deepwater Horizon）钻井平台漏油事件，经营许可遭受了严重打击（更不用说这是海上石油泄漏，而不是陆上天然气泄漏，风险要低得多）。持续不断的打击来自当地社区，他们试图禁止这种做法，随后州议员也试图禁止这种禁令。非常规天然气开发带来的真实风险持续的不确定性困扰着该行业。

如前所述，存在的风险来自未来的气候变化政策。从短期来看，油气行业需要明确承诺减少足够多的甲烷排放，使天然气成为煤炭的清洁替代品（详见第 3 章）。从长远来看，二氧化碳捕获、转化、储存和使用的技术必须成熟，才能使该行业蓬勃发展。

参 考 文 献

ALLCOTT H, KENISTON D, 2014. Dutch disease or agglomeration? The local economic effects of natural resource booms in modern America [Z]. NBER Working Paper No. 20508. National Bureau of Economic Research, Cambridge, MA.

American Chemistry Council (ACC), 2011. Shale gas and new petrochemicals investment: Benefits for the economy, jobs, and US manufacturing [R]. ACC, Washington, DC.

American Chemistry Council (ACC), 2015. The rising competitive advantage of U. S. plastics [R]. ACC, Washington, DC.

AUCH T, 2014. Crime and the Utica shale [EB/OL]. Frac Tracker Alliance. http://www.fractracker. org/2014/06/crime-utica-shale/.

BARTH J M, 2010. Unanswered questions about the economic impact of gas drilling in the Marcellus shale: Don't jump to conclusions [Z]. JM Barth & Associates, Inc, Croton on Hudson, NY.

BROWN C, 2013. State revenues and the natural gas boom: An assessment of state oil and gas production taxes [R]. National Conference of State Legislatures, Washington, DC.

BROWN S P A, KRUPNICK A J, 2010. Abundant shale gas resources: Long-term implications for U. S. natural gas markets [Z]. Resources for the Future, Washington, DC, RFF DP 10-41.

BROWN S P A, YÜCEL M K, 2013. The shale gas and tight oil boom: US States' economic gains and vulnerabilities [Z]. Council on Foreign Relations, New York.

BURTRAW D, PALMER K, PAUL A, et al. , 2012. Secular trends, environmental regulations and electricity markets [J]. Electr. J. , 25 (6): 35-47.

BURTRAW D, PALMER K, PAN S, et al. , 2015. A proximate mirror: Greenhouse gas reductions and strategic behavior under the US Clean Air Act [R]. Resources for the Future, Washington, DC, RFF DP 15-02.

CHRISTOPHERSON S, Rightor N, 2011. How should we think about the economic consequences of shale gas drilling? [Z]. Cornell University, Ithaca, NY.

CONSIDINE T J, 2010. The economic impacts of the Marcellus shale: Implications for NewYork, Pennsylvania, and West Virginia [R]. American Petroleum Institute, Laramie, WY.

CONSIDINE T J, WATSON R, BLUMSACK S, 2010. The economic impact of the pennsylvania Marcellus shale natural gas play: An update [R]. Pennsylvania State University, University Park.

CONSIDINE T J, WATSON R W, CONSIDINE N B, 2011. The economic opportunities of shale energy development [R]. The Manhattan Institute, New York.

Deloitte Center for Energy Solutions, 2013. The rise of the midstream: Shale reinvigorates midstream growth [Z]. Deloitte Center for Energy Solutions, Washington, DC.

DITZEL K, PLEWES J, BROXSON B, 2013. US manufacturing and LNG exports: Economic contributions to the US economy and impacts on US natural gas prices [Z]. Prepared by Charles River Associates for Dow Chemical Company. Charles River Associates, Washington, DC.

Ecology and Environment, 2011. Economic assessment report for the supplemental generic environmental impact statement on new york state's oil, gas, and solution mining regulatory program [R]. Ecology and Environment, Inc, Lancaster, NY.

U. S. Energy Information Administration, 2012. Annual Energy Outlook 2012 with projections to 2035. DOE/EIA-0383 (2012) [R]. DOE, Washington, DC.

U. S. Energy Information Administration, 2015a. Analysis of the impacts of the Clean PowerPlan [R]. DOE, Washington, DC.

U. S. Energy Information Administration, 2015b. Annual Energy Outlook 2015 with projections to 2040. DOE/EIA-0383 (2015) [R]. DOE, Washington, DC.

U. S. Energy Information Administration, 2015c. Drilling productivity report, June 2015 [R]. DOE, Washington, DC.

U. S. Energy Information Administration, 2015d. Monthly energy review (March 2015) [EB/OL]. Washington, DC: DOE. http://www. eia. gov/totalenergy/data/monthly/.

EMF (Energy Modeling Forum), 2013. Changing the game? Emissions markets and implications of new natural gas supplies [R]. Stanford University, Stanford, CA.

Environmental Defense Fund, 2014. Model regulatory framework for hydraulically fractured hydrocarbon production wells [R].

U. S. Environmental Protection Agency, 2015. Assessment of the potential impacts of hydraulic fracturing for oil and gas on drinking water resources (External Review Draft) [R]. U. S. Environmental Protection Agency, Washington, DC, EPA/600/R-15/047.

FLANNERY B, CLARKE L, EDMONDS J, 2013. Perspectives from the abundant gas workshop [EB/OL]. Joint Global Change Research Institute, College Park, MD, http://www. globalchange. umd. edu/ data/ gtsp/ topical_workshops/2013/ spring/ presentations/Edmonds _ImplicationsOfAbundantGas _ 2013- 04- 29. pdf.

Food & Water Watch. Local actions against fracking [EB/OL]. [2015-06-24], http://www. foodandwaterwatch. org/water/fracking/anti-fracking-map/local-action-documents/.

GOPALAKRISHNAN S H, KLAIBER A, 2014. Is the shale energy boom a bust for nearby residents? Evidence from housing values in Pennsylvania [J]. American Journal of Agricultural Economics, 96 (1): 43-66.

Groundwater Protection Council, 2014. State oil and gas regulations designed to protect groundwater resources [Z]. State Oil and Gas Regulatory Exchange.

HAGGERTY J, GUDE P H, DELOREY M, et al., 2013. Oil and gas extraction as an economic development strategy in the American West: A longitudinal performance analysis, 1980-2011 [R]. Headwaters Economics, Bozeman, MT.

HOUSER T, MOHAN S, 2014. Fueling up: The economic implications of america's oil and gas boom [R]. Peterson Institute for International Economics, Washington, DC.

ICF International, 2014. Economic analysis of methane emission reduction opportunities in the U. S. onshore oil and natural gas industries [R]. Prepared for Environmental Defense Fund. ICF International, Fairfax, VA.

IHS Global Insight (USA), 2011. The economic and employment contributions of shale gas in the United States [Z]. IHS Global Insight (USA), Washington, DC.

JACOBSEN G, PARKER D, 2014. The economic aftermath of resource booms: evidence from boomtowns in the American West [J]. Econ. J., DOI: 10. 1111/ecoj. 12173.

KELSEY T W, SHIELDS M, LADLEE J R, et al. , 2011. Economic impacts of Marcellus shale in susquehanna county: Employment and income in 2009 [R]. Marcellus Shale Education and Teaching Center, University Park, PA.

KELSEY T W, RILEY A, MILCHAK S, 2012. Real property tax base, market values, and Marcellus shale: 2007 to 2009 [R]. Pennsylvania State University, University Park, PA.

KOWALSKI L, ZAJAC G, 2012. A preliminary examination of Marcellus shale drilling activity and crime trends in pennsylvania [R]. Pennsylvania State University, University Park, PA.

KRUPNICK A, KOPP R, HAYES K, et al. , 2014. The natural gas revolution: Critical questions for a sustainable energy future [R]. Resources for the Future Report (March).

LOGAN J, LOPEZ A, MAI T, et al. , 2013. Natural gas scenarios in the US power sector [J]. Energy Econ. , 40: 183-195.

MASON C F, MUEHLENBACHS L A, OLMSTEAD S M, 2014. The economics of shale gas development [J]. Annu. Rev. Resour. Econ. , 7 (1): 100814-125023.

MCGLADE C, EKINS P, 2015. The geographical distribution of fossil fuels unused when limiting global warming to 2 ℃ [J]. Nature, 517: 187-190.

MEDLOCK III K B, 2012. Discussion of US LNG exports in an international context [Z]. Presentation at USAEE Houston Chapter Luncheon (September 12).

MUEHLENBACHS L, SPILLER E, TIMMINS C, 2015. The housing market impacts of shale gas development [J]. Am. Econ. Rev. , 105 (12): 3633-3659.

OZPEHRIZ N, 2010. The state taxation of natural gas severance in the United States: A comparative analysis of tax base, rate, and fiscal importance [Z]. Heinz School of Public Policy, Carnegie Mellon University, Pittsburgh, PA.

PAUL A, BEASLEY B, PALMER K L, 2013. Taxing electricity sector carbon emissions at social cost [R]. Resources for the Future, Washington, DC, Discussion Paper 13-23-REV.

PIFER R H, 2013. Marcellus shale development and pennsylvania: Community sustainability [R]. Harrisburg, PA: Presented at the Widener University School of Law.

PLUMER B, 2013. Here's how the shale gas boom is saving americans money [N/OL]. Wonkblog, Washington Post. www. washingtonpost. com/blogs/wonkblog/wp/2013/12/18/the-shale-gas-boomis-saving-americans-money-but-how-much/.

PricewaterhouseCoopers (PwC), 2012. Shale gas: Reshaping the chemicals industry [EB/OL]. www. pwc. com/en_US/us/industrialproducts/publications/assets/pwc-shale-gas-chemicals-industry-potential. pdf.

RAIMI D, NEWELL R, 2014. Shale public finance: Local government revenues and costs associated with oil and gas development [R]. Duke University Energy Initiative. Duke University, Durham, NC.

RICHARDSON N, GOTTLIEB M, KRUPNICK A J, et al. , 2013. The state of state shale gas regulation [R]. Resources for the Future, Washington, DC.

SIIKAMÄKI J, KRUPNICK A J, 2013. Attitudes and the willingness to pay for reducing shale gas risks ［R］ //Managing the Risks of Shale Gas: Key Findings and Further Research. Resources for the Future, Washington, DC, 4-5.

State Review of Oil and Natural Gas Environmental Regulations, Inc. （STRONGER）, 2014. 2014 STRONGER Guidelines ［Z］.

TANKERSLEY J, 2015. Job creation in U. S. plastics manufacturing rebounding ［N/OL］. Washington Post, May 12. http://www. washingtonpost. com/business/economy/jobs-in-us-plastics-manufacturingrebounding/2015/05/12/8eff27d0-f8ef-11e4-9ef4-1bb7ce3b3fb7_story. html.

WEBER J G, 2012. The effects of a natural gas boom on employment and income in Colorado, Texas, and Wyoming ［J］. Energy Econ. , 34 （5）: 1580-1588.

3 天然气供应链中的甲烷排放

David Richard Lyon

美国得克萨斯州奥斯汀，环境保护基金
美国阿肯色州费耶特维尔，阿肯色大学环境动力学项目

3.1 引　言

2005—2014 年，美国的天然气产量增长了 36%，主要是因为采用水平钻井和水力压裂技术开发了页岩气资源（EIA，2015）。天然气供应的增加导致美国天然气价格下降，进而导致同期燃煤发电下降了 21%（EIA，2015）（见第 1 章和第 2 章）。天然气取代煤炭发电对气候具有长远效益，因为单位天然气燃烧相比于煤炭燃烧产生的二氧化碳（CO_2）更少。但作为天然气的主要成分——甲烷（CH_4），是一种强大的温室气体，其辐射强度是 CO_2 的 120 倍（IPCC，2013）。甲烷在大气中的有效影响时间约为 12 年，而大部分排放的 CO_2 在大气中持续影响时间会更长。因此，短期看甲烷对气候的影响程度更大，20 年内全球变暖潜势（GWP）为 84，100 年内全球变暖潜势为 25；考虑到气候-碳反馈时，全球变暖潜势值分别增加到 86 和 32（IPCC，2013）。

Alvarez 等人（2012）提出了技术变暖潜力的概念，以比较不同技术随时间相对的气候影响。天然气燃料技术对气候的影响取决于整个天然气供应链中甲烷的排放。

如图 3.1 所示，如果供应链甲烷排放量低于生产天然气的 2.7%，那么用燃气电厂取代燃煤电厂将立即带来气候效益（Alvarez et al.，2012；由政府间气候变化专门委员会更新，2013）。在天然气泄漏率较高的情况下，由于甲烷的短期气候影响，从碳密集型化石燃料转向天然气将在短期内对气候产生更坏的影响。虽然长期来看必须要减少二氧化碳排放，但减少甲烷等短期气候污染物的排放具有潜在延迟气候系统临界点的优势，并可为气候调整提供更多时间（Shoemaker et al.，2013）。因此，量化和减少天然气供应链中的甲烷排放至关重要，可以最大限度减少其对气候的影响，确保天然气替代其他化石燃料具有直接的气候效益。

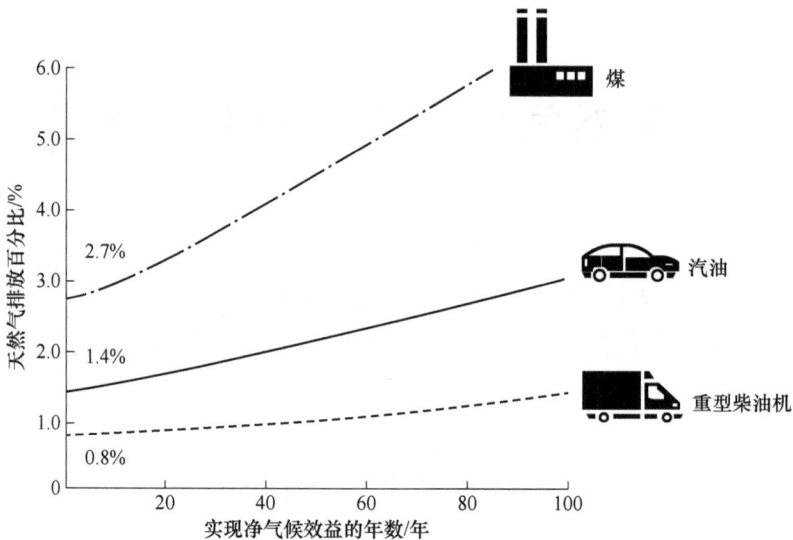

图 3.1　天然气供应链中甲烷排放的短期气候影响对从碳密集型化石燃料转向
天然气的气候效益的影响（数据截至 2013 年 11 月 4 日）
（三种技术转换（煤制气发电、轻型车辆的汽油制气、重型车辆的柴油制气）实现净气候效益之前的
年份显示为供应链天然气泄漏率的函数。对于每种技术，截距或截距以下的泄漏率可确保当时的
气候效益（如重型天然气车辆的泄漏率为 0.8％））

3.2　排　放　源

　　甲烷排放贯穿整个天然气供应链。生产部门包括新井的短期开发和生产井的长期运营。由于许多非常规井生产石油和天然气，本章将石油和天然气（O&G）生产作为单独的一部分，但重点关注下游产业的天然气。集气站是一个由管道和压缩机站组成的系统，将天然气从井场运输到处理站或运输至管道。处理站包括按照管道质量标准处理天然气的工厂，包括脱除水、二氧化碳、硫化氢和液态天然气（重碳氢化合物，如乙烷）。一些生产出来的天然气接近管道输送要求的质量标准，可以绕过处理站，在生产或集气站进行微处理，如脱水。储运站是一个高压管道和压缩机站系统，将气体从集输系统和处理站输送给电厂等高需求的客户。该部门还包括地下和液化天然气（LNG）储存设施，用于储存需求较高时期的天然气。最后，配气站是一个由管道、计量和调整站组成的系统，将天然气输送到商业和住宅等客户处。

　　天然气供应链中的甲烷排放可按排放基本来源分为三种：排放物排放、逸散性排放和不完全燃烧排放。排放物排放是与正常操作或安全程序相关的正常排放物；逸散性排放是指设备泄漏和设备故障造成的无意排放；不完全燃烧排放是天然气燃烧源排气中的燃料流失。

天然气驱动的气动控制器是美国最大的排放源。这些装置控制液位和温度等过程变量，利用加压气体的能量为设备提供动力（Simpson，2014）。根据其设计，气动控制器在正常运行期间连续或间歇地排放气体。类似地，气动泵加压气体为化学注入或乙二醇泵提供动力。

出于安全或方便目的排放的气体是另一大排放源。当设备在维护前减压或缓解过压时，会发生排放。伴生气体排放是指释放未与集气站连接的油井产生的气体。一些井在井筒中积聚液体，抑制天然气生产；这些井可以暂时将液体排放到大气中，但是这些液体也会释放甲烷。

完井是非常规开发特有的排放源。在油井水力压裂后，必须从井筒中清除多余的流体和支撑剂。在早期非常规开发中，完井液被排放到大气中，并在返排气体中释放出甲烷。截至2015年1月，美国环境保护署（US EPA）出台了一项规定，要求几乎所有的水力压裂气井（油井除外）减少排量，并捕获完井返排的气体用于销售，而不是排放到大气中。拟议的规定将把这一要求扩展到油井（美国政府出版署40联邦法规汇编第60部分OOOO子部分）（详见第12章）。

碳氢化合物和采出水储罐的排放物被称为闪蒸损失、工作损失和呼吸损失，流体从高压分离器流向常压罐后，夹带的气体作为闪蒸损失排出。当储罐装满时，因蒸汽置换而产生工作损失。呼吸损失是由环境温度或压力的变化引起的，类似于储罐闪蒸器，乙二醇脱水器通过排气口排放湿乙二醇中夹带的甲烷，释放水蒸气，储罐排放可以通过燃烧或捕获这些损失的火炬或蒸汽回收装置进行控制。

设备泄漏是设计为零排放的密封不良或损坏部件（如接头和管道）造成的逸散性排放。预计有泄漏的部件（如往复式压缩机活塞杆密封排气口）也可能发生挥发性逸散。虽然这些排气的设计是用于在正常运行期间排放一些气体，但其排放率会随着设备磨损而增加。排气源或控制设备的故障可能导致逸散性排放。例如，出现故障的气动控制器的排放可能会超过其设计速率，或者如果储罐舱口打开，储罐的排放可能会绕过火炬。

发动机、火炬或其他设备（如燃烧天然气的加热器）会产生不完全燃烧排放物。往复式压缩机发动机通常比离心式压缩机排放更多的燃料（EPA，1995）。通常认为天然气火炬燃烧效率可达98%，但最新的研究发现北达科他州和宾夕法尼亚州的11个火炬的甲烷燃烧效率超过99.8%（Caulton et al.，2014）。

3.3 非常规开发前提知识

美国环保署每年公布美国天然气供应链中的两个甲烷排放量估算来源：美国温室气体清单（GHGI；EPA，2015a）和温室气体报告计划（GHGRP；EPA，

2015b)（另见第 1 章和 12 章）。这两个估算来源在很大程度上依赖美国环保署和天然气研究所在 20 世纪 90 年代初的一项综合研究中收集的数据，该研究估计 1992 年美国天然气供应链中的甲烷排放量相当于天然气总产量的 1.4% ±0.5%（Harrisonet et al.，1996）。

美国温室气体清单是一份年度报告，包括从 1990 年到 2016 年前两年按来源类别对美国年度温室气体排放量的估算，它的出版是为了履行美国在《联合国气候变化框架公约》的承诺。天然气系统和石油系统的排放量在国家层级报告，但天然气生产部门在区域层级报告。美国温室气体清单根据 Harrison 等人（1996）和其他人员的研究，结合当时的数据（如井数）和假设（如每口井的气动控制器数量）估计活动系数（设备和设施数量）。对于大多数源类别，根据 Harrison 等人（1996）和其他人员的研究，通过将活动因子乘以排放因子（每个设备或场地的平均排放量）来估计潜在排放量。净排放量的计算方法是从潜在排放量中减去根据法规和美国环保署自愿实施的"天然气之星"计划估算的排减量。美国环保署每年都更新美国温室气体排放量计算方法，并重新计算 1990 年以来的年度排放量。

近年来，温室气体排放率的计算发生了几次方法上的变化，极大地改变了对天然气系统甲烷排放量的估算。最近几年的清单中的温室气体甲烷排放估算值从 2010 年的 4.6 Tg 增加到 2011 年的 10.5 Tg，这主要是因为增加了水力压裂完井的源类别，以及方法的变化导致液体卸载排放量估算值增加。由于液体卸载方法再次修订，2013 年温室气体排放估算值降至 6.9 Tg。经修订的水力压裂完井方法将 2014 年温室气体排放估算值降低至 6.2 Tg，2015 年温室气体排放报告估计 2013 年天然气系统的排放为 6.3 Tg，石油系统生产的排放为 1.0 Tg。假设供应链平均排放气体甲烷含量为 90%，7.3 Tg 甲烷相当于天然气总产量的 1.4%。

温室气体报告计划（GHGRP）是年度温室气体排放量不小于 25000 t 二氧化碳当量设施的强制性报告计划。在分报告 W 部分中，石油和天然气设施报告包括陆上油气生产、海上油气生产、天然气加工、天然气运输、地下天然气存储、液化天然气存储、液化天然气进出口和天然气本地分销（美国政府出版署 40 联邦法规汇编第 98 部分）。这些设施也出现在分报告 C 中的不完全燃烧排放部分。集气和增压设施仅在分报告 C 中，但美国环保署已修改该项规定，要求从 2016 年开始在 W 部分进行报告。除陆上生产（指公司在盆地内的整个井场资产）和本地分销（指公司在全州范围内的分销资产）外，其他设施均在现场层面定义。自 2011 年以来，要求报告员按来源类别分别报告年度排放量和相关数据，具体程度因来源和行业而异。排放必须使用规则规定的每种源类别的方法进行估算，其中包括直接测量、工程方程和排放系数。与美国温室气体清单类似，温室气体报告计划中排放因子主要基于 Harrison 等人（1996）的数据。温室气体报告计划不应被视为一份全面的清单，因为它只包括超过报告阈值的设施，不包括收集部门和一些排放源。

3.4 研究近况

由于人们担心天然气开发的增加会对气候造成影响，尤其是 2011 年的一篇论文估计页岩气的泄漏率为 3.6% ~ 7.9% （Howarth et al.，2011），近几年对天然气供应链中甲烷排放的研究重新兴起。美国环保署对 GHGI 和 GHGRP 的排放估算依赖于 Howarth 等人（1996）及在非常规油气开发增长之前收集的其他研究数据。最近有许多研究调查了非常规开发或其他操作实践的改变是否会增加或减少甲烷排放，包括由环境保护基金发起的一系列 16 项研究，根据方法不同研究可分为两类：自上向下的研究，利用充分混合空气的大气测量来估计区域或更大范围的排放量；自下向上的研究，在组成部分或站点级别测量排放量，有时利用活动和排放因子外推估计区域或国家的排放量。在后面的章节中，按部门总结了自下向上的研究，然后是对总油气排放量进行自上向下的研究。

3.4.1 生产

Allen 等人（2013）使用直接测量方法对美国各地的 150 个陆上生产现场、27 个完井返排、4 个修井和 9 个卸液井的设备泄漏、气动控制器和气动泵的排放量进行量化。与 GHGI 估算相比，气动控制器和设备泄漏的排放量更高，完井的排放量更低。有 2/3 的完井将返排气体运输到销售管线或火炬管线，控制了 99% 的潜在排放。表明了完井返排是常规和非常规生产的主要区别，可以通过现有技术有效控制。

Allen 等人（2013）的两项后续研究测量了 107 口卸液井和 377 个气动控制器的排放量（Allen et al.，2015a，2015b）。液体卸载排放量与最新 GHGI 的估算值相近，每年卸载事件超过最高油井排放量的 100 倍。气动控制器每台设备的平均排放量比 GHGI 高 17%，每口井的平均控制器数量为 2.7，而 GHGI 为 1.0，表明了 GHGI 将其国家排放量低估了 66.7%。少数控制器由于多数出现故障，其排放率超过 6 scfh （1 scfh = 0.0283 m^3/h）。这些占总体 19% 的设备却占总排放量的 95%。

Allen 等人（2013）利用国家活动因子扩大测量源的规模，并假设对未测量源 GHGI 的估算是准确的，进而估算了美国天然气生产部门的排放量。在后续研究中（Allen et al.，2015a，2015b），使用 2012 年的活动因子、新的气动控制器和液体卸载数据来更新国家排放量的估算值。2012 年生产部门的甲烷排放量为 2185 Gg，相当于天然气总产量的 0.49%。由于气动控制器和液体卸载排放的不确定性，排放上限估计为 2815 Gg。

相比之下，2012 年 GHGI 和 GHGRP 生产排放量分别为 1992 Gg 和 2200 Gg；GHGI 和 Allen 等人的估算仅针对天然气，而 GHGRP 还包括油气产量。

Brantley 等人（2014）采用了美国环保署其他测试方法 33 A（一种使用点源高斯色散模型的移动采样方法），估算了巴内特（Barnett）、丹佛（Denver）-朱尔斯堡（Julesburg）、派恩代尔（Pinedale）和鹰滩（Eagle Ford）盆地 210 个生产基地的排放量。排放率呈对数正态分布，且与产气量呈弱正相关（$R^2 = 0.083$）。与 Allen 等人（2013）和 Barnett 页岩的一项研究（ERG，2011）相比，Brantley 等人（2014）得出的排放率几何平均值大约高出两倍，这可能是由于在这些其他研究中排除了储罐闪蒸排放，或移动采样偏向于具有可检测的顺风羽流的较高排放点。

3.4.2　收集和处理

一项研究使用双示踪剂对比方法测量了美国 114 个收集设施和 16 个处理厂的现场水平排放量（Roscioli et al.，2015；Mitchell et al.，2015）。收集设施的排放量呈正偏态分布，12% 的站点贡献了 50% 的排放量。红外摄像机调查显示，20% 的集气站有排气罐，是没有大量排气的集气站平均排放量的 4 倍。处理厂的平均排放率（以甲烷计）高于收集设施（170 kg/h vs. 55 kg/h），但较低的排放量与气体吞吐量成正比（0.075% vs. 0.2%）。对于这两种设施类型，吞吐量与绝对排放量呈正相关，与吞吐量标准化排放量呈负相关。

Marchese 等人（2015）利用蒙特卡洛模拟，结合 Mitchell 等人（2015）的设施计数和排放数据，估算了美国采集和处理行业的排放量。美国处理厂的数量（606 家）可从国家数据库获得，但该数据库没有全面的国家收集设施清单。通过州许可数据库与研究行业参与者获得的名单比较，收集设施的数量的估算值为 4549（+921/-703）Gg。收集和处理（G&P）部门 2012 年的甲烷排放估算量为 2421（+245/-237）Gg，而 2014 年 GHGI 为 1296 Gg，2013 年 GHGRP 为 180 Gg。处理部门的排放量估算值为 546 Gg，比 GHGI 值低（892 Gg），但比 GHGRP 高（179 Gg）。由于 GHGI 包括生产部门内的收集，作者使用行业参与者设施设备计数来分配生产和收集之间的 GHGI 排放。研究估计的集气部门排放量（1875 Gg）几乎是 GHGI 估算值（404 Gg）的 5 倍，比 GHGRP（0.5 Gg）高出几个数量级，后者排除了收集设施报告要求中的排放和逸散性排放。收集和处理（G&P）部门的排放量相当于天然气生产总量的 0.47%±0.05%。

3.4.3　储运

Subramanian 等人（2015）使用组件级直接测量和现场级双示踪剂对比法量

化了 45 个储运（T&S）部门压气站的甲烷排放量。研究现场估算，使用红外摄像机确定排放源，然后用高流量采样器进行量化，使用美国环保署的 AP-42 排放因子（EPA，1995）估算不完全燃烧的排放量。平均示踪剂通量排放率（以甲烷计）为 80 kg/h。储运站点的排放率分布也存在偏差，与收集和处理部门类似，其中 50% 的排放来自 10% 的站点。根据示踪剂对比法，两个最高排放点被定义为超级排放位点，其现场排放量远高于总测量组分排放量水平。该种差异是因为压缩机隔离阀存在泄漏，无法通过部件级测量准确量化。对于超过 GHGRP 报告阈值的 25 个地点，研究现场的排放量比使用规定的 GHGRP 方法估算值高 1.8 倍。该差异是因为 GHGRP 方法排除了某些源头（如在增压、待机模式下的往复式压缩机活塞杆密封排气口），并要求使用不准确的排放系数，包括是往复式压缩机的 AP-42 系数 1/500 的不完全燃烧系数。

Zimmerle 等人（2015）使用蒙特卡洛模拟法对美国储运部门的排放量进行了估算，该方法综合了 Subramanian 等人（2015）的排放数据、研究行业参与者的详细设施数据和 GHGRP 数据。2012 年美国排放量估算值为 1503（+750/−283）Gg 甲烷，而 GHGI 和 GHGRP 估算值分别为 2071 Gg 和 200 Gg 甲烷。Zimmerle 等人（2015）估计，美国的储运站点与 GHGI 相比更少，这些站点的压缩机中排放量较低的干密封离心式压缩机所占比例较大。储运部门的排放相当于储运部门吞吐量的 0.35%（+0.10%/−0.07%）。

3.4.4 区域分布

Lamb 等人（2015）测量了美国 13 个地方配电系统中 230 个管道泄漏和 229 个计量调节（M&R）站的甲烷排放量。从研究行业参与者提供的代表性区域的管道泄漏和计量调节站列表中随机选择站点。高流量取样器用于直接测量计量调节部件，并与外壳表面串联测量地下管道泄漏。管道泄漏的排放率分布极为偏斜，1.3% 的泄漏占总排放量的 50%。与 GHGI 排放系数为基础的 Harrison 等人（1996）研究相比，管道泄漏和计量调节站的平均排放率都偏低。Lamb 等人（2015）和 Harrison 等人（1996）分别测量了 9 个计量调节站，其中 8 个在最新的研究中排放量较低。Lamb 等人（2015）使用新的测量数据估算了 2011 年美国区域分布排放量。根据管道材料和计量调节站的工作压力，制定了管道干线和服务的排放系数，然后乘以 GHGI 活动系数。GHGI 排放估算用于用户仪表和干扰排放。2011 年当地甲烷排放量估算值为 393 Gg（95% 置信上限为 854 Gg），而 GHGI 和 GHGRP 分别为 1329 Gg 和 640 Gg。与 GHGI 相比，管道泄漏的研究估算值约低 2/3，计量调节站的估算值约低 12/13。自 20 世纪 90 年代以来，管道更换、泄漏调查及站点升级和维护使排放量大幅降低。

3.4.5 自上向下的研究

许多研究使用飞机、塔台或卫星测量来估算油气生产和/或天然气分布区域的甲烷排放总量（Pétron et al.，2012，2014；Townsend-Small et al.，2012；Jeong et al.，2013；Karion et al.，2013；Miller et al.，2013；Kort et al.，2014；Wechtet et al.，2014；Peischl et al.，2013）。其中一些研究使用了包括稳定同位素和碳氢化合物比率在内的源分配方法，或者通过减去其他源的自下向上的估计，估算了油气源排放的比例（Townsend-Small et al.，2012；Pétron et al.，2014）。根据自上向下估计的甲烷排放量占天然气产量的百分比，各盆地之间差异很大。例如，飞机质量平衡研究报告显示，马塞卢斯地区的飞机泄漏率为0.18% ~ 0.41%，海恩斯维尔地区为1.0% ~ 2.1%，费耶特维尔地区为1.0% ~ 2.8%，丹佛-朱尔斯堡地区为2.6% ~ 5.6%，尤因塔地区为6.2% ~ 11.7%（Peischl et al.，2013；Pétron et al.，2014；Karion et al.，2013）。

自上向下估算的总甲烷排放量和油气甲烷排放量通常比自下向上估算值高。Miller等人（2013）利用大气传输模型和地质统计逆模型分析了甲烷观测结果，以估算美国的排放量。人为估算值分别比GHGI和全球大气研究排放数据库（EDGAR，JCR/PBL，2011）高1.5倍和1.7倍，美国中南部地区的油气排放量比EDGAR高2.3 ~ 7.5倍。研究发现自上向下的估算值通常会超过自下向上的估算值，作者估计美国的甲烷排放量比GHGI估算值高1.25 ~ 1.75倍（Brandt et al.，2014）。本次研究提出了4个可以解释油气排放量被低估的假设：（1）自下向上的数据不能代表当前的技术和实践；（2）自下向上的数据集样本量小，可能存在抽样偏差；（3）偏态排放分布结果导致样本数据的平均排放率低于总排放率；（4）活动系数不准确。

2013年10月，对巴内特页岩开展了一项协同研究活动，同时采用了自上向下和自下向上的方法来量化油气供应链中的甲烷排放量（Harriss et al.，2015）。自下向上法的数据包括储运站和本地分布的计量调节站的直接组分测量（Johnson et al.，2015；Lamb et al.，2015）。采用基于飞机和车辆的方法，通过质量平衡法（Lavoie et al.，2015；Nathan et al.，2015）、高斯色散建模（Lan et al.，2015；Yacovitch et al.，2015）、移动通量面法（Rella et al.，2015）分析顺风情况，对油气井场、压缩机站、处理厂和垃圾填埋场的现场排放进行量化。在8次飞行期间，采用自上向下法、基于飞机的质量平衡法估算了区域甲烷排放量（Karion et al.，2015）。来源分配数据包括来自不同源类型的气罐样品的碳、氢稳定同位素和碳氢化合物比例（Townsend-Smal et al.，2015），以及在质量平衡飞机上测量的连续乙烷-甲烷比例（Smith et al.，2015）。自上向下法估计的甲烷总排放量为76 Mg/h ± 13 Mg/h，其中化石来源的甲烷排放量为60 Mg/h ± 11 Mg/h

（Karion et al. , 2015；Smith et al. , 2015）。Lyon 等人（2015）利用该活动和其他来源的数据构建了一个空间解析甲烷排放清单；自下向上法估算的总甲烷排放量和油气甲烷排放量分别为 72.3（+10.1/−8.9）Mg/h 和 46.2（+8.2/−6.2）Mg/h。这种自下向上法的油气排放估算值分别比 GHGI、GHGRP 和 EDGAR 的替代估算值高 1.5 倍、2.7 倍和 4.3 倍，这主要是因为该法包含了高排放站点和更完整的活动因子，尤其是集气站。自上向下法和自下向上法对巴内特地区天然气供应链泄漏率的估计（分别为 1.3% ~ 1.9% 和 1.0% ~ 1.4%）差异不显著。Zavala-Araiza 等人（2015）利用活动中获得的井场数据，引入了"功能性超级排放站点"的概念，由与天然气产量成比例的排放量定义。在巴内特地区，功能性超级排放站点占生产现场的 15%，占生产现场总排放量的 77%。

3.4.6 其他不确定性

与 GHGI 相比，自下向上法的研究报告显示，生产和储运部门排放类似（Allen et al. , 2015a；Zimmerle et al. , 2015），收集部门的排放更高（Marchese et al. , 2015），加工和当地配送部门的排放更低（Marchese et al. , 2015；Lamb et al. , 2015）。Littlefield 等人（个人沟通）拟进行的一项研究将整合近期的数据源，以估计美国天然气供应链排放的规模和不确定性，存在几个不确定因素可能影响这些排放量估算。

正偏态的排放率分布在许多类型的油气设施和组件中都很常见。如图 3.2 所示，相对少量的高排放站点（有时被称为超级排放站点）贡献了很大一部分排放量。研究使用统计方法来量化与偏态分布相关的不确定性。例如，美国当地分布排放的置信上限是中央估计值的 2 倍以上，主要原因是实测管道排放量大部分来自极少数泄漏（Lamb et al. , 2015）。对超级排放源的流行率、数量和原因的进一步研究可能会减少与抽样偏斜分布相关的不确定性。

一些设备和设施的活动系数鲜为人知。Allen 等人（2015a）的报告称，每口井的平均气动控制器数量比 GHGI 的估计高 2.7 倍。尤其是收集设施数目的不确定性，因为这些站点的报告较少有要求。Marchese 等人（2015）改进了对美国收集设施数量的估计，但其下限和上限仍然相差 1.4 倍，更全面地报告活动因素对于减少自下向上法排放估计的不确定性至关重要。

在相关研究中，未测量的若干排放源与它们先前的排放量估计值仍然存在不确定性。Allen 等人（2013）没有对生产部门的储罐和压缩机进行全面测量。其他研究表明，高排放井场和集气站通常与储罐排气有关（Brantley et al. , 2014；Mitchell et al. , 2015），这支持了对储罐排放额外数据的需求。

据了解，集输管道没有公布任何的排放数据。GHGI 使用 Harrison 等人（1996）的数据，该数据基于当地分布的主要泄漏数据来估计集输管道的排放量，

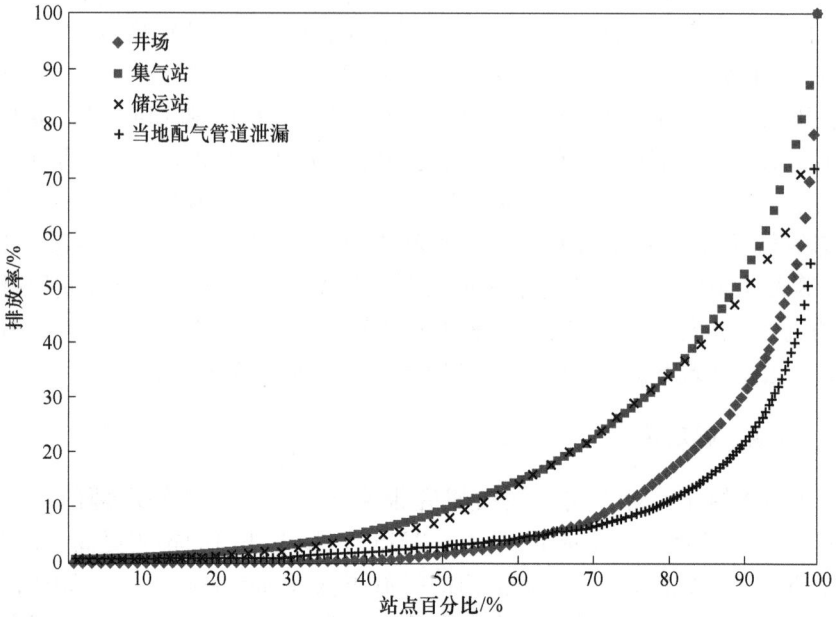

图 3.2　设施的排放率分布

资料来源：Rella et al.（2015）；Subramanian et al.（2015）；Mitchell et al.（2015）；Lamb et al.（2015）
（四种源类型的排放率分布按排放率与该等级或低于该等级的站点总排放量百分比的升序绘制为
站点百分比。例如，排放量最低的 50% 井场占测量现场总排放量的 1%，而排放最高的
10% 井场占总排放量的 69%。数据来自四项研究）

Marchese 等人（2015）在收集行业排放量的最新估计中使用了 GHGI 数据。与输气管道或当地配气管道相比，集气管道的监管更少，它是一个潜在的大型排放源，这是未来研究的重点。

排放也可能与天然气的最终使用超过用户仪表有关，如发电厂的泄漏和住宅燃气炉的不完全燃烧。一项自上向下法的研究估计，波士顿地区的排放量为天然气吞吐量的 2.7% ± 0.6%，而自下向上法的估计值为 1.1%（McKain et al.，2015），作者假设这一差距可能部分是由于终端使用排放造成的。Clark 等人（个人通信沟通）拟进行的研究将报道天然气车辆和加油站的排放数据。

稳定同位素比率等来源分配方法无法区分天然气供应链和其他化石来源的甲烷排放。废弃油气井的排放和地质渗流可能是自上向下法和自下向上法估算结果差异的部分原因（Brandt et al.，2014）。在美国，大约有 300 万口废弃和闲置的井，但它们的排放量目前不包括在 GHGI 中。一项针对宾夕法尼亚州 19 口废弃井的研究报告称，该地区的甲烷排放呈高度偏斜分布，平均排放速率为每小时 11 g 甲烷（Kang et al.，2014）。由于废弃井数量众多，这一量级的排放速率可能会导致大量排放，但由于样本量小和研究的地理范围有限，存在很大的不确定性。Townsend-Small 等人（个人沟通）拟进行的研究将报告 4 个州超过 100 口井的排放情况。据估计，油气易发盆地的地质微渗漏在全球范围内每年排放 10 Tg 甲烷（Etiope 和 Klusman，2002）。渗漏可能是自上向下法估计化石甲烷排放量考虑的一部分原因，但由于大多数地区的高变异性和缺乏数据，使得在没有进一步研究的情况下无法做出合理的估算。

3.5 结 论

与碳密集型化石燃料相比，天然气具有气候优势，但这些优势可能会因供应链中的甲烷排放而减少或延迟。美国环保署最近估计，美国天然气和石油系统的甲烷排放量为 7.3 Tg，相当于天然气总产量的 1.4%。美国环保署 GHGI 的大部分数据都是基于 20 世纪 90 年代的研究（Harrison et al.，1996），因此可能无法代表非常规油气开发的相关技术和运营方面的变化。最近的许多研究都采用了自上向下和自下向上结合的方法来量化油气甲烷排放量。自下向上法研究估计供应链排放量与 GHGI 估算值大致一致，但某些设备和部门的排放量或高或低。一些自上向下的研究报告显示，排放量高于 GHGI 估算值，这表明自下向上的估计可能仍然存在不确定性，特别是特征不明确的来源，如储罐和集输管道。

美国天然气供应链的甲烷排放量可能很大，因此煤改气发电将带来直接的气候效益，尽管排放率的区域差异可能会导致一些盆地的天然气在短期内对气候的影响更糟。然而，甲烷排放量可能足够高，其他技术转换（如重型车辆用柴油转化为天然气）会造成短期气候损害，这需要更低的供应链损失率（Camuzeaux et al.，2015）。不管目前的排放速率如何，相对于碳密集型化石燃料，天然气的气候效益可以通过减少甲烷排放而增加。幸运的是，通过减少排放完成率等技术可以有效控制排放（Allen et al.，2013）。美国油气行业的甲烷排放量可以减少 40%，每千立方英尺生产的天然气成本不到 0.01 美元（ICF，2014）。几项研究表明，大多数排放来自少数排放源，其中许多是故障或有其他可避免的排放，但这些排放源的身份可能无法预测。因此，全面、频繁的泄漏检测和维修计划来识别和缓解这些源头对减少排放至关重要。

参 考 文 献

ALLEN D, TORRES V, THOMAS J, et al., 2013. Measurements of methaneemissions at natural gas production sites in the United States [J]. Proc. Natl. Acad. Sci., 110 (44): 17768-17773.

ALLEN D, PACSI A, SULLIVAN D, et al., 2015a. Methane emissions from process equipment at natural gas production sites in the United States: pneumatic controllers [J]. Environ.

Sci. Technol., 49 (1): 633-640.

ALLEN D, SULLIVAN D, ZAVALA-ARAIZA D, et al., 2015b. Methane emissions from process equipment at natural gas production sites in the United States: Liquid unloadings [J]. Environ. Sci. Technol., 49 (1): 641-648.

ALVAREZ R, PACALA S, WINEBRAKE J, et al., 2012. Greater focus needed on methane leakage from natural gas infrastructure [J]. Proc. Natl. Acad. Sci., 109 (17): 6435-6440.

BRANDT A, HEATH G, KORT E, et al., 2014. Methane leaks from North American natural gas systems [J]. Science, 343 (6172): 733-735.

BRANTLEY H, THOMA E, SQUIER W, et al., 2014. Assessment of methane emissions from oil and gas production pads using mobile measurements [J]. Environ. Sci. Technol., 48 (24): 14508-14515.

CAMUZEAUX J, ALVAREZ R, BROOKS S, et al., 2015. Influence of methane emissions and vehicle efficiency on the climate implications of heavy-duty natural gas trucks [J]. Environ. Sci. Technol., 49 (11): 6402-6410.

CAULTON D, SHEPSON P, CAMBALIZA M, et al., 2014. Methane destruction efficiency of natural gas flares associated with shale formation wells [J]. Environ. Sci. Technol., 48 (16): 9548-9554.

Eastern Research Group, 2011. City of Fort Worth natural gas air quality study; City of Fort Worth: Fort Worth, TX [EB/OL]. http://fortworthtexas. gov/gaswells/air-quality-study/final/.

ETIOPE G, KLUSMAN R, 2002. Geologic emissions of methane to the atmosphere [J]. Chemosphere, 49 (8): 777-789.

European Commission, Joint Research Centre (JRC) /Netherlands Environmental Assessment Agency (PBL), 2011. Emission database for global atmospheric research, release version 4. 2 [EB/OL]. http://edgar. jrc. ec. europa. eu.

HARRISON M R, SHIRES T, WESSELS J K, et al., 1996. Methane emissions from the natural gas industry; EPA: Washington, DC [EB/OL]. http://www. epa. gov/methane/gasstar/ documents/emissions_report/1_executiveummary. pdf.

HARRISS R, ALVAREZ R, LYON D, et al., 2015. Using multi-scale measurements to improve methane emission estimates from oil and gas operations in the Barnett Shale region Texas [J]. Environ. Sci. Technol., 49 (13): 7524-7526.

HOWARTH R, SANTORO R, INGRAFFEA A, 2011. Methane and the greenhouse-gas footprint of natural gas from shale formations [J]. Climatic Change, 106 (4): 679-690.

ICF, 2014. Economic analysis of methane emission reduction opportunities in the U. S. onshore oil and natural gas industries [EB/OL]. https://www. edf. org/sites/default/files/methane _ cost _ curve_report. pdf.

IPCC, 2013. Climate change 2013: The physical science basis. Contribution of working group I to the fifth assessment report of the intergovernmental panel on climate change [R]. Cambridge, United Kingdom and New York, NY, USA: Cambridge University Press., 1535.

JEONG S, HSU Y, ANDREWS A, et al., 2013. A multitower measurement network estimate of California's methane emissions [J]. J. Geophys. Res., 118 (19): 11339-11351.

JOHNSON D, COVINGTON A, CLARK N, 2015. Methane emissions from leak and loss audits of natural gas compressor stations and storage facilities [J]. Environ. Sci. Technol., 49 (13): 8132-8138.

KARION A, SWEENEY C, PÉTRON G, et al., 2013. Methane emissions estimate from airborne measurements over a western United States natural gas field [J]. Geophys. Res. Lett., 40 (16): 4393-4397.

KARION A, SWEENEY C, KORT E, et al., 2015. Aircraft-based estimate of total methane emissions from the Barnett Shale region [J]. Environ. Sci. Technol., 49 (13): 8124-8131.

KANG M, KANNO C, REID M, et al., 2014. Direct measurements of methane emissions from abandoned oil and gas wells in Pennsylvania [J]. Proc. Natl. Acad. Sci., 111 (51): 18173-18177.

KORT E, FRANKENBERG C, COSTIGAN K, et al., 2014. Four corners: the largest US methane anomaly viewed from space [J]. Geophys. Res. Lett., 41 (19): 6898-6903.

LAMB B, EDBURG S, FERRARA T, et al., 2015. Direct measurements show decreasing methane emissions from natural gas local distribution systems in the United States [J]. Environ. Sci. Technol., 49 (8): 5161-5169.

LAN X, TALBOT R, LAINE P, et al., 2015. Characterizing fugitive methane emissions in the Barnett shale area using a mobile laboratory [J]. Environ. Sci. Technol., 49 (13): 8139-8146.

LAVOIE T, SHEPSON P, CAMBALIZA M, et al., 2015. Aircraft-based measurements of point source methane emissions in the Barnett shale basin [J]. Environ. Sci. Technol., 49 (13): 7904-7913.

LYON D, ZAVALA-ARAIZA D, ALVAREZ R, et al., 2015. Constructing a spatially resolved methane emission inventory for the Barnett shale region [J]. Environ. Sci. Technol., 49 (13): 8147-8157.

MCKAIN K, DOWN A, RACITI S, et al., 2015. Methane emissions from natural gas infrastructure and use in the urban region of Boston Massachusetts [J]. Proc. Natl. Acad. Sci., 112 (7): 1941-1946.

MARCHESE A J, VAUGHN T L, ZIMMERLE D, et al., 2015. Methane emissions from United States natural gas gathering and processing [J]. Environ. Sci. Technol., 49 (17): 10718-10727.

MILLER S, WOFSY S, MICHALAK A, et al., 2013. Anthropogenic emissions of methane in the United States [J]. Proc. Natl. Acad. Sci., 110 (50): 20018-20022.

MITCHELL A, TKACIK D, ROSCIOLI J, et al., 2015. Measurements of methane emissions from natural gas gathering facilities and processing plants: measurement results [J]. Environ. Sci. Technol., 49 (5): 3219-3227.

NATHAN B, GOLSTON L, O'BRIEN A, et al., 2015. Near-field characterization of methane emission variability from a compressor station using a model aircraft [J]. Environ. Sci. Technol., 49 (13): 7896-7903.

PEISCHL J, RYERSON T, BRIOUDE J, et al. , 2013. Quantifying sources of methane using light alkanes in the Los Angeles basin, California [J]. J. Geophys. Res. , 118 (10): 4974-4990.

PÉTRON G, FROST G, MILLER B, et al. , 2012. Hydrocarbon emissions characterization in the Colorado Front Range: a pilot study [J]. J. Geophys. Res. , 117 (D04304): 1-19.

PÉTRON G, KARION A, SWEENEY C, et al. , 2014. A new look at methane and nonmethane hydrocarbon emissions from oil and natural gas operations in the Colorado Denver-Julesburg Basin [J]. J. Geophys. Res. , 119 (11): 6836-6852.

RELLA C, TSAI T, BOTKIN C, et al. , 2015. Measuring emissions from oil and natural gas well pads using the mobile flux plane technique [J]. Environ. Sci. Technol. , 49 (7): 4742-4748.

ROSCIOLI J, YACOVITCH T, FLOERCHINGER C, et al. , 2015. Measurements of methane emissions from natural gas gathering facilities and processing plants: measurement methods [J]. Atmos. Meas. Tech. , 8 (5): 2017-2035.

SHOEMAKER J, SCHRAG D, MOLINA M, et al. , 2013. What role for short-lived climate pollutants in mitigation policy? [J]. Science, 342 (6164): 1323-1324.

SIMPSON D, 2014. Pneumatic controllers in upstream oil and gas [J]. Oil Gas Facil. , 3 (5): 83-96.

SMITH M, KORT E, KARION A, et al. , 2015. Airborne ethane observations in the Barnett shale: Quantification of ethane flux and attribution of methane emissions [J]. Environ. Sci. Technol. , 49 (13): 8158-8166.

SUBRAMANIAN R, WILLIAMS L, VAUGHN T, et al. , 2015. Methane emissions from natural gas compressor stations in the transmission and storage sector: measurements and comparisons with the EPA greenhouse gas reporting program protocol [J]. Environ. Sci. Technol. , 49 (5): 3252-3261.

TOWNSEND-SMALL A, TYLER S, PATAKI D, et al. , 2012. Isotopic measurements of atmospheric methane in Los Angeles, California, USA: Influence of "fugitive" fossil fuel emissions [J]. J. Geophys. Res. , 117 (D07308): 1-11.

TOWNSEND-SMALL A, MARRERO J, LYON D, et al. , 2015. Integrating source apportionment tracers into a bottom-up inventory of methane emissions in the Barnett Shale hydraulic fracturing region [J]. Environ. Sci. Technol. , 49 (13): 8175-8182.

United States Government Publishing Office, 2015. Electronic code of federal regulations title 40 part 98—Mandatory greenhouse gas reporting [EB/OL]. http://www. ecfr. gov/cgi-bin/text-idx? tpl =/ ecfrbrowse/Title40/40cfr98_main_02. tpl.

United States Government Publishing Office, 2015. Electronic code of federal regulations title 40 part 60. Standards of performance for new stationary sources: Subpart OOOO-standards of performance for crude oil and natural gas production, transmission and distribution [EB/OL]. http:// www. ecfr. gov/cgi-bin/text-idx? SID = true&node = sp40. 7. 60. 0000.

United States Energy Information Administration, 2015, Washington, DC [EB/OL]. http://

www. eia. gov/.

United States Environmental Protection Agency, 2015. Inventory of U. S. Greenhouse gas emissions and sinks: 1990—2013; EPA, Washington, DC [EB/OL]. http://www. epa. gov/ climatechange/ghgemissions/usinventoryreport. html.

United States Environmental Protection Agency, 2015. Greenhouse gas reporting program; EPA, Washington, DC [EB/OL]. http://ghgdata. epa. gov/ghgp/main. do.

United States Environmental Protection Agency, 1995. AP-42 Compilation of air pollutant emission factors; EPA, Washington, DC [EB/OL]. http://www. epa. gov/ttnchie1/ap42/.

WECHT K, JACOB D, FRANKENBERG C, et al., 2014. Mapping of North American methane emissions with high spatial resolution by inversion of SCIAMACHY satellite data [J]. J. Geophys. Res., 119 (12): 7741-7756.

YACOVITCH T, HERNDON S, PÉTRON G, et al., 2015. Mobile laboratory observations of methane emissions in the Barnett shale region [J]. Environ. Sci. Technol., 49 (13): 7889-7895.

ZAVALA-ARAIZA D, LYON D, ALVAREZ R, et al., 2015. Toward a functional definition of methane super-emitters: Application to natural gas production sites [J]. Environ. Sci. Technol., 49 (13): 8167-8174.

ZIMMERLE D, WILLIAMS L, VAUGHN T, et al., 2015. Methane emissions from the natural gas transmission and storage system in the United States [J]. Environ. Sci. Technol., 49 (15): 9374-9383.

4 饮用水污染综述与水力压裂

Elyse Rester, Scott D. Warner

美国全球水资源实践部门水资源管理，美国安博英环公司

4.1 概　　述

4.1.1 研究背景

当讨论水力压裂技术（又称"压裂技术"）从致密页岩地层中开采石油资源或提高常规地下储层的采收率时，地表和地下水污染是一个重要的话题。20世纪末，随着新技术的应用和普及，以及市场上石油价格的暂时飙升（见第2章中的经济学讨论），公众和媒体对该问题的关注度进一步提高，这些新技术能够从以前的低渗透储量（如页岩）中更有效地开采石油（液体和天然气）。压裂过程的各个方面对水资源（主要是地下水）的潜在影响，包括注入剂和甲烷通过套管泄漏、裂缝扩展导致石油成分迁移，以及地表蓄水池无意（或有意）排放废水引起了公众和监管部门对这一快速发展的行业的极大关注（详见第5章和第6章）。本章旨在强调与水力压裂相关过去的和潜在的水暴露相关的事实和技术考虑。

本章重点是采用水力压裂技术开采石油区域内的地表水和地下水，这些水在历史上、现在或将来都可能作为饮用水资源。这与美国环保署（EPA）的担忧是一致的，即受水力压裂影响的水体很可能将在未来继续作为饮用水来源（EPA，2015）。

4.1.2 水力压裂井和饮用水资源的邻近性

暴露途径更集中在井身附近，增加了井周围发生暴露的可能性（见第1章对暴露途径的讨论）。然而，也可能存在导致水力压裂井附近的饮用水受到污染的暴露途径（如一辆载有废水的卡车可能溢出）（EPA，2015）（详见第6章和第8章）。"水力压裂井可位于住宅和饮用水资源附近。2000—2013年，大约有940万美国人生活在水力压裂井1 mi（1 mi＝1.609 km）的范围内。在同一时期，公共供水系统中大约6800个饮用水源位于至少一口水力压裂井1 mi范

围内。2013 年，这些饮用水水源全年为 860 多万人提供服务"（EPA，2015）。在美国怀俄明州的帕维尔，在一项关于水力压裂导致饮用水污染的调查中，"美国环保署发现在天然气生产井附近的家庭水井中溶解的甲烷浓度更高"（Cooley et al.，2012）。

美国加利福尼亚州 2013 年签署的最新立法，要求监测相关项目，以确保对饮用水源的保护并记录本底浓度。这项立法，即参议院第 4 号法案，要求州水资源控制委员会在石油和天然气作业领域实施地下水监测计划和标准（详见第 12 章对立法的进一步讨论）。

4.2 暴露途径

本节概述了水力压裂水循环各组成部分地表水和饮用水可能的暴露途径。水力压裂水循环包括取水、化学混合、注入井、排采水、废水处理和废物处置（EPA，2015）。

4.2.1 取水

随着干旱和争夺水资源利益的增加，保护这一自然资源的需求变得更加迫切（见第 13 章关于全球水资源的讨论）。第 5 章将讨论水力压裂过程中水供应和回收方案，以及用水需求之间的平衡，尤其是在干旱地区，这已经成为一个特别热门的话题（见第 6 章中关于监管活动的讨论）。在这里重点关注水力压裂过程中获取水时对地表水和地下水质量的影响。

地下水和地表水都可以用于水力压裂，二者之中任何一类使用不当都会导致饮用水源的水质下降。如果含水层中地下水的抽取量超过了其自然补给的速率，就会导致含水层中产生负压，进而可能会导致较低质量的水或污染物从相邻地层中渗入。如果地表水的提取量足够大，会明显地减少地表水的流量，导致地表水流混合或稀释未来污染物的能力降低（EPA，2015）。

4.2.2 化学混合

压裂过程中使用的多种化学物质，通常被称为水力压裂液，其目的是优化石油回收过程。水力压裂液的体积和化学成分因不同的国家、地区和地理位置而异，具体取决于地理位置、适用性、价格和偏好。在美国，每次水力压裂作业平均使用 25 种不同的化学品（Long et al.，2015），所有井场都没有单独使用某一种化学品（EPA，2015）。

水力压裂液一般由三部分组成（EPA，2015）：

（1）基液，它是体积最大的成分，主要是水（一般占整个注入流体体积的

98% 或更多）；

（2）添加剂，可以是单一化学品或多种化学品的混合物；

（3）支撑剂，固体材料（通常是沙子），用于保持水力裂缝张开。

确定最佳的化学混合物和剂量，以达到特定的效果（如调节 pH 值、增加黏度、限制细菌生长），同时最大限度地提高井的产能，这需要知识、技术和经验。这些商业秘密经常被引用于涉及水力压裂的立法辩论中（见第 12 章 "FracFocus 计划"）。

在水力压裂液中发现的高浓度化学物质对健康的潜在影响包括癌症、免疫系统影响、体重变化、血液化学变化、心脏毒性、神经毒性、肝和肾毒性及生殖和发育毒性（EPA，2015）。然而，压裂液中的化学物质被高度稀释。因此，必须在个案基础上进行研究，以确定在特定时间特定井中某一特定化学混合物的剂量和暴露量是否会对人体健康造成影响。

水力压裂液可能污染饮用水水源的途径包括：

（1）运输卡车的溢出（见第 9 章关于运输的进一步讨论）；

（2）储存容器溢出；

（3）井注（本章稍后讨论）；

（4）返排和采出水（本章稍后讨论）。

压裂液的泄漏是由设备或容器的故障、人为失误、天气和蓄意破坏等原因造成的。最常见的（液压油泄漏）原因是设备故障，特别是防喷器故障、腐蚀和阀门故障（EPA，2015）。

有关水力压裂液现场泄漏频率的现有数据有限。在美国，目前还没有全国性数据，只有科罗拉多州和宾夕法尼亚州提供了各自的具体数据。根据数据和文献估计，在科罗拉多州每 100 口井中就会发生一次泄漏，宾夕法尼亚州每 100 口井就会发生 0.4 ~ 12.2 次泄漏。泄漏频率估计是针对给定时间内给定数量的井。这些不是分年统计，也不是油井的全生命周期（EPA，2015）。

只有压裂液泄漏污染了地表或地下水源，才有可能直接影响饮用水质量。如果溢出物从陆地流向附近的地表水，或溢出物污染了土壤，渗入地表水，或溢油渗透土壤到达地下水，才会发生这种情况。在美国环保署统计的 151 起泄漏事件中，有 13 起（约占的 9%）为泄漏的液体进入地表水，97 起（约占 64%）为渗入土壤。据报道，没有任何水力压裂液泄漏达到地下水（EPA，2015）。需要注意的是，溢出物渗入土壤并到达地层中的地下水需要一段时间。如果给予更多的时间，目前还不清楚 EPA 描述的一些泄漏是否会到达地下水。

4.2.3　注入井

正确地建设、维护和管理水井是保护地下水免受潜在污染的关键。这适用于任何类型的井，任何使用方式，包括水力压裂。在水力压裂过程中，生产井使用表面固井套管来隔离地下水，防止液体和气体进入地面时对地下水造成潜在污染。如果套管泥浆设计和施工不当或失效，气体和液体的流动可能会对饮用水资源产生影响（EPA，2015）。图 1.5 展示了水力压裂井的组成。油井建设工程的要求和设计由国家规定（详见第 12 章）。然而，早期的水力压裂可能缺乏对油井建造的监督，因此可能会建造不充分的套管。美国石油学会制定了一套指导方针以确保有效的技术（见第 12 章的立法监督讨论）。

生产区域与饮用水资源之间较大的垂直距离有利于防止饮用水污染。基于马塞卢斯页岩样环境的数值模拟和微地震研究表明，水力压裂过程中产生的裂缝不太可能从这些深层地层向上延伸到浅层饮用水含水层（EPA，2015）。

在受保护地下水下方较深地层中产生的水力裂缝不太可能向上扩展到与含水层相交的程度。在美国其他地方进行的大规模水力压裂研究表明，水力裂缝的垂直延伸不超过 2000 ft（610 m），因此在含水层以下数千英尺进行的水力压裂预计不会到达远浅层中受保护的含水层（Long et al.，2015）。

对于类似位于地下水含水层深度的油气开采，防止污染需要格外小心。EPA在 2009 年和 2010 年对 9 家服务公司的油气生产井进行了水力压裂调查，估计在 23000 口井中，有 20% 的井从最浅的水力压裂点到受保护的地下水资源之间的测量距离小于 2000 ft（610 m）（EPA，2015）。

在现有生产井附近进行水力压裂时，裂缝有可能与附近的井相交。如果井之间距离很近或在同一个井台上，这些井之间的联通或压裂碰撞更容易发生（EPA，2015）。当发生压裂冲击时，邻井无法承受附近井的压裂压力，邻井组件可能失效。这可能会导致邻井在地面释放流体，造成地面或地下水资源的污染。美国环保署认定，与水力压裂相关的液体表面泄漏事故是由于井间沟通事件造成的（EPA，2015）。

如果发生压裂冲击，老油井往往不活跃，更有可能失效，因为正如前面所讨论的，它们可能没有按照现在的标准来建造。州际油气契约委员会估计，在正式的监管体系到位之前，美国可能已经钻了超过 100 万口井，其中许多井的状态和位置都是未知的（EPA，2015）。

4.2.4　排采水

返排水和采出水可能含有之前化学混合部分中讨论的部分或全部化学物质（pH 值调节化学物质、生物杀菌剂等），此外，水力压裂过程可以调动天然有机化学物质、放射性元素、金属和地下岩层的其他成分（EPA，2015）。

返排和采出水的饮用水暴露途径与化学混合和注入井路径相同（泄漏、井故障等）（见第 5 章）。

目前还没有关于水力压裂过程中泄漏的研究，以区分化学物质泄漏的数量与返排液泄漏的数量、生产水泄漏的数量与废水泄漏的数量。目前只对泄漏事件进行了整体研究。

4.2.5　废水处理和废物处置

废水处理和废物处置对饮用水资源的影响途径与前面所述的对溢漏的影响途径类似，也可能根据运输方式或储存形式而有所不同。如果废水处理不当，排放到地表水或重新注入，也会影响饮用水资源，可能会污染地下水。第 5 章详细论述了污水处理和废物处置。

4.3　法规概述

4.3.1　美国联邦法规

虽然美国大部分的水力压裂法规都是由各州自行制定的，但有几项联邦法规保护水力压裂活动的水暴露（Spence，2010；Brady 和 Crannell，2012）（详见第 12 章）：

（1）《清洁水法》——管理废水进入湖泊，河流，或处理厂的处置。

（2）《危险物质运输法案》——管理危险化学品的运输。

（3）《资源保护和回收法案》——规范危险废物的产生、运输、处理、储存和处置。

（4）《全面环境反应、赔偿和责任法案》——建立一个联邦"超级基金"，用于支付事故、泄漏或其他对环境有害物质的紧急排放的清理费用。

（5）《安全饮用水法》——保护美国公共饮用水的整体质量。

《压裂责任和化学品意识法案》也被称为"FRAC 法案"，由 S. 1215 和 H. R. 2766 于 2009 年被提交给美国国会，但从未获得表决。FRAC 法案要求披露"压裂过程中使用的化学成分（但不是专有的化学配方）"（Spence，2010）。美国联邦法规要求公司保留材料安全数据表（MSDS），列出压裂现场成分和数量，包括有毒物质（Spence，2010）。MSDS 包含关于如何管理和应对特定化学品泄漏或化学品接触的信息。MSDS 没有关于化学混合物的资料，也没有化学混合物的协同效应的资料。

4.3.2　国家法规

在美国，水力压裂过程的大部分监管工作都由各州自己来完成。

2005 年的《能源政策法》额外在《安全饮用水法》中对地下注入的定义增加了两个条款：（1）以储存为目的的天然气地下注入；（2）根据与石油、天然气或地热生产活动有关的水力压裂作业，在地下注入流体或支撑剂（柴油燃料除外）。因此，各州有责任保护饮用水含水层免受水力压裂污染（Spence，2010）。"没有联邦法规规定了在陆地上处理水力压裂废物或将废物注入地下：这些处理回流水或其他水力压裂废物的方法只受州监管"（Spence，2010）。在第12章中，详细讨论了具体的州和联邦法规。

4.4 水暴露个案研究

4.4.1 怀俄明州帕维利

2004年，Encana石油天然气公司（Encana，USA）收购了美国怀俄明州帕维利的 Pavilion 油田，该油田包括169口产气井。2008年，根据《综合环境响应、赔偿和责任法案》（CERCLA）第105（d）条，怀俄明州帕维利的市民在注意到井水有气味和味道的问题后，向美国环保署提交了一份请愿书，要求对可能的饮用水污染进行调查。

美国环境保护署（EPA）与美国有毒物质和疾病登记署（ATSDR）合作，进行了一项为期3年的研究，以确定和描述帕维利含水层中的污染物。EPA 对浅层监测井（深达 4.572 ~ 156.972 m（15 ~ 515 ft）的住宅井、储备井和市政井）和两口深监测井（分别位于 233.172 ~ 239.268 m（765 ~ 785 ft）和 292.608 ~ 298.704 m（960 ~ 980 ft）的 MW01 和 MW02 井）进行了取样（Folger et al.，2012）。

从浅层含水层取样污染物的结果报告了苯、二甲苯、汽油范围的有机物和柴油范围的有机物。帕维利地区的生活水井一般使用含水层较浅部分的地下水（Folger et al.，2012）。EPA 的报告指出，至少有 33 个可能是浅层地下水的地表处置坑中检测到的污染物的来源：从坑附近的浅层监测井中检测到的（这些污染物）地下水样本表明，地表处置坑是调查区域浅层地下水污染的一个来源（Folger et al.，2012）。

深井的取样结果是随后争论的话题。利用深井监测结果评价饮用水的污染来源：高 pH 值、钾氯浓度升高、合成有机化合物检测、石油碳氢化合物检测和有机化合物分解产物检测。在考虑帕维利饮用水污染时，EPA 的"推论"也考虑了以下因素：气井设计和气井的完整性、压裂液从砂岩单元和沿井筒的漂移、天然气的增强迁移、同位素数据、国内井中甲烷与生产井的接近程度、MW01 附近甲烷浓度最高、表面套管较浅、缺乏泥浆、偶有黏结、公民投诉的时间（Folger et al.，2012）。

尽管 EPA 指出，基于其"推理路线"的方法，水力压裂以外的因素可能会导致饮用水的特定污染（例如高钾和氯化物水平可能包括在蓄水层更深部分的自然变化范围内），EPA 认为，这项调查支持了"与水力压裂有关的无机和有机化合物污染了帕维利地区用于生活供水深度或深度以下的含水层"的解释。EPA 还表示，其方法表明天然气生产活动可能会增强含水层中的天然气运移，以及该地区天然气向家庭水井的运移（Folger et al.，2012）。EPA 发现，在生产气井附近的家庭井中溶解的甲烷浓度更高（Cooley et al.，2012）。

来自行业团体的利益相关者的回应提出了 EPA 取样技术的问题，以及 EPA 在钻井监测中使用的化学品是否会影响深层地下水取样的结果（Folger et al.，2012）。Encana 的新闻稿称，EPA 的调查结果没有超过任何与石油和天然气开发相关的州或联邦饮用水质量标准（Folger et al.，2012）。在新闻稿中，Encana Oil & Gas（USA）Inc. 呼吁对 EPA 数据进行独立的第三方审查。环境保护组织自然资源保护委员会（NRDC）的一位评论员利用 EPA 的结果呼吁"需要更强有力的规则，这就是 NRDC 支持根据《安全饮用水法》对压裂法进行联邦监管的原因"（Folger et al.，2012）。

此次 Pavilion 污染调查是对"深"井和"浅"井地下水污染的首次研究之一。独立非营利新闻服务机构 Pro Publica 发表的一篇文章指出，EPA 草案报告中的发现可能成为关于水力压裂是否造成污染的激烈辩论的转折点，并可能影响国家如何监管和开发马塞卢斯页岩和整个阿巴拉契亚地区的天然气资源（Folger et al.，2012）。

EPA 的取样方法和井的建造没有经过同行评议，EPA 的数据、结果和结论显然是具有妥协性和不可靠性（Stephens，2015）。2013 年 6 月，美国环保署宣布，怀俄明州将在帕维利现场进行进一步抽样和调查。

4.4.2　宾夕法尼亚州迪莫克

2008 年，Cabot 石油天然气公司开始在美国宾夕法尼亚州迪莫克的萨斯奎哈纳县钻探天然气。2009 年 1 月 1 日，一座室外饮用水井因甲烷积聚而发生爆炸。宾夕法尼亚州环境保护部（PADEP）牵头调查了这次爆炸，并于 2009 年 2 月发布了一份向 Cabot 发出的违规通知，声明 Cabot 公司将天然气排放到当地水道，并未能阻止天然气进入地下淡水（Cooley et al.，2012）。

在 2009 年 11 月（上次修订为 2010 年 12 月），PADEP 与 Cabot 公司签署了一份协议，为该区域的 18 口私人井提供甲烷和金属去除系统。该协议要求每个井的所有者与 Cabot 公司签订协议。在处理系统安装之前，Cabot 公司一直提供送水服务（ATSDR，2011）。18 个受影响的油井所有者中只有 6 个签署了协议，并安装了水处理系统。12 个油井所有者拒绝与 Cabot 公司签署协议，并参与了民事诉讼（Cooley et al.，2012）（见第 6 章）。

美国毒物登记署区域业务处收到了 Cabot 公司和 PADEP 双方同意的 18 处房

产的水采样数据（ATSDR，2011）。根据对大约 18 口井取样的最大结果，大肠菌群、甲烷、乙二醇、邻苯二甲酸二（2-乙基己基）酯（DEHP）、2-甲氧基乙醇、铝、砷、锂、锰、钠和铁的水平均高于对照值（CVs）（ATSDR，2011）。

2011 年 12 月，美国环保署宣布迪莫克的水可以安全饮用，并允许 Cabot 公司停止向 12 个没有接受处理系统的家庭提供饮用水。然而，一些迪莫克居民向环保署提交了他们自己的检测结果，其中一些人表示水仍然受到了污染。因此，EPA 同意在该地区的一些家庭重新测试水（Cooley et al.，2012）。《行动备忘录》于 2012 年 1 月 19 日签署，授权环保署开始对该地区 60 户家庭的住宅水井进行采样，并为 4 户污染水平较高的家庭提供替代水源。

纽约州环境保护部（NYSDEC）于 2011 年与宾夕法尼亚州环境保护部（PADEP）会面，以了解宾夕法尼亚州几个地点的问题所在，以便为纽约州在 2011 年补充通用环境影响报告程序提供信息。

迪莫克油田发现的问题包括压力过大、胶结套管不当或不够充分，以及由于糟糕的现场设计以致输水时压力激增而导致的设备故障（Martens，2011）。

4.5 预 防 技 术

随着技术的涌现和最佳实践的优化，可以更容易地防止潜在的水污染。污染研究的历史和基线数据越多，就能更好地了解地表和地下水污染的来源。压裂前后对含水层的持续监测对于了解地下水污染源至关重要。

可以采取特定地点的行动来帮助减轻风险。地表水提取速度和时间的管理已被证明有助于减轻水力压裂提取对水质的潜在影响（EPA，2015）。用于储存压裂化学品、回流水、废水等的二次密封将有助于防止设备故障造成的污染。

在美国，各州也选择采取类似的预防措施。国家计划封堵已发现的不活跃井，并正在进行工作，以确定和解决这类井（EPA，2015）。一些针对防止地表和地下水污染的具体国家要求包括（Martens，2011）：

（1）固井作业、测试和中间套管的使用；

（2）雨水许可证须包括严格的设计措施，以防止雨水控制失效和可能的流体流向场外水源；

（3）环保人员在建井台前进行实地视察，检查井场布局，以确保设计合理，并确定有关井场的许可证条件；

（4）压裂设备安装后和水力压裂作业前的压力测试；

（5）防喷设备的试压；

（6）在预期压力下，使用专门的入井设备；

（7）在压裂后清洗作业期间，需要有一名经过认证的井控专家在场（见

第 13 章的全球实践讨论）。

就像石油公司在积累经验的同时不断完善水力压裂液的化学成分一样，他们也在不断提高水力压裂设备的安装、检查、维护和操作技能，这对于减少潜在的饮用水污染非常具有价值。

4.6　结　　论

地面和地表水污染通常与压裂过程中操作失误和人为因素有关，而与地下水力压裂作业本身无关。污染的发生是由于浅层压裂（靠近受保护的含水层），井中水泥套管本身质量差，或者是由于设备故障或人为失误造成的地面泄漏。在对油气行业水力压裂对饮用水资源的潜在影响进行评估后，美国环保署表示没有发现对美国饮用水资源有广泛、系统影响的证据（EPA，2015）。持续监测地下水，包括水力压裂前后及更长时间的地下水采样，将是未来识别和防止饮用水源污染的关键。

参 考 文 献

Agency for Toxic Substances and Disease Registry（ATSDR），2011. Record of Activity/Technical Assist. UID# IBD7. Dimock Area, Dimock, Pennsylvania.

BRADY W J, CRANNELL J P, 2012. Hydraulic fracturing regulation in the United States: The Laissez-Faire approach of the federal government and varying state regulations [J]. Vt. J. Environ. Law, 14: 39.

COOLEY H, DONNELLY K, ROSS N, et al., 2012. Hydraulic fracturing and water resources: Separating the frack from the fiction [R]. Pacific Institute, Oakland, CA.

DrillingInfo, Inc. 2014. DI Desktop June 2014 download [DB/OL]. Austin, TXA: DrillingInfo. http://info. drillinginfo. com/.

Environmental Protection Agency（EPA），2015. Assessment of the Potential Impacts of Hydraulic Fracturing for Oil and Gas on Drinking Water Resources [Z]. EPA/600/R- 15/047a. External Review Draft.

FOLGER P, TIEMANN M, BEARDEN D M, 2012. The EPA draft report of groundwater contamination near Pavillion, Wyoming: Main findings and stakeholder responses [R]. Congressional Research Service, 7-5700.

LONG J, BIRKHOLZER J, FEINSTEIN L, 2015. An independent scientific assessment of well stimulation in california summary report, an examination of hydraulic fracturing and acid stimulations in the oil and gas industry [R]. California Council on Science and Technology.

MARTENS J, 2011. New York state department of environmental conservation, fact sheet: What we learned from Pennsylvania [EB/OL]. http://atlantic2. sierraclub. org/sites/newyork. sierraclub. org/files/ documents/2013/02/pafactsheet072011. pdf.

SPENCE D, 2010. Fracking regulations: Is federal hydraulic fracturing regulation around the corner? [R] Energy Management Brief, Energy Management and Innovation Center, McCombs School of Business, University of Texas at Austin, 22.

STEPHENS D B, 2015. Analysis of the groundwater monitoring controversy at the Pavillion, Wyoming natural gas field [J]. Groundwater, 53 (1): 29-37.

5 水的使用和废水管理：相关问题的特殊性和解决方案

Daniel J. Price[1]和 Carl E. Adams, Jr[2]

①美国密苏里州圣路易斯，安博英环公司；
②美国田纳西州布伦特伍德，安博英环公司

如第 1 章所述，水力压裂（fracking）是在高压下将流体注入含油气（O&G）沉积物的低渗透岩石中，使岩石破裂并释放液体或气体的过程。压裂液通常是水、支撑剂（砂或陶瓷珠）和增强水性能的化学品的混合物。支撑剂使裂缝保持开放状态，使油气从孔隙间流向生产井。水力压裂的应用具有久远的历史，第一次实验应用是在 1947 年，不久之后就在直井中进行了商业应用。非常规油气藏采用定向钻井与水力压裂相结合的方法，可以开发烃源岩，提高薄储层的有效产量。

水的利用和废水的管理是密切相关的，它们可以被认为是同一事物的两个方面。本章将探讨水平井水力压裂所需的大量水与该过程中产生的大量水的管理之间的关系。大量的水对由此产生的废水进行管理的要求，产生了以下两个主要问题，这是本章的重点：

（1）水源需求，尤其是在水资源紧张地区；

（2）对回收废水的适当管理（捕获、处理、治理和处置）。

5.1 水 的 利 用

在非常规油气藏中，用于压裂改造的水量在很大程度上取决于所压裂的地层类型。在任何一个特定的油气区块中，所记录的所需水量会根据特定的因素（如岩性）有所不同；然而，一般来说，钻第一口水平井需要 10 万 ~ 100 万加仑水，而在一口水平井中完成水力压裂作业需要 200 万 ~ 400 万加仑水（Ground Water Protection Council，2009）。一个直井通常要钻多口或多段水平井，每个水平井段包括多个压裂作业或压裂段，平均每口水平井约有 16 段压裂（Triepke，2014）。

根据美国环境保护署（USEPA）的数据，2010年美国水力压裂活动的用水量在700亿~1400亿加仑之间（Rigzone，2013）。美国环保署最近发布的2014年《油气行业水力压裂对饮用水资源的潜在影响评估》估计，水力压裂活动占美国总用水量和消费量的比例不到1%（USEPA，2014，2015）。也就是说，2011年得克萨斯州最大的区块Barnett页岩的水力压裂总用水量相当于达拉斯市年用水量的9%（Nicot和Scanlon，2012）。

当水力压裂完成并释放压力时，在压裂过程中注入井中的10%~60%的水会在最初的几个小时到几周内排出井外（即回流废水）（Easton，2014）。在井口整个生命周期内，采出水将持续产生，占注入压裂液体积的30%~70%（Ground Water Protection Council，2009）。其中的一部分，有时是相当大的一部分，会留在地下地层中，再也无法回收。

5.1.1 水源

用于水力压裂的水可以来自地表水、地下水（淡水和含盐/微咸水）、处理过的废水或水循环设施（CERES，2014）。水力压裂的替代水源包括：处理过的矿井水、发电厂的废水冷却水，以及雨水。美国有一些悬而未决的立法，在宾夕法尼亚州参议院获得通过（875法案），鼓励在钻井作业中使用处理过的矿井水（Law360，2015），如果矿主为油气开发提供在矿区以外使用的水，则他们可免于承担责任。

在美国，压裂所用的主要水源因页岩区而异。在北达科他州的巴肯地区，地表水是首选的水源，因为那里的地下水来源有限（NDSWC，2014），而在马塞卢斯地区，地表水来源丰富。在马塞卢斯地区，地表水通常从当地河流中的专用泵站获取，然后通过卡车运输到井台。在美国干旱的农村地区，地下水资源往往在水供应中占更大的比例。在地表水供应有限的地区，地下水是满足水力压裂需求的主要水源。在得克萨斯州西南部的鹰滩页岩地区，90%的水力压裂水来自地下水（Arnett et al.，2014）。

5.1.2 水压力

自2011年以来，美国近一半的水力压裂井位于水压力高或极高的地区。根据世界资源研究所（WRI）的定义，极高的水资源压力意味着80%以上的可用地表水和地下水已分配给城市、工业和/或农业用途。例如，在得克萨斯州南部干旱的鹰滩页岩地区，水力压裂是主要的用水来源，约占鹰滩页岩地区中心Dimit县总用水量的1/4。鹰滩水力压裂的用水量在美国是最高的，每口井的平均用水量约为440万加仑，这大致相当于纽约市每6 min的淡水使用量（WRI，2014）。在鹰滩地区，已经存在地下水枯竭的挑战，该地区压裂井90%的用水需求都来自地下水。在过去的几十年里，当地的含水层水位从 30.48 m（100 ft）下降到 91.44 m（300 ft），这是水力压裂作业的需求（CERES，2014）。鹰滩的开发预计将继续快速扩张，未来 5 年产量可能翻倍（CERES，2014）。

同样，在西得克萨斯州的二叠纪盆地也观察到了地下水应力。尽管每口井的平均用水量远低于鹰滩，但二叠纪盆地超过 70% 的井都位于极端缺水地区（CERES，2014）。该地区包括二叠纪盆地的部分区域，该地区位于枯竭的奥加拉拉含水层（高地平原含水层）上，该含水层在历史上一直被用于农业灌溉。自 1940 年以来，高原蓄水层的总蓄水量减少了，其水量大约相当于伊利湖水量的 2/3（Stanton et al.，2011），且水量下降的速度还在继续增加，2000—2007 年，年平均消耗率是过去 50 年记录的两倍多。这种消耗在得克萨斯州最为严重，那里的地下水位高原含水层已经从 30.48 m（100 ft）下降到 45.72 m（150 ft）（National Geographic's Freshwater Initiative，2012）。据 CERES 2014 年的预测，到 2020 年，二叠纪盆地与水力压裂相关的用水量将翻一番（CERES，2014）。

在加州，几乎所有的水力压裂用水都位于水资源极度紧张的地区。美国许多规模较小的页岩油气藏也位于高或极高水资源压力地区，包括 Piceance（西科罗拉多州）、Uinta（犹他州）、Green River（怀俄明州）、San Juan（新墨西哥州）、Cleveland/Tonkawa（俄克拉何马州/得克萨斯州）和 Anadarko Woodford（俄克拉何马州）盆地（CERES，2014）。

有人会认为，在水力压裂作业频繁、水压力高到极限的地区，回收废水的循环利用是一种正常的做法；然而，情况往往并非如此。在美国，回收废水再利用率最高的地区是宾夕法尼亚州、俄亥俄州和纽约州中较为湿润的马塞卢斯页岩地区，在这个地区，整个压裂作业所需的水仅相当于一年干旱时期当地 17 天的平均降雨量（Jenkins，2013）。然而，与美国干旱地区相比，马塞卢斯地区回收的废水中有近 80% 被循环利用。宾夕法尼亚州的生产商进行更多回收的一个原因是处理方式更经济。这是因为附近没有深井来适当处理废弃水。因此，与将水运送到俄亥俄州的深井注入处理相比，回收和再利用水则更加经济（USEPA，2014）。

5.1.3　水路运输

第 9 章将详细讨论与页岩气资源运输有关的问题。一个需要讨论的重要问题是，在美国的一些地区，大量的水和废水主要通过卡车运输。公众对水力压裂的主要意见之一是往返于井台的卡车交通量，以及由此产生的噪声、发动机排放和机动车事故增加的可能性（详见第 8 章和第 9 章）。在水力压裂过程中，卡车通常会连续不断地输送水以满足用水需求。使用卡车运输压裂井的水，然后再次处理返回的废水，远远超过了现场准备、钻机、设备和其他材料和物资的卡车需求。这种对道路需求的增加通常是在那些重型卡车无法通行的地区。

5.2 废水管理

返排废水是指从水力压裂井中返回的所有流体，包括返排液和采出水：

（1）返排液是地层水和压裂液的混合物。返排液的成分可能不同，这取决于所使用的增产水的原始成分、压裂增产水中添加的化学物质及被水力压裂的地层成分。在 2～3 周的返排期结束时，返排液的成分与天然地层水基本相同（Ramboll Environ，未发表结果，2014）。

（2）采出水（有时与返排液没有区别）是由正在进行压裂改造的地层中的天然水（地层水）组成的。采出水的主要成分是氯化钠。其他重要成分通常包括钡、锶和镁。根据地层的不同，产出水也可能含有大量的放射性镭，通常被称为自然产生的放射性物质（NORM）（Ramboll Environ，未发表结果，2014）。

随着时间的推移，每口井的返排废水（返排和生产）的数量将会减少，减少的速度将根据井的具体特性而变化。

5.2.1 回收废水的处理

回收废水的处理方式包括：场外处理、现场回注处理、蒸发处理、现场处理和再利用或回收处理。至少回收一些返排液在整个行业已经变得越来越普遍。然而，采出水的总溶解固体（TDS）浓度过高（12%～18%）主要与液体的含盐量有关，因此采出水通常通过深井注入进行处理。以下将简要讨论每一种处理方案。

5.2.1.1 离线处理

在美国，从历史上看，回收的废水被转移到公共处理厂（POTWs）、商业废水处理设施或商业注入井。POTWs 和商业废水处理设施的主要处理方法包括：

（1）初级处理，包括磨粒去除和初级澄清器去除悬浮物；

（2）二级处理，包括活性污泥、生物处理去除有机物和氨；

（3）消毒，通常通过过滤消毒。

有些 POTWs 还包括三级处理，包括砂滤。许多商业处理系统使用生物方法来处理水。然而，在 POTWs 或商业处理系统中，返排水中的大量无机盐，特别是采出水中的无机盐，基本上只是被稀释而不是去除。因此，这种做法在美国的几个州都被禁止了。

5.2.1.2 离线处理—再利用

废水集中处理正在成为管理水源和废水处理的可行解决方案。集中处理设施处理特定区域（通常为 64.37 ~ 80.47 km（40 ~ 50 mi）半径）内的返排废水和产出废水。管道将井口直接连接到中央处理厂。制定废水的目标使用要求，然后对废水进行处理以满足其使用要求。一旦处理完毕，废水就会被直接输送到目标井场进行再利用。集中的污水管理理念开始形成势头，在北美，超过 12 个为页岩油气钻井服务的集中式废水处理设施已经投产或正在开发（Easton, 2014）。

5.2.1.3 回注

在美国的诸多地区，水力压裂过程中产生的返排液和采出水主要通过 II 类处理井的深井回注到地下进行处理（参见第 12 章）。井下注入控制程序将 II 类井定义为注入与石油和天然气生产相关流体（主要是盐水）的井。例如：

（1）马塞卢斯页岩（宾夕法尼亚州）。宾夕法尼亚州大部分水力压裂产生的相关废水都是通过位于俄亥俄州的 II 类注水井处理。由于通过注入井运输和处理废水的费用高昂，在马塞卢斯页岩地区，大约 80% 的废水在钻井和压裂过程中被回收再利用（Sommer, 2014）。

（2）鹰滩页岩（得克萨斯州）。通过 II 类注水井进行深井注入是处理返排液和采出水的主要方式（Lyons 和 Tintera, 2014）。该地区的返排液和生产废水通常被卡车运往该地区的商业处理井。

（3）密西西比 Lime 区块（堪萨斯州）。由于该区块产出大量的水，据报道，每生产一桶油需要 5 ~ 20 桶水（Ramboll Environ 与堪萨斯州卫生与环境部门的个人交流, 2015），II 类处理井与完钻的油气生产井（通常位于多个钻井平台的中心位置）位于一处，这使得大量废水可以通过硬质管道输送到处理井中，同时减少卡车交通量。

《地下注入控制条例》要求，II 类处置井的完井地层与可用的优质地下水隔离，并由隔水的岩层上下密封。用于确定水力压裂衍生废水地下注入合适区域的标准包括（Kansas Geological Survey, 2005）：（1）废水将被注入岩层上方的厚围层；（2）存在简单的地质构造，没有可能让被处置的流体迁移的断层和裂缝的区域；（3）注水区必须有盐水（没有淡水含水层）；（4）位于地震风险低的地区；（5）注入区地下水流量可忽略或较低；（6）具有一条长长的通向各地区的下水道以供地下水排放。

在安装处理井之前，需要进行全面的选址研究，包括对该地区可饮用含水层的评估和对潜在的合适注入区域的评估（40 CFR Part 146 Subpart C）。通常，通过深井注入处理不需要在注入前处理废水。

深井注入的最大缺点是具有诱发地震活动的可能性。尽管在水力压裂活动中，由于压裂岩石释放石油或天然气所消耗的能量，可能产生小于 2.0 级的微地震事件，但这种水平的地震活动往往不被察觉。世界上由实际水力压裂过程直接导致的有震感的地震活动（通常大于3.0级）只在英国发生了一次（National Research Council of the National Academies，2012）。然而，据文献记载，3.0级或以上的诱发地震活动与深井注入有关（National Research Council of the National Academies，2012）。用于处理油气相关废水的地质单元通常位于淡水层和生产层以下。然而，如果这些深层区域靠近断层，在压力下注入的流体可以起到减摩剂的作用，使断层移动。得克萨斯州北部发生4.0级地震后，得克萨斯州铁路委员会最近命令4家废水处理井运营商进行测试。诱导地震活动的问题将在第11章作更深入的讨论。

使用深井注入的其他缺点包括：（1）运输成本（本章前面讨论过）。（2）水力压裂作业持续需要淡水（回用废水不重复使用）。（3）该国某些地区缺乏Ⅱ类注水井。例如，在Marcellus页岩的宾夕法尼亚部分区域，大部分产出水被排放到俄亥俄州，这需要运输数百千米（本章前面讨论过）。

5.2.1.4 蒸发

在蒸发速率超过降水速率的干旱地区，返排液和采出水的蒸发被广泛应用。在美国西部和澳大利亚，返排液和采出水的分流主要用大型沉淀池/蓄水池，通常采用喷淋回流和生产废水的喷雾来加速蒸发过程。

虽然这种方法可以有效地消除回用废水中的液相，但也存在严重的缺陷。当使用或考虑将蒸发作为一种合适的处理方法时，应考虑的因素包括：

（1）底层土壤和地下水。需要考虑底层土壤的渗透性，因为它与潜在污染物迁移到地下有关。如果下伏土壤由高渗透性物质（沙）组成，蒸发盆地下的浅层地下水在蒸发过程中可能会受到影响。用聚乙烯、经处理的织物或压实的黏土等合成材料制作衬里蓄水层可以控制废水迁移途径，但蒸发处理的成本剧增。

（2）集水策略。根据井距的不同，采用的集水策略可能会对使用蒸发作为处理方法的成本及可行性产生影响。若井间距较近，相对于单井使用单一或多个蓄水池可能比其他处理方案成本更高。在邻近的井集中使用一套集中的收集池可以使效益最大化，并通过合并废物处理作业来限制潜在的未来负债。

（3）可用土地。使用蒸发处理方法需要大量的土地，而其他处理和再利用方案则主要依靠水箱储存水。

（4）污泥处理。即使蒸发，也仍然会产生一些废料残留。蒸发操作会产生大量的废泥，其中可能含有大量的共沉淀镭，需要进行放射性废物的特殊处理。

（5）排放。蒸发处理方法排放的空气污染物来自原始压裂化学物质的挥发成分和天然气中自然存在的化学化合物（轻烃、硫化氢等）。潜在的空气排放可能是一个重大问题，这取决于盆地与人口稠密地区的区位关系。

（6）潜在的再利用。如果用于再利用的处理与储存，则需要考虑其他问题。

例如，储存的废水可能会因来自风沙和灰尘的固体添加或来自地表水径流的污染物而受到负面影响。

在实施蒸发处置之前，还需要进行一些额外的选址研究，以评估这些问题。

5.2.1.5 再利用

新的处理技术使从水力压裂中回收和循环利用水成为可能。通常，由于采出水含盐量高，大多数处理技术都集中在返排水处理上，这使得回收再利用处理非常困难和昂贵。在大多数情况下，使用网格分层过滤器（如 Pure Filter Solutions 公司生产的过滤器）对返排水进行简单过滤，就可以生成质量达标的压裂液的补充水（Ramboll Environ，未发表的结果，2014）。在相关适用法规的允许下，其他的水处理方案的目的都是从废物中分离清洁、可重复利用的水，主要包括膜（反渗透（RO）和纳滤系统）、电凝聚和蒸发/结晶。以下将对这些技术进行进一步讨论。

（1）膜（RO 和纳滤系统）。RO 和纳滤系统使用膜去除溶解的固体。主要原理为：水通过高压泵被推过薄膜，这种膜分离溶解离子和大相对分子质量的分子，降低渗透流中溶解固体浓度，膜的反渗透系统又可以阻止几乎所有无机盐的通过；然而，纳米过滤器允许高达 70% 的一价盐（如氯化钠）通过渗透膜。另外，为了避免过滤器堵塞，被丢弃的固体在被称为丢弃流的浓缩流中不断地被清除。这种废液（浓缩盐）的体积可能相当大；处理淡水的进水流量通常是 15%~20%。膜系统的缺点有：该系统需要大量的预处理来防止结垢和污染，大量的膜废弃物可能需要额外的处理或特殊处理。最大的缺点是采出水的盐度通常超过了膜的压力能力，这使得该方法无法处理大多数采出水。反渗透膜不能处理 TDS 水平超过 7% 的水。

（2）电凝聚。电凝聚是通过对水施加电荷，使悬浮物凝聚。其处理污染物级别达到亚微米大小，打破乳剂（油和润滑脂或乳胶）并氧化和根除水中的重金属，而且无须使用过滤器或添加分离化学品。在整个油气行业，特别是水力压裂领域，哈里伯顿（Halliburton）公司（得克萨斯州达拉斯）是唯一一家能够在该领域提供这种处理技术的供应商。这项技术的缺点是非常昂贵，而且会产生大量的废泥，这些废泥可能含有足够数量的共沉淀镭，需要作为放射性废物进行特殊处理。

（3）蒸发器。蒸发器处理返排水和采出水，形成相对清洁、低 TDS 的冷凝液流。它们可以由机械或热驱动，也可以作为浓缩器生产浓缩浆或盐饼。使用蒸发器的缺点主要与成本相关。

虽然蒸发器通常以热回收来提高效率，但它们仍然需要大量的能源输入。蒸发器本身通常也是一项巨大的成本支出。此外，由于 NORM 的浓度影响（如前所述），浓缩浆或盐饼可能需要作为放射性废物处理。在处理采出水时由于其中含有大量的氯化物，蒸发器通常需要使用特殊的材料。

返排水和采出水的化学特性会对压裂性能产生不利影响，其中 TDS 主要是由氯化钠、钙、钡、铁和硫酸盐等多价阳离子组成的无机物。此外，虽然在滑溜水压裂中不存在硼的问题，但在凝胶压裂过程中，硼会导致不期望的交联。下面讨论了一些可能的处理方法，以解决这些可能对回收造成不利影响的化学特性：

（1）结垢剂。返排液和采出水中存在高浓度的结垢剂（钙、钡和锶）。通过化学添加和沉淀去除这些结垢剂，会产生大量的共沉淀镭的污泥，需要进行放射性废物的特殊处理。因此，通常在压裂液中添加抗垢化学物质，保持这些成分在溶液中，以防止在随后的压裂阶段发生堵塞。对回收的返排液和采出水的结垢潜力进行评估后发现，即使不使用任何防垢化学物质，结垢所带来的影响也微乎其微，即使使用 100% 的返排水和采出水进行压裂，情况也是如此。只有将淡水来源的硫酸盐引入混合物中，结垢问题才会凸显。然而，即使 100% 的废水被回收，仍然需要大量的来自淡水来源的补充水。使用淡水作为补充水的一个好处是，它通过稀释降低了 TDS 的总体含量。

（2）铁。铁会对摩擦减速器的性能产生不利影响，并可能导致结垢。由于铁很容易氧化，首选的处理方法是加入空气或过氧化物来氧化铁，然后通过简单的过滤去除。

（3）硼。虽然在滑溜水压裂中不存在这个问题，但在凝胶压裂过程中，硼的存在会导致过度或不期望的交联。该问题可以通过使用 Dow Chemical 公司（密歇根州米德兰）生产的离子交换树脂来解决，该树脂可以选择性地从返排液和采出水中去除硼。

（4）TDS：在滑溜水压裂中，在压裂液中加入减摩剂，以降低压裂过程中的水头损失。较低的水头损失意味着降低了泵送能量需求和套管压力。阳离子减摩剂和阴离子减摩剂在低 TDS 水平下性能相近，但阳离子减摩剂效果较好。在较高的 TDS 水平下取得达到预期的结果（高达 30%）（Ramboll，Environ 未发表的结果，2014 年）。通常使用的负离子带电荷的减摩剂，随着 TDS 水平的增加，其有效性会下降。阳离子减摩剂比阴离子减摩剂更昂贵。然而，在 TDS 较高的水域，由于静态水头的增加，压裂可以降低泵送压力，从而抵消化学品成本的增加。研究表明，即使废水 100% 被回收，使用阳离子减摩剂也能产生满足预期的效果（Ramboll Environ，未发表结果，2014）。

回收利用废水的处理有几种选择。水力压裂废水回收利用可行性方案的选择取决于地理位置、产量、地层水的化学特征及现有的化学添加剂等多种因素。潜在的再利用包括：现场作为压裂液补充水、异地农业灌溉和异地工业用水。

（1）现场利用。与采出水相比，返排液作为压裂液补充水需要进行的处理很少。这当然取决于被压裂的地层成分和增产流体的原始成分。然而，采出水通常比返排液含盐量更高，TDS 也更高，因此需要更多的处理才能在现场重复使用，但现场重复利用所需的处理可能比在其他重复利用场景下所需的处理要少得多。

如前所述，压裂过程中使用的水的质量会影响为改善压裂过程中添加的化学物质的性能。行业还没有为初始水质制定标准，而可接受的循环水水质的行业标准也在不断演变。然而，行业联系小组（ICG）作为西弗吉尼亚大学代表美国能源部国家能源技术实验室（NETL）进行一项研究的一部分，向其成员发送了一份详细的问卷，以获取他们认为废水质量标准的意见（Ziemkiewicz et al.，2012）。

ICG 对于合格水质的共识是，总悬浮固体应低于 20 μm，以避免沉积物在孔隙间和井筒中积累。表 5.1 中列出了由该小组确定的化学水质参数限值，在该水平下压裂增产水的性能不会受到影响，也不会产生结垢问题。通过对马塞卢斯地区返排液的平均成分浓度进行回顾，可以计算得到满足这些数据的实际处理量，表 5.1 也列出了这些数据。给出的平均浓度是基于从马塞卢斯地区 36 口井中采集的 225 个样品的结果。

表 5.1　ICG 压裂水补给与马塞卢斯地区返排液平均浓度的化学标准　（%）

化 学 参 数	ICG 建议最大值	马塞卢斯返排液平均浓度
总硬度（以 $CaCO_3$ 计）	2.6	3.0077
总碱度（HCO_3）	0.03	0.0428
总溶解固体（TDS）	5.0	10.9156
氯化物（Cl^-）	4.5	6.9315
硫酸盐（SO_4^{2-}）	0.005	0.00084
钙（Ca）	0.8	0.9861
镁（Mg）	0.12	0.133
钠（Na）	3.6	2.7617
钾（K）	0.1	0.0174
总铁（Fe）	0.001	0.0145
钡（Ba）	0.001	0.6506
锶（Sr）	0.001	0.4477
锰（Mn）	0.001	未分析

资料来源：Ziemkiewicz et al.（2012）和 Ramboll Environ（未发表的结果，2014）。

如表 5.1 所示，马塞卢斯油田的返排液水质相对较好。对于绝大多数参数，其浓度均与 ICG 推荐的最大值一致或略高。值得注意的是结垢剂浓度，尤其是钡和锶的浓度，比推荐值高两个数量级。需要去除这些结垢剂（沉淀物），或者将它们保存在溶液中以避免结垢问题。

使用质量较低、不可饮用的地下水资源，即 TDS 超过 1% 的水，可以缓解许多与其他用途（家庭和农业）有关的供水问题。然而，这种水通常存在于比饮用水含水层更深的地方，并且与回收的返排液一样可能含有额外的成分，如高浓度结垢剂，需要在使用前进行处理。

（2）农业用途。在美国，根据美国环保署《清洁水法》中《消除全国污染物排放》制度（NPDES），每天需要处理超过 8000 万加仑的水力压裂废水，并在农业灌溉等方面实现再利用。

根据《清洁水法》第 40 CFR 第 435 部分（1979 年 4 月 13 日 44 FR 22075，1995 年 6 月 29 日修订 60 FR 33967）（Clean Water Act，1995）的子部分 E，NPDES 许可制度允许对位于美国的西半部（西经 98°）油气设施的废水进行特殊再利用。为了符合这一例外条件，废水中油脂的含量必须低于 35 mg/L，并可用于农业或牲畜用水（Shariq，2013）（见第 12 章）。

在农业环境中重复利用水力压裂废水的最大障碍之一是含盐量，在处理过程中完全去除含盐量的成本太高。大多数农业都无法适应高盐环境。因此，只有在降雨量至少为 254 ~ 304.8 mm（10 ~ 12 in）的地区才建议使用微咸水灌溉。这样的降雨量使得盐被渗到根部以下，且冲洗土壤。这是植物在微咸土壤中生长繁茂地区废水再利用的另一种方式。

在水力压裂返排废水中发现了一种独特的化学混合物，但目前还未广泛研究农作物对这种独特的化学混合物的吸收能力。然而，多项研究表明，砷（通常是回收废水中的一种成分）会在水稻植物中生物积累，在受污染土壤中生长的小麦植株中也发现了有机碳氢化合物。

（3）工业用途。废水再利用的工业用途取决于井附近是否有需要水的工业作业。根据所生产的产品，一些工业设施对水有非常具体的要求，并对来源于市政的饮用水进行预处理，最主要的污染物还是高含盐量。因此，如果附近的工业可以使用需要较少处理的"脏水"，那将是最好的情况。造纸厂是可以使用高含盐量水的行业之一。工业不太可能为水买单，但通过消除处理成本而产生的节省可以使其成为可行的重复利用方案。

5.2.2 零排放系统

传统上，零排放系统（ZDS）包括蒸发或深井注入等技术，即不向地表水体排放液体。这些系统通常有其他残余物，如固体或需要处理的浓缩废物。目前的零排放方法包括循环利用策略，即将所有的返排液和采出水作为未来压裂作业的替代水源。目前零排放的概念是尽可能地将所有污染物（包括天然放射性物质）保存在溶液中，从而最大限度地减少废物处理。新型零排放系统采用了一个闭环存储系统，该系统使用了一系列水箱，包括一些大容量的水箱，以及利用处理拖车来处理废水以便重复使用。

目前零排放系统废水回收技术的运行涉及最小处理量、适当的存储空间、模型和规划。在井内返排过程中，目前大多数的零排放系统都是通过氧化和过滤去除返排液中的铁和悬浮物，然后将废水储存在一个有盖的容器中。从该井和其他完钻井产出的水（如果有的话）也将被处理并存储在同一个或一套容器中，并且定期添加杀菌剂以防止生物在储罐和/或闭环系统中生长。当公司准备进行下一次压裂时，需要将储存的水和补给水源的样本进行混合，并测试其减阻性能，以确定合适的混合比例和化学用量。由于只需要控制回用废水中铁和硼的浓度，因此零排放系统不会产生大量需要场外处理的污泥或残留物。图 5.1 是典型零排放系统示意图。

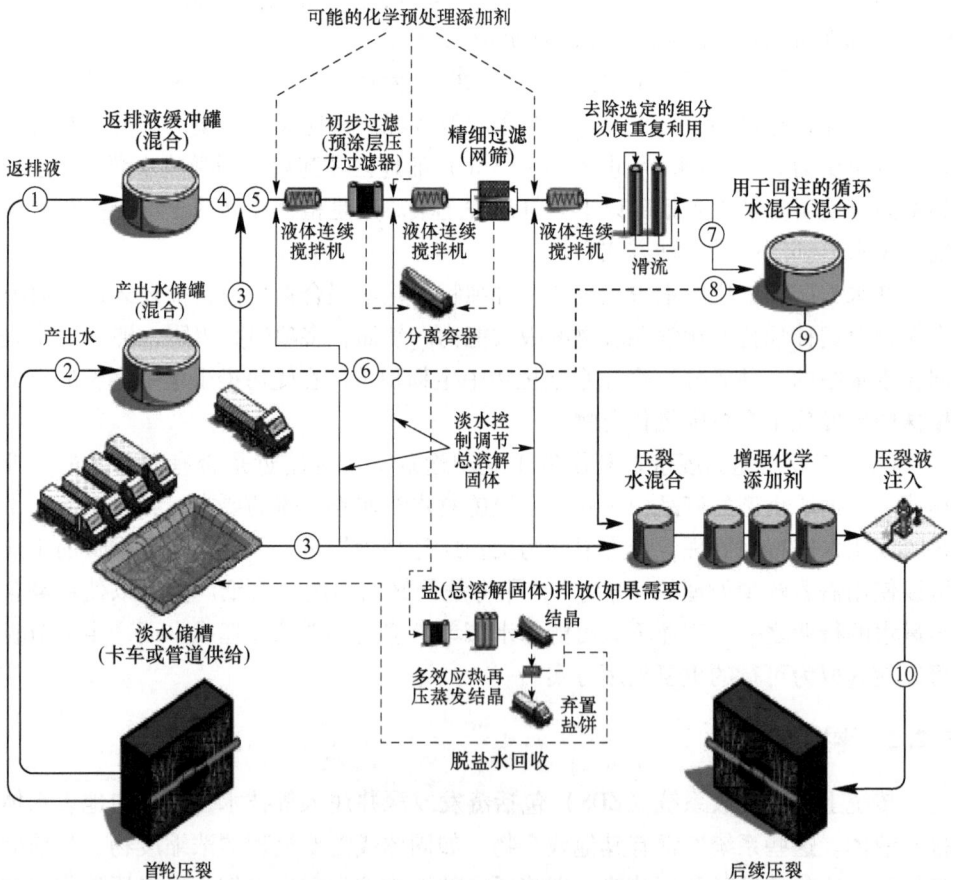

图 5.1　零排放系统

ENVIRON Holdings，Inc. 版权所有（2013）

零排放系统可以作为一个完全闭环系统运行，消除了风成土的蒸发和污染问题。该技术尤其适用于多口近距离完钻井的情况，可以根据集中处理设施的功能调整零排放系统尺寸。一个集中的系统将消除现场处理环节，从而节省大量的成本。业内专家认为，优化后的零排放方法可以改善完井效果（如零排放系统可以提高完井效率）(Ramboll Environ，个人沟通，2014)。

5.2.3 水基压裂剂的替代品

在水力压裂中，有几种水基增产液的替代品可以解决本章中提到的水问题。最常见和商业应用的替代品是油基（液化石油气）和泡沫基压裂液的应用(JRC，2013)。这些替代品通常应用于水敏地层。许多页岩地层是水敏性地层，其部分原因是黏土含量和黏土的离子组成。替代压裂剂也适用于水资源匮乏的地方。然而，水资源短缺将很难使其实现经济运作。水通常是一种更经济的选择，由于水"几乎是不可压缩的"，因此更容易对岩石施加压力，并最终破碎岩石。

5.2.3.1 油基液体

油基压裂液（柴油）是最早用于水力压裂作业的高黏度流体。液化石油气(LPG)作为增产液已经使用了近50年。在应用于非常规油气藏之前，它应用于常规油气藏开发。液化石油气（LPG）是天然气工业中储量丰富的副产品，具有低表面张力、低黏度、低密度和在天然储层中溶解度等特性，据报道可以提高裂缝的有效长度，并更均匀地分布支撑剂，从而提高井的产量。

在压裂过程中，液化石油气保持液体/凝胶状态，但在压裂过程结束后，液化石油气会恢复为气相，并与储层气体混合。这意味着压裂液在增产后的几天内就可以完全回收，通过减少清理、废物处理和作业后的卡车运输，从而创造了经济和环境优势(GasFrac，2013)。

这项技术的主要缺点在于处理大量（几百吨）易燃材料存在的风险/安全隐患。因此，在人口密度较低的地区，这是一种更佳的解决方案，当然是在工人安全能够得到保障的前提下。由于液化石油气本身成本高于水，并且需要专门的设备在非常高的压力下将其泵入井中，以及每次压裂后还需要将其再次液化，因此投资成本估计会更高(Rogala et al.，2013)。

5.2.3.2 泡沫液体

对于水敏地层和缺水地区，泡沫一直被认为是最好的压裂液之一(Neill et al.，1964；Komar et al.，1979；Gupta，2009)。泡沫在页岩气储层的水力压裂中具有广泛的商业应用前景。它们耗水量更低（或不耗水），对水敏地层的损害更小，所需化学添加剂更少，且压裂后需要回收和处理的液体也更少。除了成本较高之外，一个主要的潜在缺点是注入流体中的支撑剂浓度较低，从而会导致裂缝导流能力下降。

5.3 总 结

只有一部分水力压裂增产液返回地面，有一部分（有时是相当大的一部分）会留在地下地层中无法回收，因此继续开展压裂作业需要不断补充水资源。每口井需要水量 200 万 ~ 700 万加仑，这可能会造成问题，尤其在严重缺水的干旱地区，在这些地区水力压裂作业开始前，由于农业用水，地下淡水资源已经减少。

虽然在严重缺水地区开展大规模水力压裂，回收废水的循环利用似乎是一种正常的做法。但是，通常情况并非如此。废水回收再利用率最高的地区是宾夕法尼亚州、俄亥俄州和纽约州湿润的 Marcellus 页岩地区。尤其是那些在缺水严重的干旱地区，作业公司开始使用非饮用水（ > 1% TDS）进行钻井和水力压裂，尽可能减小对其他供水（家庭和农业）的影响。然而，这种非饮用水通常位于比饮用水含水层更深的地方，并且可能含有高浓度的其他成分，如结垢剂（在使用前可能需要额外处理）。

最近，回收一些返排液至少在美国已经变得越来越普遍。然而，采出水通常仍会被运离现场进行处理，TDS 浓度过高通常是通过深井注入处理的原因（Ⅱ类处理井），其中含盐量导致了 TDS 浓度高。

尽管深井注入是目前最常见的处理方法，但与此相关的问题，包括诱发地震活动和运输问题，可能会促使更多的公司认真考虑回用废水的再利用和循环利用。

新的处理技术使水力压裂中回收水的循环利用成为可能。通常情况下，由于采出水含盐量高，使得废水回收非常困难，成本也很高，因此大多数处理技术都集中在返排液处理上。目前已经评估过的处理水力压裂废水的技术包括膜、电凝聚和蒸发/结晶。所有这些水处理方法都是为了从需要在场外处理的废物中分离出更清洁、可重复使用的水。潜在可再利用水包括现场作为压裂液用水、异地农业灌溉和异地工业用水。迄今为止，本地水再利用是最常见的。Marcellus 页岩中大约80%的返排废水被回收再利用，作为水力压裂用水。在 Marcellus 油田，返排废水约占注入量的18%，而在得克萨斯州 Barnett 页岩，返排废水约占注入量的5%。Marcellus 返排废水重复利用的驱动因素可能是宾夕法尼亚州处理井数量少（US EPA, 2014），以及俄亥俄州深井注入处理和运输的成本较高。

无水压裂仍然是一项早期技术，目前在行业中没有得到广泛应用。在得克萨斯州的干旱地区，对水的争夺正变得越来越激烈，新的替代方法开始兴起。随着用水量的增加，监管机构持续关注水力压裂井消耗的大量水资源，无水水力压裂的概念可能会越来越受欢迎。

最具前景的技术似乎是 ZDS 方法，该方法将所有的返排液和采出水作为未来压裂活动的替代水源。ZDS 的理念是尽可能地将所有污染物（包括天然放射性物质）保存在溶液中，从而最大限度地减少废物处理。该系统包括一个闭环存储系统，使用一系列水箱（包括一些大容量的水箱）和处理拖车来处理废水，以便重复利用。虽然 ZDS 方法的初始成本高于一些替代处理方法，但随着时间的推移，零排放回收系统将通过递延取水成本来节省操作成本，并将处理成本降至最低。

参 考 文 献

ARNETT B, HEALY K, ZHONGNAN J, et al. , 2014. Water use in the Eagle Ford shale: An economic and policy analysis of water supply and demand [R]. A Report to Commissioner Christi Craddick, Texas Railroad Commission.

CERES, 2014. Hydraulic fracturing and water stress: Water demand by the numbers [R]. CERES.

Clean Water Act. Subpart E, Agricultural and wildlife water sue subcategory, 40 CFR Part 435, 44 FR 22075 April 13, 1979, as amended at 60 FR 33967, June 29, 1995.

EASTON J, 2014. Environmental Science & Engineering Magazine, Centralized treatment of fracking wastewaters becoming a viable solution.

GasFrac. 2013. A completely closed system with automated remote operations [EB/OL]. http://www. gasfrac. com/safer-energy-solutions. html.

Ground Water Protection Council, ALL Consulting, 2009. Modern Shale Gas Development in the United States: A Primer [R].

GUPTA S, 2009. Unconventional fracturing fluids for tight gas reservoirs [C] //SPE Hydraulic Fracturing Technology Conference. Society of Petroleum Engineers, The Woodlands, Texas.

JENKINS J, 2013. Energy facts: How much water does fracking for shale gas consume? [EB/OL] http:// www. theenergycollective. com/jessejenkins/205481/friday-energy-facts-how-much-water-does-fracking-shale-gas-consume gas production.

JRC, 2013. An overview of hydraulic fracturing and other formation stimulation technologies for shale gas production [R].

JRC Technical Reports, Report EUR 26347 EN, 2013 [R/OL]. https://ec. europa. eu/jrc/sites/default/files/an_overview_of_hydraulic_fracturing_and_other_stimulation_technologies_(2). pdf.

KGS, 2005. Kansas Geological Survey [EB/OL]. http://www. kgs. ku. edu/Publications/Bulletins/ED10/06_wells. html.

KOMAR C A, YOST II A B, et al. , 1979. Practical aspects of foam fracturing in the devonian shale [C] //SPE Annual Technical Conference and Exhibition.

Law360, New York (June 22, 2015, 6:56 PM ET). Legislation moved through the Pennsylvania Senate Environmental Resources and Energy Committee Monday to encourage the use of treated mine water in natural gas drilling operations (Senate Bill 875).

LYONS B, TINTERA J J, 2014. Sustainable water management in the texas oil and gas industy [R]. Atlantic Council Energy and Environmental Program.

National Geographic's Freshwater Initiative, 2012. Texas water district acts to slow depletion of the ogallala aquifer [R].

National Research Council of the National Academies, 2012. Induced seismicity potential in energy technologies [R].

NDSWC, 2014. Facts about North Dakota fracking and water use, North Dakota state water commission, February 2014 [EB/OL]. http://www. swc. nd. gov/4dlink9/4dcgi/getcontentpdf/pb-2419/fact%20sheet. pdf.

NEILL G H, DOBBS J B, 1964. Field and laboratory results of carbon dioxide and nitrogen in well stimulation [J]. J. Pet. Technol. , 16 (3): 244-248.

NICOT J P, SCANLON B R, 2012. Water use for shale-gas production in Texas, U. S. [J]. Environ. Sci. Tchnol. , 46: 3580-3586.

RIGZONE, 2013. Fracking goes waterless: Gas fracking could silence critics, September 26, 2013 [EB/OL]. http://www. rigzone. com/news/oil_gas/a/129261/Fracking_Goes_Waterless_Gas_Fracking_Could_Silence_Critics.

ROGALA A, KRZYSIEK J, BERNACIAK M, et al. , 2013. Non-aqueous fracturing technologies for shale gas recovery [J]. Physicochem. Prob. Mineral Process. , 49 (1): 313-322.

SHARIQ L, 2013. Uncertainties associated with the reuse of treated hydraulic fracturing wastewater for crop irrigation [J]. Environ. Sci. Technol. , 47 (6): 2435-2436.

SOMMER L, 2014. With drought, new scrutiny over fracking's water use [EB/OL]. http://blogs. kqed. org/science/audio/with-drough-new-scrutiny-over-frackings-water-use/.

STANTON J S, QI S L, RYTER D W, et al. , 2011. Selected approaches to estimate water-budget components of the high plains, 1940 through 1949 and 2000 through 2009 [R]. USGS Scientific Investigations Report 2011-5183.

TRIEPKE J, 2014. Well completion 101 part 3 well simulation [EB/OL]. http://info. drillinginfo. com/well-completion-well-stimulation/.

USEPA, 2014. Assessment of the potential impacts of hydraulic fracturing for oil and gas on drinking water resources [R].

USEPA Office of Research and Development, 2015. Assessment of the potential impacts of hydraulic fracturing for oil and gas on drinking water resources [R]. EPA/600/R-15/047c.

World Resources Institute (WRI), 2014. The facts on hydraulic fracturing and water use [R].

ZIEMKIEWICZ P, HAUSE J, LOVETT R, et al. , 2012. Zero discharge water management for horizontal shale gas well development, June 2012 [R]. West Virginia Water Research Institute, FilterSure, Inc. , ShipShaper, LLP.

6 涉及水力压裂造成水井污染的初步诉讼

Craig P. Wilson, Anthony R. Holtzman

美国宾夕法尼亚州哈里斯堡，高盖茨律师事务所

在美国，指控商业活动污染了居民的水井的诉讼历史由来已久。诉讼当事人声称，来自垃圾填埋场的渗滤液进入了他们的水井，垃圾填埋场的经营者负有责任[1]。他们声称，有害物质从地下储罐中泄漏并迁移到他们的水井中，储罐的所有者负有责任[2]。而且，在过去一个多世纪的案例中，他们声称在石油和天然气井场作业导致卤水出现在他们的水井中，油井的经营者负有责任[3]。这些诉讼当事人中有些人成功获得了赔偿，而有些人没有。

基于这段历史，如今的诉讼当事人重新关注油气行业，尤其强调使用现代水力压裂技术从地下岩层中提取天然气（参见第1章）。这些技术使天然气开发项目的数量成倍增长，并扩展到其他地区，产生了各种经济效益。然而，这也导致了诉讼案件增加，当事人声称由于气井钻探和水力压裂活动，他们的水井被各种物质污染。

尽管这些案件各不相同，但它们往往涉及共同的事实指控、诉讼原因、救济请求和证据问题。它们还提出了几个独特的法律和事实问题，其中有些问题法院尚未完全解决。本章将探讨以上问题。

6.1 事实指控

基于水力压裂相关的水井污染指控的典型辩护中，原告指定多个实体单位为被告。这些实体单位通常包括气井现场的所有者和油井运营商，也可能包括所有

---

[1] Jennett v. South Macomb Disposal Auth., 2004 WL 2533649（Mich. Ct. App. Nov. 9, 2004）；Artesian Water Co. v. Gov't of New Castle County, 1983 WL 17986（Del. Ch. Aug. 4, 1983）。

[2] Felton Oil Co., L. L. C. v. Gee, 182 S. W. 3d 72（Ark. 2004）；Exxon Corp. v. Yarema, 516A. 2d 990（Md. Ct. Spec. App. 1986）。

[3] Collins v. Chartiers Val. Gas Co., 18 A. 1012（Pa. 1890）。

者或运营商的附属公司、油井现场服务商（如钻井和设备租赁公司），甚至包括生产或销售用于水力压裂作业的化学品公司。

在对被告提出事实性指控时，原告经常把他们放在一起作为一个整体，而不是具体说明哪个被告在什么时间做了什么事，或哪项指控与哪一项法律主张相符合。他们通常还会提出结论性指控。例如，最核心的指控往往是，"被告"（一个整体）钻探、建造、水力压裂和生产气井在某种程度上"造成"地下水污染。这些指控通常很少或根本没有涉及被告开展这些活动的方式或如何造成污染的。

尽管这些辩护的方法可以说是不恰当的，但法院一直不愿因为这个原因驳回索赔或案件（或要求重新辩护）。❶

此外，在大多数案件中，原告声称他们被污染的地下水源相对靠近气井作业区。距离从不到1000 ft 到几英里（1 ft = 0. 3048 m，1 mi = 1. 609 km）不等。他们还认为，地下水中的污染物包括甲烷、乙烷、矿物质，以及已命名或未命名的"有害物质"——在许多情况下，这些物质指的是在水力压裂液中发现的化学物质（见第4章）。

原告通常还会声称，由于地下水源受到污染，他们遭受了一系列伤害，通常包括财产损失、烦恼和不适、人身伤害、情感困扰、修复水源的成本、未来监测他们健康和身体状况的成本，或这些担忧的某种组合。

6.2 诉 讼 原 因

就像他们的事实指控一样，在这类案件中，原告的法律理论在不同案件中往往是相似的。

例如，原告经常提出法定索赔，声称是根据一项旨在防止有害物质排放到环境中并促进补救的法规，由于污染了地下水源，被告负有责任。这类法规如《宾夕法尼亚危险场所清理法案》(HSCA)，它是宾夕法尼亚州《联邦全面环境响应、补偿和责任法案》(CERCLA) 的对应版本。HSCA 第702 条和1101 条创建了一个行动起因，用来收回处理有害物质释放所产生的成本❷。HSCA 第1115 条允许"公民诉讼"以防止或减少违反法规的行为❸（见第12 章）。

原告通常还会主张过失侵权。为了使这一主张占上风，他们必须证明被告对

❶ 参见 Fiorentino v. Cabot Oil & Gas Corp., 750 F. Supp. 2d 506, 513 (M. D. Pa. 2010)(turning aside argument that "Plaintiffs merely recite the elements of [their] claim in a conclusory fashion, rather than asserting facts that would satisfy the plausibility standard for a motion to dismiss").

❷ 参见 35 P. S. § § 6020. 702 & 6020. 1101; see also In re: Joshua Hill, Inc., 294 F. 3d 482, 485 (3d Cir. 2002)(reciting elements for "prima facie case of liability under [Sections 702 and 1101] of HSCA").

❸ 参见 35 P. S. § 6020. 1115。

他们负有保护义务并违反了这一义务❶。换句话说他们必须证明在进行气井作业时，被告在这种情况下没有采取合理审慎的行为❷。原告还必须证明，他们因此受到了伤害（即他们的地下水源被污染）和被告违规都是造成伤害的实际原因（即如果没有违规，伤害就不会发生），以及造成伤害的"合法"或近因（即违规是造成伤害的"实质因素"）❸。此外，在过失本身范畴下，原告可以通过证明被告违反了旨在保护原告免受伤害的法律或监管条款来确立被告缺失保护义务❹。

此外，基于水力压裂活动是"异常危险"的概念，原告经常主张对异常危险活动承担严格的责任。为了使这一主张占上风，他们必须总体证明，根据以下六个因素，被告的水力压裂活动实际上是"异常危险的"：（1）这些活动造成的伤害风险很高；（2）很可能危害会很大；（3）不可能通过合理保护来消除风险；（4）这些活动不是"惯例"；（5）这些活动与他们所开展的地区不相称；（6）危险属性抵消了这些活动对社区的价值❺。

此外，原告必须证明，水力压裂活动造成了他们所称的伤害，由于可能发生这些伤害，使得水力压裂活动在一开始就异常危险❻。如果原告满足所有这些要求，无论被告在这种情况下有多么谨慎，他们都有责任（即不管他们是否真的疏忽了）❼。

私人妨害索赔也很典型。为了在私人妨害诉讼中获胜，原告必须证明，由于被告的气井作业，使他们私人使用和享受的财产（即他们的地下水源）遭受了侵犯。无论是有意、不合理或无意的，仍可根据过失或对异常危险活动承担严格责任的条款提起诉讼❽。

此外，原告通常会主张侵权。为了使这一主张占上风，他们必须证明被告的气井作业对其地下水源非特权的蓄意入侵❾。

最后，原告经常要求医疗监护。要使这一主张获得成功，他们必须从实质上证明，由于被告的作业使他们接触的危险物质高于正常水平，造成他们患严重潜伏性疾病的风险大大增加，而且医疗监测制度对可能早期发现疾病是合理必要的❿。

---

❶ 参见 Restatement（Second）Torts § 328A（1965）。
❷ 参见 Restatement（Second）Torts § 298（1965）。
❸ 参见 Restatement（Second）Torts §§ 328A & 431（1965）。
❹ 参见 Restatement（Second）Torts § 286（1965）。
❺ 参见 Restatement（Second）Torts § 520 & 520, cmt.（1）(1977)。
❻ 参见 Restatement（Second）Torts § 519（1977）。
❼ Id. at § 519（1）。
❽ 参见 Restatement（Second）Torts § 822（1979）。
❾ 参见 Restatement（Second）Torts § 158 & 158, cmt.（c）&（e）(1965)。
❿ 参见 Redland Soccer Club, Inc. v. Dep't of the Army, 696 A. 2d 137, 145-146（Pa. 1997）。

6.3　救 济 请 求

在美国这类典型案件中，原告声称，如果他们在一项或多项诉讼理由上获胜，法院应给予他们各种形式的救济。例如，原告通常会要求赔偿他们声称的水井污染造成的财产损害。在许多州，如果对不动产损害是"可修复的"，补偿标准是维修费用，直至财产价值减少❶。在有些州，补偿是"减少租金或损害期间的不动产使用价值。"❷ 而有些州，原告也可同时获得两种赔偿❸。

另外，如果对不动产的损害是"永久性的"，通常按照市场行情下财产贬值率进行补偿❹。在任何情况下，如果法院认为被告负有责任，原告通常可以获得损害赔偿，包括他们因财产受到伤害而感到的任何烦恼和不适❺。

原告通常还会要求赔偿由污染造成的人身伤害和精神创伤。如果法院认定被告对人身伤害负有责任，原告一般有权要求获得包括医疗费用在内的人身伤害补偿性赔偿❻。然而，在许多州，原告不可以因"过失造成精神损害"而获得赔偿。例如，在宾夕法尼亚州，原告无法获得这类的损害赔偿，除非被告对他们负有特殊的合同义务或信托义务，他们受到被告行为的身体影响，他们处于"危险地带"，存在因被告的行为而立即受到身体伤害的风险，或者他们目睹了因被告的行为而对近亲属造成的侵权伤害❼。此外，在宾夕法尼亚州和其他大多数州，原告必须证明他们表现出所谓的痛苦，如皮疹或呕吐❽。通常情况下他们不能满足这些要求。

另一种常见的救济请求形式是医疗监测信托基金。只有在原告就医疗监测索赔胜诉的情况下，才能获得这一补救办法。在这种情况下，法院命令被告资助一个信托基金，原告可用其支付一项监测程序的费用，该程序旨在确定他们是否因接触含量升高的危险物质而患上潜伏性疾病❾。

此外，原告经常要求惩罚性赔偿。在大多数州，只有当他们在其中一项索赔中获胜，并证明在污染其水源过程中，被告的行为是故意的、恶意的或不顾后果

---

❶　参见 22 Am. Jur. 2d Damages § 276；Restatement（Second）Torts § 929, cmt.（b）(1979)。

❷　参加 22 Am. Jur. 2d Damages § 276。

❸　Id。

❹　参见 22 Am. Jur. 2d Damages 273。

❺　参见 Restatement（Second）Torts § 929（c）(1979)。

❻　参见 generally Restatement（Second）Torts § 905（1979）。

❼　参见 Doe v. Philadelphia Cmty. Health Alternatives AIDS Task Force, 745 A. 2d 25, 27（Pa. Super. Ct. 2000）。

❽　参见 Restatement（Second）Torts § 436A, cmt.（b）(1965)。

❾　参见 Redland Soccer Club, 696 A. 2d at 142 n. 6（noting that the trust fund "compensates the plaintiff for only the monitoring costs actually incurred"）。

的、冷漠的，他们才能获得这些损害赔偿❶。

原告经常要求赔偿他们的律师在诉讼中产生的费用。虽然，对于他们的大多数索赔，这种类型的救济是不可用的，如果他们在法定索赔中获胜，法律可以使他们从被告那里获得补偿，作为他们在起诉中产生的律师费❷。

6.4 证据问题

在几乎所有这些案件中，关键的事实问题是，被告的气井钻探或水力压裂活动是否导致污染物进入原告的水井。事实上，为了在他们的诉讼中获胜，原告必须证明气井作业和井中存在污染物之间存在联系❸。在试图证明这一点时，原告通常必须依赖一套复杂的证据材料，以及有可能从中得出的推论。

在气井钻探前对原告水源的任何测试结果，它也可能包括原告水源所在地区已知的、钻前水井条件的报告（见第 4 章）。当然，如果在钻井开始前水源中就已经存在污染物，那么要证明气井作业和水源中存在污染物之间的因果关系就更加困难。

同位素和化学分析也很重要。原告经常利用专家报告和证词试图证明，例如，他们的水井中含有的气体（尤其是甲烷）与从气井中产生的气体具有相同的同位素标志。或者试图证明他们的水井中含有的化学物质与水力压裂过程中使用的化学物质相匹配。这些分析是科学的，但往往是非常复杂的（见第 5 章）。

除了这些与因果关系有关的证据问题外，还有典型的与所谓的财产伤害有关的证据问题。原告水井被证实的污染与否，以及在多大程度上构成对原告财产的损害，以及这种损害是可修复的还是永久性的，往往取决于合格的财产评估师的报告和专家的证词。

而且，如果原告要求对个人伤害进行赔偿，那么这个因素就会引发这样的问题：他们所声称的伤害是否可能，以及是否确实是因为接触了他们提出的污染

---

❶ 参见 Restatement（Second）Torts § 908, cmt.（b）(1979)。

❷ Section 1115（b）of HSCA, e. g. provides that, in a "citizens' suit" under the statute, the court "may award litigation costs, including reasonable attorney and witness fees, to the prevailing or sub-stantially prevailing party whenever the court determines such an award is appropriate." 35 P. S. § 6020. 1115 (b)。

❸ 参见 Burnside v. Abbott Laboratories, 505 A. 2d 973, 978（Pa. Super. Ct. 1985）("An essential element of any cause of action in tort is that there must be some reasonable connection between the act or omission of the defendant and the injury suffered by the plaintiff."）; see also Acushnet Co. v. Coaters Inc., 937 F. Supp. 988, 1000（D. Mass. 1996）("forms of strict liability" related to abnormally dangerous activities "are still a part of the law of torts, and they do not dispense with the requirements of cause in fact and proximate cause-elements traditionally a part of every action in tort"）; Restatement（Third）Torts: Physical & Emotional Harm § 28（a）& cmt.（a）(2010)（causa-tion is element of any cause of action in tort）。

物。从证据的角度来看，医疗记录，包括原告在钻井前的健康状况记录，以及医疗从业人员的专家证词对解决这些问题都很重要。

6.5　独特的法律和事实问题

从这类案件中显露出了若干独特的、在某种程度上尚未解决的法律和事实问题。

6.5.1　水力压裂危险性判断

其中一个问题是，水力压裂是否是一种异常危险的活动，会导致"严格"侵权责任，即在没有过失的情况下的责任。在 Ely 与 Cabot 油气公司一案例中，美国宾夕法尼亚州中部地方法院就这一问题做出了裁决，认为水力压裂并不是异常危险的[1]。

原告 Ely 指控一个气井运营商及其附属服务公司在一个气井现场作业造成了一些地下水源的污染。根据这些指控，他们对运营商和服务公司提出索赔，要求其提供 HSCA 救济，承担疏忽、私人妨害、异常危险活动的严格责任，以及违反合同、欺诈性虚假陈述、医疗监测和重大过失。在案件的即决审判阶段，被告要求法院裁定水力压裂不是一种异常危险的活动，法院批准了这一请求。

法院采用了前面提到的六个因素判定一项活动是否异常危险。法院认为："合理的钻井、下套管和气井水力压裂作业风险较小。"[2] 并解释说："当采取合理谨慎措施时，这类风险会大大降低。"[3] 法院表示，它不愿意相信"原告的建议，即天然气钻探和水力压裂是一种'新奇的'活动。"[4]，也不能接受原告的"主张，即按照有效租约开采的井，并得到联邦环境监管机构的许可，在其他方面也符合法律要求，但却被认为处置不当"[5]。它还列举了水力压裂的一些经济效益。

尽管美国宾夕法尼亚州中部地方法院的结论是，水力压裂并不是一种异常危险的活动，但其决定并不能说服此案的当事人。它和全国各地的其他法院可能在未来会得出相反的结论。

6.5.2　仲裁与法院

另一个独特的问题是，原告的索赔是否应该通过仲裁程序来决定，而不是通

---

[1] 38 F. Supp. 3d 518（M. D. Pa. 2014）。
[2] Id. 529。
[3] Id. 531。
[4] Id. 532。
[5] Id。

过法院。

　　有时候，一名或多名原告与一名或多名被告签订了油气租约，该租赁通常要求所有由"承租人的经营"造成的损害纠纷通过仲裁解决。然而，原告声称，造成他们损失的业务不是在租赁的场地上进行的，而是附近的一处资产，因此不包括在租赁合同的仲裁条款中。在这种情况下，如果双方不能就诉讼地点达成一致，法院必须确定租赁双方的"承租人的业务"是否包含在租赁场所以外发生的活动中。在至少一个案例中，法院根据对租约的详细审查得出结论：他们没有这么做❶。

　　一个相关的问题是，如果法院将索赔提交仲裁，任何非油气租赁当事人的原告或被告仍然必须在仲裁程序中提起诉讼。一般来说，如果非租赁方与租赁方有足够密切的关系（由于代理法的原则，公司控股或类似的），他们必须加入仲裁❷。否则，他们不必加入。

　　仲裁程序与法院程序的问题是值得注意的，因为每一种方式对当事人都有不同的潜在优势和缺陷。例如，在仲裁程序中，由一名或多名仲裁员主持，不设陪审团。缺少陪审团的审判可能对双方都有利，因为在这类案件中，陪审团很容易与技术概念（如因果关系概念）发生冲突，并误解举证责任和标准。此外，在仲裁程序中，证据规则并不严格适用，这使得证据可以比在法庭上更彻底地公开。而且，仲裁程序往往比法庭程序快得多，诉讼当事人只被允许在听审前进行有限的预审来"发现"对方掌握的证据。而且，一旦仲裁程序确定，诉讼当事人对判决提出上诉的理由寥寥无几（例如仲裁过程中存在欺诈或偏见），从而减少了耗时上诉的可能性。

　　另一方面，在初级法庭，由法官主持，当事人有权由陪审团审理。虽然诉讼程序通常比仲裁程序慢，但涉及更广泛的审前"发现"，这使诉讼当事人更容易找到支持其主张和辩护的证据。此外，在审判过程中严格执行证据规则，至少在理论上可以防止不可靠的证据渗入决策过程。而且，一旦初级法院（通过陪审团裁决或其他方式）裁决案件，这个决定与仲裁决定不同，可能会因为任何表面上合法的原因而在上诉中受到质疑，包括它是基于法律或事实错误。这种广泛的上诉权利提高了诉讼过程的公平性，但可能会延长诉讼过程。

---

❶　参见 Stiles *v.* Chesapeake Appalachia, LLC, No. 1346 MDA 2012 (Pa. Super. Ct. Slip Op. June 17, 2014)。

❷　参见 E. I. DuPont De Nemours and Co. *v.* Rhone Poulenc Fiber and Resin Intermediates, S. A. S., 269 F. 3d 187, 195-202 (3d Cir. 2001) (describing situations in which non-signatories to contract that contains arbitration clause may be bound by the clause); Thomson-CSF, S. A. *v.* Am. Arbitration Ass'n, 64 F. 3d 773, 776 (2d Cir. 1995) ("we have recognized five theories for binding non-signatories to arbitration agreements: (1) incorporation by reference; (2) assumption; (3) agency; (4) veil-piercing/alter ego; and (5) estoppel")。

6.5.3　孤松令

在审判法庭场合，这类案件也提出了一个有趣的问题：法院是否应该发布"孤松令"，如果是，什么时候发布"孤松令"。

孤松令得名于 1986 年新泽西高等法院的一项决定❶。初级法院通常在复杂的大规模或有毒侵权案件的发现阶段发布这样的命令。在这些案件中，发现过程的平衡将是繁重的，并且有理由相信，在审判过程中原告将无法证明他们的主张。该命令规定，除非原告能够提供支持其主张的初步证据，包括因果关系因素，否则案件将不会继续进行。

科罗拉多州的一家初级法院在斯特拉德里诉安特罗资源公司案中发布了这类命令❷。在该案中，原告指控一家气井运营商及其一些服务商在气井现场作业时导致附近的空气、水和土壤受到污染。基于这些指控，原告主张过失、过失本身、妨害、严格责任和医疗监测。

在案件的早期发现阶段，双方互相透露了某些初步信息之后，初级法院发布了一项孤松令。在此过程中，它指出了这种性质的案件所带来的重大发现和成本负担，并且最终（原告）需要提出专家意见，以确立他们的主张❸。它还引用了科罗拉多州监管机构的行政裁决，即"原告的井水不受油气作业的影响"❹。

在回应孤松令时，原告未能提供支持他们主张的初步证据，包括因果关系。因此，初级法院以偏见驳回这些指控。

然而，在上诉中，科罗拉多州上诉法院推翻了这一判决❺。它认定，"本案所处的情况并没有特别到需要背离现有的（程序性）规则而使用孤松令的地步"❻。法院解释说："孤松令妨碍了寻找全部真相的目的，因为虽然最初披露的信息为原告提供了一些与他们的索赔相关的信息，但披露的信息不足以使他们充分回应孤松令。"❼。法院还指出，与法院发布孤松令的大多数案件不同，这不是一起大规模侵权案件，因为它只涉及 4 名原告、4 名被告和一块土地❽。

科罗拉多州最高法院则支持上诉法院的裁决❾。它的理由是：与联邦民事诉讼规则不同，科罗拉多州的民事诉讼规则不包含对复杂案件的授权，或赋予审判

---

❶　参见 Lore *v.* Lone Pine Corp. , 1986 WL 637507（N. J. Super. Ct. Nov. 18, 1986）。

❷　参见 2012 WL 1932470（Denver Co. Dist. Ct. May 9, 2012）。

❸　Id。

❹　Id。

❺　350 P. 3d 874（Colo. Ct. App. 2013）。

❻　Id. at 883。

❼　Id. at 881。

❽　Id. at 882。

❾　347 P. 3d 149（Colo. 2015）。

法庭有权要求原告在充分行使科罗拉多法案规定的证据开示权之前做出初步证据证明❶。它表示，允许初级法院发布孤松令将会干涉诉讼当事人的权利，并且在原告有机会确定案件的是非基础之前强行驳回，从而产生规则所没有预料到的后果❷。

　　未来，其他审判法院也可能因为这类案件而发布孤松令。到目前为止，一些初级法院已经表现出不愿发布这些文件的态度。这种情况会持续到什么程度，以及在何种情况下上诉时是会维持原判，这些都还有待观察。

6.5.4　因果关系

　　也许这些案件提出最突出的事实问题是：原告能够在多大程度上证明被告的气井钻探或水力压裂活动与地下水污染之间存在因果关系。

　　原告的举证主题要满足"证据优势"标准，这相当于"更有可能"的调查❸。重要的是，原告可以通过间接证据（或二手证据）来满足这一主题，而不是通过直接证据来证明因果关系。

　　宾夕法尼亚州高等法院在 Hughes 诉 Emerald Mines Corporation 公司案件中的判决说明了对间接证据的依赖❹。在案件中，法院维持了陪审团的裁决，即一家煤炭公司的灌浆作业造成了地下水污染，尽管这一裁决仅基于以下间接证据。

　　为了追踪地面上 600 英尺范围内约 90 英尺深处的灌浆流在地面没有裸露。一个理性的陪审团利用充足的证据从中推断出因果关系：前 25 年不间断的供水，灌浆作业与废弃水井的物理距离，被告在油井发生故障前不久完成作业的时间，目击者从井底挖出的淤泥，以及同一时间附近其他油井业主遭受的类似损失❺。

　　到目前为止，许多案例都是基于与水力压裂有关的水井污染的指控，如果他们没有达成协议，仍在审前阶段，似乎已经发现了这种因果关系。然而，在几个

---

❶　Id. at 156。

❷　Id. at 159。

❸　参见 Restatement（Second）Torts § 433B, cmt.（b）(1965)。

❹　450 A. 2d 1, 6（Pa. Super. Ct. 1982）。

❺　参见 Id., see also Reinhart v. Lancaster Area Refuse Auth., 193 A. 2d 670, 672（Pa. Super. Ct. 1963）（"Although there was no direct proof that any of the［fill］material actually dumped" by the defendants "found its way underground into plaintiffs' wells, the proximity of the operation to the wells, the depth of each, the nature of the fill as compared with the nature of the contamination, the time of fill in relation to the time the pollution was first noticed, and the results of a dye test to eliminate other causes were, we think, sufficient, circumstantially, to support the jury's finding that the landfill was the cause of plaintiffs' damage."）; Sunray Mid-Continent Oil Co. v. Tisdale, 366 P. 2d 614, 615（Okla. 1961）（addressing whether oil well drilling caused groundwater contamination and stat-ing: "We have held that negligence may be established by circumstantial evidence."）; Harper-Turner Oil Co. v. Bridge, 311 P. 2d 947, 951（Okla. 1957）（noting that, while evidence of causal connection between gas well drilling and groundwater contamination was "to a great extent circumstantial, we regard it as sufficient to require the submission of the case to the jury"）。

仲裁程序中，原告收集的间接证据使仲裁员得出结论，气井的完整性问题导致了地下水污染。也就是说，法院和仲裁机构都没有将水力压裂过程本身与地下水污染联系起来，尽管研究人员在最近的几项研究中探讨了这个问题，但目前没有一项研究表明两者之间存在这种联系❶。

6.6 结　　论

在美国，现代水力压裂技术的出现伴随着大量的诉讼，原告指控这些技术和气井钻探一般都会造成居民水井的污染。这些案件是涉及商业活动造成地下水污染指控的漫长诉讼历史中的最新篇章。在这些案件中，原告提出了类似的指控、诉讼理由和救济请求，因此引发了类似的证据问题。此外，这些案件还涉及许多新奇而复杂的法律和事实问题。许多案例还处于早期阶段，相关理论和论据还在不断发展。只有时间才能告诉我们剩下的法律案件将如何展开。

---

❶ 参见 US Environmental Protection Agency, Assessment of the Potential Impacts of Hy-draulic Fracturing for Oil and Gas on Drinking Water Resources, External Review Draft (June 2015) at ES-15: ("Numerical modeling and microseismic studies based on a Marcellus Shale-like environ-ment suggest that fractures created during hydraulic fracturing are unlikely to extend upward from these deep formations into shallow drinking water aquifers."); Llewellyn, G. T., et al., Evaluating a Groundwater Supply Contamination Incident Attributed to Marcellus Shale Gas Development, Proceedings of the National Academy of Sciences of the United States of America, Vol. 112, No. 20 (April 2, 2015) (determining that groundwater contamination was likely caused by a casing problem in the gas well or surface release from a leaking wastewater pit).

7 石油和天然气开采面临的职业健康与安全问题

Eric J. Esswein[1],[2], Kyla Retzer[2], Bradley King[2],
Margaret Cook-Shimanek[3]

①南非约翰内斯堡，金山大学公共卫生学院；
②美国科罗拉多州丹佛市，国家职业安全与健康研究所（NIOSH）
西部州分部；③美国科罗拉多州丹佛市，科罗拉多大学
（丹佛）和健康科学中心

7.1 石油和天然气开采工人的死亡问题

7.1.1 概述

石油和天然气开采工人的年死亡率是所有美国工人年平均死亡率的 7 倍（Mason et al. , 2015）。体力劳动、围绕重型机械的长时间工作、多个承包商同时在井场工作，以及人员和设备的不断移动（主要是在农村道路上）都导致了该行业的职业死亡率上升。从历史上看，油气开采工人的死亡率与作业水平（如钻机数量）相关（CDC, 2008）。然而，美国疾病控制与预防中心下属的国家职业安全与健康研究所（CDC NIOSH）公布的一项研究显示，尽管 2003—2013 年间，工人数量增加了两倍，钻机数量增加了 71%，但死亡率却下降了 36%（Mason et al. , 2015）。

7.1.2 按公司类型及规模划分的死亡人数

油气开采的死亡率因公司类型和规模而异（Mason et al. , 2015；Retzer et al. , 2011）。根据北美产业分类系统（NAICS），工人死亡的分类如下：（1）拥有或租赁并运营油井的作业者；（2）钻井承包商；（3）提供各种完井和修井作业的服务公司。钻井承包商的死亡率最高（每 10 万名工人死亡 44.6 人），其次是服务公司（每 10 万名工人死亡 27.9 人），操作员的死亡率最低（每 10 万名工人死亡 11.6 人)(Mason et al. , 2015)。死亡率的差异可能是由于钻井、完井和

服务活动中涉及的危险操作的暴露程度不同。

与其他行业的研究结果一致，最小的企业（20 名或更少的工人）的死亡率最高（Retzer et al.，2011）。小型钻井承包商的死亡率是整个行业的 7 倍。小型钻井承包商可能会使用较老的钻机，这些钻机的工程安全控制较少。拥有 10 名或 10 名以下工人的公司也不受许多联邦职业安全和健康条例的约束，从而可能缺乏资源来聘请全职安全和健康专业人员提供安全和健康培训，缺乏执行政策和程序及被纳入大公司的健康文化。

油气开采作为一个整体不受一些职业安全和健康法规约束的行业，包括以下职业安全与健康管理局（OSHA）的标准的部分内容：高度危险化学品的工艺安全管理、苯、听力保护和锁定/标签。该行业的监管环境将在第 12 章中进行更详细的讨论。

7.1.3　交通运输——工人死亡的主要原因

交通事故是油气开采工人死亡的主要原因，占所有与工作相关死亡人数的近 40%（Mason et al.，2015；Retzer et al.，2013）。2003—2013 年间，479 名工人死于交通事故。交通事故中机动车辆碰撞占比最大，但也有一些死亡与飞机和船只有关。2003—2013 年，交通运输死亡率呈下降趋势（Mason et al.，2015）（见图 7.1）。但它仍然是油气开采工人死亡的主要原因。

此前一项对各行业机动车死亡率的比较发现，油气采掘行业的机动车死亡率仅略低于运输和仓储行业的机动车死亡率（每 10 万名工人的死亡率分别为 7.6 人和 9.3 人）（Retzer et al.，2013）。原因可能包括频繁往返于井场之间，以及在缺乏标准的安全功能的乡村道路上行驶，未使用安全带，延长和不规律的工作时间导致司机疲劳，以及与运输水力压裂所需的大量沙子和水相关的各种卡车（Retzer et al.，2013；CDC，2008；Mode 和 Conway，2007）。大多数死于机动车事故的司机驾驶的都是轻型车辆（＜4535.92 kg（10000 lb）），其中大部分是皮卡，这类车辆通常不要求操作人员拥有商业驾照（Retzer et al.，2013）。

除了与工作有关的交通事故外，往返于偏远工作地点的通勤也被业界认为是一个特别令人担忧的问题。目前美国还没有全国交通事故监控系统。然而，油气开采公司开始将下班后的机动车安全纳入其健康、安全和环境（HSE）项目，因为人们认识到很多机动车事故发生在下班后。由于大量钻井的区域会随着时间的推移而转移，通常会转移到更偏远的农村地区，工人通勤需要走更远的距离。一旦他们的轮岗（通常是 2 周）完成，工人们通常会立即开启回家的行程，但经常会因为连续多日的长时间轮班而感到疲劳（Rothe，2008）。

对加拿大油田工人的研究表明，在往返于乡村井场的漫长路途中，疲劳和开

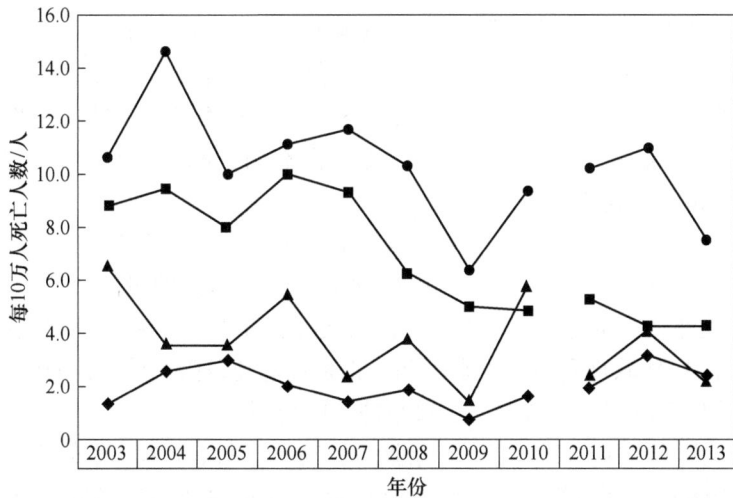

图 7.1　2003—2013 年美国油气开采工人死亡人数与主要死亡原因（据 2011 年编码系统修订）
资料来源：National Institute for Occupational Safety and Health（NIOSH），数据来源：Bureau of Labor
Statistics Census of Fatal Occupational Injuries and Quarterly Census of Employment and Wages

	2003	2004	2005	2006	2007	2008	2009	2010	2011	2012	2013
运输	10.59	14.66	10.05	11.15	11.69	10.29	6.40	9.43	10.21	11.01	7.50
与物体/设备连接	8.88	9.45	7.98	10.11	9.35	6.30	4.98	4.83	5.21	4.26	4.26
火灾/爆炸	6.49	3.58	3.55	5.44	2.34	3.78	1.42	5.75	2.40	4.08	2.22
掉落	1.37	2.61	2.96	2.07	1.40	1.89	0.71	1.61	2.00	3.19	2.39

车时睡着是很常见的。在普通人群中开展的非商用和商用车辆的碰撞研究表明，睡眠时间减少会增加撞车风险（Hanowski et al.，2007；Connor et al.，2002；Cummings et al.，2001）。在美国，许多油气开采工人的机动车死亡报告表明，司机在驾驶时睡着了（Retzer et al.，2013）。需要对疲劳及其对工人安全和健康的影响进行更多的研究。影响油气开采工人睡眠质量的因素包括睡眠时间不足、睡眠质量差、工作时间长、通勤时间长，以及临时住宿设施睡眠环境欠佳。

油气开采公司采用了一种车载监测系统（IVMS）来降低驾驶员的风险。虽然，IVMS 产品的特性千差万别，但大多数系统只监测基本的驾驶行为，包括超速、严重刹车（注意力分散的标志）和剧烈加速（侵略性驾驶的标志）。一些监控器结合了摄像头、安全带监控器和电子时间记录。驾驶员行为报告通常由 IVMS 发送给指定人员，以便定期审查。公司报告显示，IVMS 帮助他们针对性培训有危险驾驶行为的司机，减少了机动车辆事故发生率。一项油气行业发表的关于 IVMS 的论文综述显示，使用 IVMS 后，事故发生率降低了 50%~90%（Retzer et al.，2013）。使用 IVMS 的健康和安全专业人员也表示，将资源集中于需要帮助的司机以改善其驾驶行为，而不是花巨资在全公司推行。他们还称，IVMS 可以帮助公司在公共道路上树立"驾驶员社会责任"的概念,努力避免在井场附近社区进行油气开采的任何负面影响(International Association of Oil and Gas Producers,2014a,b)。然而,一项评估卡车司机对使用自动驾驶系统的态度和意见的研究显示,一些司机担心隐私问题及该系统技术的复杂性、依赖性和可靠性(Huang et al.,2005)。该系统的最终目的是保护员工驾驶时的安全,而不危及道路上的其他司机。

对于公司来说,第二种有效的干预措施是旅程管理(JM),这是一个有计划和系统的过程,旨在降低公司运营中与运输相关的风险(Retzer et al.,2014)。JM 软件会对所有行程的必要性提出质疑,并将与必要行程相关的风险降到最低。先进的 JM 软件利用技术来预测、识别和避免危险的路况。JM 软件在运营商中得到了广泛应用,但被并入了较小的美国公司。

为了减少全球油气开采行业的机动车事故,IOGP 发布了一份名为 365 号的陆上运输安全推荐操作规程。该指南是有效的陆路运输安全计划的基本组成部分。它是基于行业内的最佳实践,包括用于方案实施的多种工具。

7.1.4　其他主要死因

机械伤害是油气开采工人死亡的第二大原因。尽管缺乏系统的、已发表的流行病学或系统安全分析研究来解释近期钻井作业中接触伤害死亡率下降的原因,但使工人远离危险任务的工程控制(如具有自动化管道处理功能的新钻机)可能是一个因素(Mason et al.,2015)。美国国家职业安全与健康研究所 2014 年的一项研究对比了现代钻机(如自动化钻杆处理、交流电机驱动)与老式手动钻机的伤害率,发现现代钻机大大降低了钻工和其他需要在钻台上工作的工人严重受伤的发生率(Blackley et al.,2014)。钻机最常见的一种致命接触伤害是被坠落物击中,主要是重达数百磅(1 lb = 0.45 kg)的钻杆或"套管",它们被吊到钻台上方,组装成数千英尺(1 ft = 0.3048 m)长的钻柱。

另一个主要死因是从高处坠落。工人通常在钻台和井架以上的高度工作。为了确保安全必须有足够的防坠落装置,但锚栓或防护装置失灵或工人锚栓不当,都可能导致坠落从而造成死亡。

7.1.5　美国国家职业安全与健康研究所油气数据库中的死亡事故

美国国家职业安全与健康研究所及其合作伙伴(国家职业研究议程(NORA)石油和天然气行业委员会)维护了一个名为"石油和天然气开采死亡事故(FOG)数据库"的监测系统,以更好地了解涉及油气开采工人死亡的因素。FOG 帮助确定了 9 起与油罐测量相关的死亡事件(下一节讨论),这些数据在传统数据来源中可能会被忽略。通过 FOG 确定的令人关注的主题还包括因接触硫化氢而死亡（也将在下一节讨论）和因坠落物体造成的死亡。通过 FOG 发现的另一个趋势是，生产水箱高温作业或焊接引起的火灾或爆炸事故增加。产生的水（即卤水或盐水）没有被美国交通部列为危险物质，也不可能被标在储罐上作为危险物质，这可能会使工人不知道这些储罐中可能含有易燃/爆炸性和可能有毒的物质（碳氢化合物）（见第 9 章）。最后，FOG 能够跟踪特定作业的死亡人数，并且发现 2014 年钻井和修井机上的安装和拆卸作业导致的死亡人数比任何其他作业都多。

由于无法获得准确和全面的信息，FOG 不包括受伤或疾病数据。需要在健康监测领域为这一工人群体做更多的工作。

7.2　石油和天然气开采工人接触化学品的风险

7.2.1　概述

目前缺乏针对陆上油气开采工人的系统、同行评议的劳动卫生研究（NIOSH，2010）。本节介绍最常见的危害和风险。这也是对工业卫生工作者和安全专业人士的行动呼吁，以了解存在的重大知识空白。需要开展工作场所接触评估研究，以了解接触风险的范围和程度，从而提前控制来保护工人。本节主要讨论陆相油气开采，海上作业通常涉及固定的工作区域，而陆上作业则具有动态和高度机动的特点。由于控制措施通常设计用于海上平台，因此陆上作业的风险不同。目前已有一些针对海上作业人员的评估研究。此外，对于具有"圈养群体"性质的海上工人，实施行政控制更为容易。

7.2.2　硫化氢

众所周知，硫化氢（H_2S 或"酸性气体"）是油气开采中工作场所暴露的严重危害因素。与 H_2S 有关的健康影响范围从急性和慢性呼吸道及眼睛发炎，到对神经系统的影响和肺水肿或缺氧引起的死亡。实际上，通过对所有的油气开采工人开展 H_2S 危害识别和气味特性意识培训，能够帮助工人在 H_2S 非常低的浓度下识别出危险。

硫化氢存在于原油和天然气中，来自沉积地层中有机质（如干酪根）的衰变。不同盆地、不同地层油气井的 H_2S 含量值差异很大。因此，其暴露风险差别很大。在钻井、完井和维修作业过程中可能接触到 H_2S。H_2S 泄漏也可能发生在存储水中，或带入现场的被亚硫酸盐还原到污染的水中。H_2S 燃烧产生的二氧化硫也可能对靠近不完全燃烧 H_2S 的工人造成危害。例如有在已知 H_2S 污染的井中利用燃烧或使用 H_2S 清除设备（"气体分离器"），个人防护设备和 H_2S 个人监测器等预防措施。1984—1994 年间，油气行业有 22 人因接触 H_2S 而死亡（Fuller

和 Suruda，2000）。2005—2014 年间，美国国家职业安全与健康研究所 FOG 数据库确认死亡人数 9 人。加拿大对 175 名油气开采工人的问卷调查，报告了急性和慢性呼吸道刺激症状。一些工人反映由于接触 H_2S 而失去意识（Hessel et al.，1997）。

7.2.3　碳氢化合物气体和蒸汽

油气开采涉及吸入和皮肤接触碳氢化合物的风险，包括但不限于萘、苯、甲苯、乙苯、二甲苯（统称为 N-BTEX）、丙烷、戊烷、丁烷、环己烷、甲基环己烷和正庚烷。接触碳氢化合物会影响眼睛、肺和中枢神经系统。如果生产罐排放的碳氢化合物足够多，由于简单的置换和产生的易燃气体也会导致缺氧。有发现表明，油气开采工人的死亡风险来自人工测量和原油生产罐的流体收集过程中碳氢化合物暴露和缺氧的联合急性效应（NIOSH/OSHA，2015）。

2010—2014 年共有 9 名工人死亡，涉及手动测量罐（$n = 4$）或从开放式生产罐舱口收集液体样本（$n = 5$）。在几名死者的血液中发现了低相对分子质量的碳氢化合物和苯（一种职业性致癌物）。这 9 个案例中均被排除接触过 H_2S。一名工人戴着一个多气体监测仪，在大约死亡时间内氧含量达到最低，为 6.9%（正常浓度为 20.5%）。这与一项发现一致的是，高浓度的碳氢化合物气体和蒸汽可以取代周围的氧气，并形成一个有毒的环境，在这种环境中，一到两次呼吸就会导致有用意识的持续时间受到限制（Miller 和 Mazur，1984）。美国国家职业安全与健康研究所发布了与碳氢化合物相关的死亡和危害的科学博客（King et al.，2015；Snawder et al.，2014）。由美国国家职业安全与健康研究所和职业安全与健康管理局，以及国家服务、传输、勘探和生产安全（STEPS）网络（2015）与其合作伙伴共同开发了危害警报。

加拿大的一项研究评估了 1547 个全职、短期的区域和个人呼吸区（PBZ）的样本，这些样本是由阿尔伯塔省从事油气开采、石油加工和管道工作的 5 家公司自愿提交的（Verma et al.，2000）。常规的天然气开采中苯接触风险最高。研究发现，只有不到 1% 的接触超过阿伯塔省职业健康标准（0.0001%），5% 的样品超过阿伯塔省苯的短期接触上限 0.0005%。一项对澳大利亚石油工业中苯接触情况的回顾性评估（包括访谈和监测与接触评估数据建模）主要集中在中下游作业（运输和炼油厂）的工人，但也确实使用 34 个参考点对上游作业中的接触风险进行了评估。报告的苯平均接触量为 0.000005%（范围为 0.000001‰ ~ 0.000006%），未评估皮肤暴露的风险（Glass et al.，2000）。

在油气开采过程中工人可能会接触二甲苯和其他碳氢化合物，包括在泥浆泵、振动筛和钻屑周围作业。在池塘、坑和反排罐周围作业时，反排操作也可能存在暴露风险。马来西亚研究人员报告称，二甲苯被用作油井增产作业中溶解累积石蜡有机塞的溶剂（Zoveidavianpoor et al.，2012）。研究人员假设基于任务的活动可能导致"更高的暴露"，但提供具体职业暴露水平的细节很少。一项关于接触钻井液中碳氢化合物的潜在风险的文献综述报告称，井架工、泥浆工程师、钻工、司机和实验室主管都面临接触碳氢化合物的风险，并根据接触程度不同对健康产生不同的潜在影响（Broni-Bediako 和 Amorin，2010）。暴露的区域包括钻台、振动筛、泥浆坑、钻井液配制室（泥浆混合室）、洗衣设施和甲板操作区域。除了吸入，也描述了皮肤暴露、皮炎和皮肤刺激的风险；同时也提到了钻井液中敏化剂（如多胺乳化剂）和腐蚀性化学品（如溴化锌）的存在，但未提供定量暴露评估数据。

挪威某钻井液测试中心的一项研究调查了页岩振动筛产生的油雾和蒸汽（Steinsvåg et al.，2011）。在不同的温度参数和不同黏度的基础油（即沸点为 210～260 ℃ 的正石蜡烷烃和沸点为 250～325 ℃ 的石油馏分基础油）下测量雾、蒸汽和总挥发性碳氢化合物。结果表明，两种不同的钻井液之间的雾和蒸汽浓度存在统计学差异。使用较高沸点的石油基流体产生的油雾大约是使用较低沸点的烷烃-石蜡流体产生油雾的两倍。当流体温度大于 50 ℃ 时，在页岩振动筛上的油雾和蒸汽超过了挪威的暴露极限，即油雾中 1 mg/m³ 和蒸汽中 50 mg/m³。研究人员报告称，来自振动筛的油雾和蒸汽很难控制，但建议在钻井液进入振动筛设备之前，将其冷却到 50 ℃ 以下，封闭振动筛和相关设备，并仔细考虑使用哪种流体系统，这样可以减少油雾和蒸汽的暴露。

美国国家职业安全与健康研究所的研究人员报告称，在同一地点，17 名测量反排罐和生产罐的工人接触苯的风险（时间 - 几何加权平均值 = 0.000025% ± 0.000016%）高于 18 名未测量罐体的工人（时间 - 几何加权平均值 = 0.00004‰ ± 0.00003‰，如图 7.2 所示）。结果显示，17 个样品中的 2 个达到或超过了美国工业卫生师协会（ACGIH）未调整的苯阈值（TLV®）0.00005%，17 个样品中的 6 个超过了调整后的 12 h 苯阈值，为 0.000025%。一些任务型苯样品也超过了美国国家职业安全与健康研究所提出的苯短期暴露限值（STEL）（0.0001% 为 15 min-几何加权平均值）。

直读式仪器检测到储罐舱口苯浓度峰值大于 0.02%。在 35 个全职的个人呼吸区样品中，没有一个超过美国国家职业安全与健康研究所允许的苯暴露限值（PEL），一般工业中为 0.00001%，油气钻井、生产和服务作业中标准限制的苯暴露限值为 0.001%。与其他碳氢化合物的接触（如甲苯、乙苯和二甲苯）没有超过任何既定的行业暴露限值（Esswein et al.，2014）。

7.2.4 柴油颗粒物

柴油发动机在钻井、完井和油井维修现场很常见。柴油颗粒物（DPM）是由

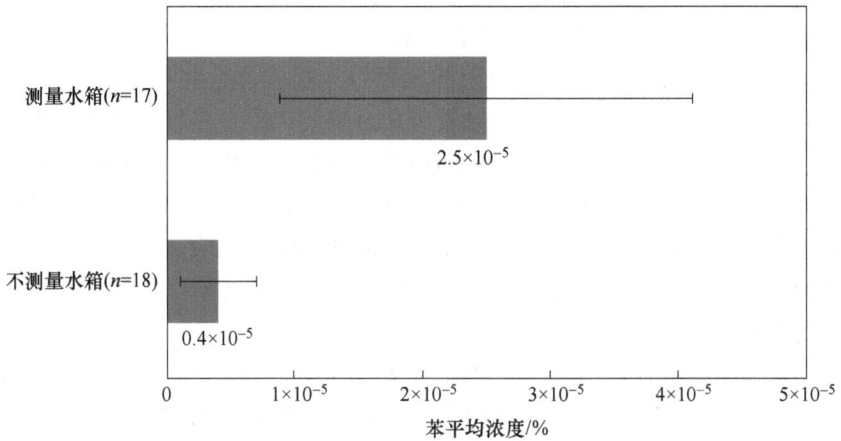

图 7.2   工人测量或不测量水箱时个人呼吸区累计时间苯平均浓度

资料来源：Esswein et al. （2014）

柴油发动机排放的一种复杂的气溶胶，包含蒸汽和固相碳氢化合物、硫酸盐、氮氧化物、基本碳和有机碳颗粒。柴油颗粒物是可呼吸的，因此能够进入肺部的气体交换区。根据接触时间和程度的不同，柴油颗粒物会刺激眼睛和上呼吸道系统，导致咳嗽和痰产生，并可能加剧已存在的哮喘（Pronk et al.，2009）。美国国家职业安全与健康研究所已确定柴油颗粒物中的某些多芳香族化合物为职业致癌物（IARC，2013）。职业安全与健康管理局、美国国家职业安全与健康研究所和美国工业卫生师协会都没有柴油颗粒物的职业暴露限值，但加州卫生服务部提出柴油颗粒物的职业暴露限值为 20 $\mu g/m^3$，该限值以碳元素为参考，它是柴油颗粒物暴露的替代品（CDHS，2002）。文献中未发现针对油气开采工人的柴油颗粒物暴露评估研究。2008—2012 年，美国国家职业安全与健康研究所的研究人员在钻井、水力压裂、油井维修和钻机移动作业中对柴油颗粒物进行了空气采样/暴露评估。收集了 104 个空气样品（48 个全职个人呼吸区和 56 个区域），分析了碳元素作为柴油颗粒物的替代品的结果。区域空气样品的检出限（<LOD）为 68 $\mu g/m^3$ 作为时间-几何加权平均值；全职个人呼吸区结果在检出限至 52 $\mu g/m^3$ 范围内作为时间-几何加权平均值（作者未发表的结果）。柴油颗粒物的暴露风险因素主要包括：运行柴油机的数量、类型、马力和持续时间；控制器（如低硫燃料、发动机过滤、柴油有机机尾气催化剂）；发动机位置相对于工人和工作站的时间和空间方面；风向和风速；天气条件，比如逆温现象。

7.2.5   可吸入的二氧化硅晶体

职业暴露于可吸入的二氧化硅晶体与患硅肺病、肺癌、肺结核和呼吸道疾病有关。硅肺病是一种可预防的但也使人衰弱且往往致命的肺病。接触可吸入二氧化硅晶体也可能与自身免疫性疾病、慢性肾脏疾病和其他不良健康影响有关（NIOSH，2002）。美国国家职业安全与健康研究所研究人员在 15 个月的时间里，在 5 个州的 11 个水力压裂点收集了 111 个可吸入二氧化硅的全过程个人呼吸区样本。15 个不同职位的工人参与了暴露评估研究（Esswein et al.，2013）。所有地点均可见含硅粉尘。

在输送过程中运砂和传送带作业人员的暴露风险最大，超过了职业安全与健康管理局计算的暴露限值（PEL）和美国国家职业安全与健康研究所推荐的暴露极限（REL）。该研究报告称：

（1）111 个样品中有 57 个（51.4%）超过了计算的职业安全与健康管理局暴露限值，该暴露限值根据样品中二氧化硅的百分比而变化。

（2）111 个样品中有 76 个（68.5%）的时间-几何加权平均值超过了 50 $\mu g/m^3$ 的美国国家职业安全与健康研究所推荐的暴露极限。

（3）111 个中有 93 个（83.8%）的阈值超过 25 $\mu g/m^3$，由美国工业卫生师协会建立。

与美国国家职业安全与健康研究所推荐的暴露极限相比，7 个工作岗位（如数据搬运车、泵车、粗砂和电缆作业人员，以及质量保证/质量控制（QA/QC）技术）的平均暴露严重程度（暴露除以职业暴露极限）小于 1，而运砂作业员为 10.44，传送带作业员为 14.55。"1"的严重程度等于相应的职业暴露标准。与职业安全与健康管理局（OSHA）计算的暴露限值（PEL）相比，相同 7 个岗位的平均暴露严重程度小于 1，而运砂作业员和传送带操作员的平均暴露严重程度分别为 5.66 和 7.62。根据计算出的几何平均值（见图 7.3），这两种工人接触二氧化硅的风险最高。研究确定了水力压裂现场硅尘产生的 7 个源头，并建议采用多种控制措施来限制产生的硅尘。

7.2.6　金属

通过焊接、切割、研磨、修复和机械及零件的制造，以及对管柱进行环形加硬或"表面硬化"来防止钻杆装卸机械磨损，都可能导致金属接触风险。有害的微粒包括母金属或填充金属（如铬、钴、铜、铁、锰、钼、镍、钨、钒、锆）。在环形加硬、焊接、制造和修复等操作中接触金属的风险还有待研究。

俄克拉何马州儿童铅中毒预防项目报告了 6 例工人和儿童因职业和接触带回家含铅"管道涂料"而铅中毒的案例（Khan，2011）。据报道，铅来自在钻井作业的管柱上扣过程中用于装配润滑剂的含铅管道涂料。据报道，3 名钻井和油井维修工人的 4 个孩子的血铅水平（BLLs）范围在 180～220 $\mu g/L$。与儿童相关的其中两名工人的血铅水平分别为 290 $\mu g/L$ 和 390 $\mu g/L$，第三名工人没有进行血

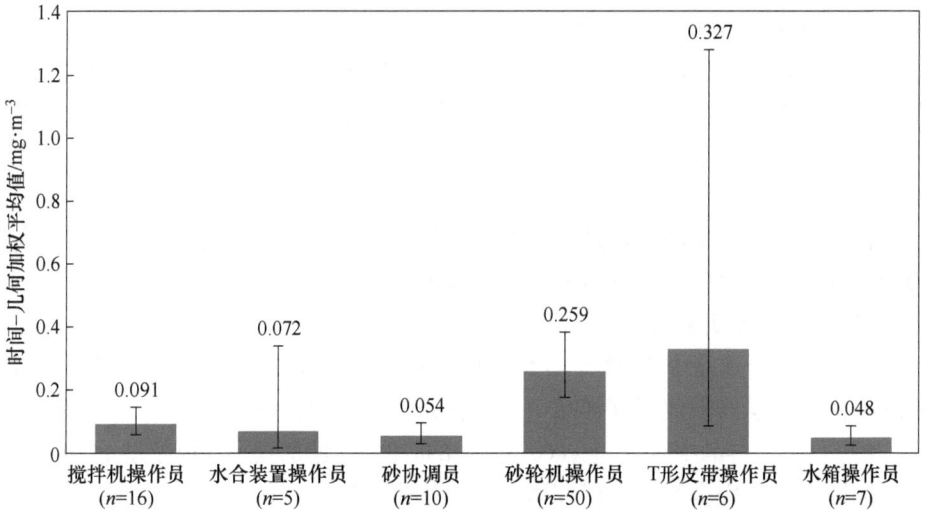

图 7.3　水力压裂作业 6 种工种的呼吸型二氧化硅晶体的时间-几何加权平均值与
95% 置信区间（Esswein et al.，2013）

铅水平检测。美国疾病控制与预防中心（CDC）对高血铅水平的定义为：儿童大
于 50 μg/L，成人不小于 100 μg/L（CDC，2013）。在工人家中进行的环境评估
发现，洗衣房、洗衣机和家具顶部，以及工作服和鞋子上的铅表面浓度升高。

7.2.7　美国政府和业界的安全与健康措施

　　近年来，美国政府和行业采取了多种措施来解决油气开采中的职业安全和健
康问题。美国国家服务、传输、勘探和生产安全网（STEPS）于 2003 年在南得
克萨斯州成立，重点关注该行业的安全和健康问题，并减少该地区的伤亡人数。
STEPS 已发展为 22 个独立的区域网，服务 20 个州，并已成为在整个行业传播关
键安全和健康信息的最有效工具。美国职业安全与健康管理局主办的石油和天然
气安全与健康会议是致力于油田工人安全与健康的第一个全国性会议，成立于
2008 年，每两年举行一次。此外，还制定了名为 SafeLandUSA 的标准化工人安全
指南。SafeLandUSA 被纳入了合同工人进入主要由油气运营商拥有的井场工作的
要求中。一门名为 OSHA 5810 的陆上油气勘探和生产作业危险识别和监管健康
与安全标准的新课程已经被开发出来，并通过美国各地的职业安全与健康管理局
培训机构和教育中心提供培训。联邦政府也在努力解决该行业的职业安全和健康
问题，包括建立美国疾病预防控制中心和美国国家职业安全与健康研究所国家职
业研究议程（NORA）石油和天然气部门委员会（见第 12 章）。该项目强调与油
气行业、政府和其他利益相关方的合作，通过确定危害和量化风险，并最终实施

有效的干预措施并开展研究，以降低油气开采行业工人受伤和患病的比例。该项目分析从工业、工人和安全组织获得的监测数据和信息，对关键安全和健康问题及开发并实施的实际工作场所解决方案进行暴露评估研究。

美国职业安全与健康管理局还启动了针对油气开采行业的地方、区域和国家重点项目。

免责声明：本报告中的发现和结论仅代表作者个人观点，并不代表美国国家职业安全与健康研究所的观点。

参 考 文 献

BLACKLEY D J, RETZER K D, HUBLER W G, et al., 2014. Injury rates on new and old technology oil and gas rigs operated by the largest United States onshore drilling contractor [J]. Am. J. Ind. Med., 57: 1188-1192.

BRONI-BEDIAKO E, AMORIN R, 2010. Effects of drilling fluid exposure to oil and gas workers presented with major areas of exposure and exposure indicators [J]. Res. J. Appl. Sci. Eng. Tech., 2 (8): 710-719.

California Department of Health Services (CDHS), 2002. Health hazard advisory: Diesel engine exhaust [R/OL]. Hazard Evaluation System and Information Service, Occupational Health Branch, Oakland, CA. http://www.cdph.ca.gov/programs/hesis/Documents/diesel.pdf.

Centers for Disease Control and Prevention (CDC), 2008. Fatalities among oil and gas extraction workers-United States, 2003—2006. MMWR, 57 (16): 429-431.

CONNOR J, NORTON R, AMERATUNGA S, et al., 2002. Driver sleepiness and the risk of serious injury to car occupants: Population based case control study [J]. Br. Med. J., 324 (7346): 1125-1129.

CUMMINGS P, KOEPSELL T, MOFFAT J, et al., 2001. Drowsiness, counter-measures to drowsiness, and the risk of motor vehicle crash [J]. Inj. Prev., 7 (3): 194-199.

ESSWEIN E J, BREITENSTEIN M, SNAWDER J, et al., 2013. Occupational exposures to respirable crystalline silica during hydraulic fracturing [J]. J. Occup. Environ. Hyg., 10 (7): 347-356.

ESSWEIN E J, SNAWDER J, KING B, et al., 2014. Evaluation of some potential chemical exposure risks during flowback operations in unconventional oil and gas extraction: Preliminary results [J]. J. Occup. Environ. Hyg., 11 (10): D174-D184.

FULLER D C, SURUDA A J, 2000. Occupationally related hydrogen sulfide deaths in the United States from 1984 to 1994 [J]. J. Occup. Environ. Med., 42 (9): 939-942.

GLASS D C, ADAMS G G, MANUELL R W, et al., 2000. Retrospective exposure assessment for benzene in the Australian petroleum industry [J]. Ann. Occup. Hyg., 44 (4): 301-320.

HANOWSKI R J, HICKMAN J, FURNERO M C, et al., 2007. The sleep of commercial vehicle drivers under the 2003 hours-of-service regulations [J]. Accid. Anal Prev., 39 (6): 1140-1145.

HESSEL P A, HERBERT F A, MELENKA L S, et al. , 1997. Lung health in relation to hydrogen sulfide exposure in oil and gas workers in Alberta, Canada [J]. Am. J. Ind. Med. , 31 (5): 554-557.

HUANG Y, ROETTING M, MCDEVITT J, 2005. Feedback by technology: Attitudes and opinions of truck drivers [J]. Transport. Res. , 8: 277-297.

International Agency for the Research of Cancer, 2013. IARC monographs on the evaluation of carcinogenic risks to humans: Diesel and engine exhausts and some nitroarenesvol [R]. 105 International Agency for Research on Cancer (IARC), Lyon, France.

International Association of Oil and Gas Producers (IOGP), 2014. Land transportation safety recommended practice: OGP Report No. 365 (Issue 2) London, UK [R/OL]. http://www. ogp. org. uk/pubs/365. pdf.

International Association of Oil and Gas Producers (IOGP), 2014. Land transportation safety recommended practice, guidance note 12. Implementing an in-vehicle monitoring program-a Occupational Health and Safety Aspects CHAPTER 7 105 guide for the oil and gas extraction industry [R/OL]. London, UK. http://www. ogp. org. uk/pubs/365-12. pdf.

KHAN F, 2011. Take home lead exposure in children of oil field workers [J]. J. Okla. Med. Assoc. , 104 (6): 252-253.

KING B, ESSWEIN E, RETZER K, et al. , 2015. UPDATE: Reports of worker fatalities during manual tank gauging and sampling in the oil and gas extraction industry [EB/OL]. NIOSH Science Blog. http://blogs. cdc. gov/niosh-science-blog/2015/04/10/flowback-3/.

MASON K, RETZER K, HILL R, et al. , 2015. Trends in occupational fatalities in oil and gas extraction [J]. MMWR, 64 (20): 551-554.

MILLER T M, MAZUR P O, 1984. Oxygen deficiency hazards associated with liquefied gas systems: Derivation of a program of controls [J]. Am. Ind. Hyg. Assoc. J. , 45 (5): 293-298.

MODE N, CONWAY G A, 2007. Working hard to work hard safely [C] //Paper presented at Society of Petroleum Engineers, Exploration & Production, Environmental and Safety Conference. Galveston, TX.

National Institute for Occupational Safety and Health (US), 2010. NIOSH fact sheet: Field effort to assess chemical exposure risks in oil and gas workers [EB/OL]. Denver, CO. http://www. cdc. gov/niosh/docs/2010-130/pdfs/2010-130. pdf.

National Institute for Occupational Safety and Health (US), 2002. Hazard review: Health effects of occupational exposure to respirable crystalline silica [EB/OL]. NIOSH (US), Cincinnati, OH. http://www. cdc. gov/niosh/docs/2002-129/pdfs/2002-129. pdf.

National STEPS Network, 2015. Tank hazard alert: Gauging, thieving, fluid handling; how to recognize and avoid hazards [EB/OL]. http://www. nationalstepsnetwork. org/docs_tank_gauging/ Tank Hazard In fographic Final04_22_15. pdf.

Occupational Safety and Health Administration (US), 2015. Hazard alert: Diesel exhaust/ diesel particulate matter [EB/OL]. OSHA (US), Washington, DC. https://www. osha. gov/dts/ hazardalerts/diesel_exhaust_hazard_alert. html.

PRONK A, COBLE J, STEWART P, 2009. Occupational exposure to diesel engine exhaust: A literature review [J]. J. Expo. Sci. Environ. Epidemiol., 19 (5): 443-457.

RETZER K, HILL R, CONWAY G, 2011. Mortality statistics for the US upstream industry: An analysis of circumstances, trends, and recommendations [C] //Society of Petroleum Engineers Americas, Exploration & Production, Health, Safety, Security, and Environmental Conference. Houston, TX.

RETZER K D, HILL R D, PRATT S G, 2013. Motor vehicle fatalities in the oil & gas extraction industry [J]. Accid. Anal. Prev., 51: 168-174.

RETZER K, TATE D, HILL R, 2014. Journey management: A strategic approach to reducing your workers' greatest risk [C] //Society of Petroleum Engineers Americas, Exploration & Production, Health, Safety, Security, and Environmental Conference. Long Beach, CA.

ROTHE J P, 2008. Oil workers and seat belt wearing behavior: the Northern Alberta context [J]. Int. J. Circumpolar. Health., 67 (2/3): 226-234.

SNAWDER J, ESSWEIN E, KING B, et al., 2014. Reports of worker fatalities during flowback operations [R/OL]. NIOSH Science Blog. http://blogs. cdc. gov/niosh-science-blog/ 2014/05/19/flowback/.

STEINSVÅG K, GALEA K S, KRÜGER K, et al., 2011. Effect of drilling fluid systems and temperature on oil mist and vapour levels generated from shale shaker [J]. Ann. Occup. Hyg., 55 (4): 347-356.

VERMA D K, JOHNSON D J, MCLEAN J D, 2000. Benzene and total hydrocarbon exposures in the upstream petroleum oil and gas industry [J]. Am. Ind. Hyg. Assoc. J., 61 (2): 255-263.

ZOVEIDAVIANPOOR M, SAMSURI A, SHADIZADEH S R, 2012. Health, safety and environmental challenges of xylene in the upstream petroleum industry [J]. Energy Environ., 23 (8): 1339-1352.

8 公共卫生风险认知和风险交流：美国和欧盟非常规页岩气

Bernard D. Goldstein[1]，Ortwin Renn[2]，
Aleksander S. Jovanovic[3]

①美国宾夕法尼亚州匹兹堡，公共卫生研究生院；德国，科隆大学；
②德国斯图加特，斯图加特大学 SOW；
③德国斯图加特，斯坦贝斯先进风险技术公司

8.1 引　言

本章回顾了美国和欧洲通过非常规天然气开发（UGD）技术获得与深层地下页岩层紧密相关的天然气公共健康、公众对风险认知和交流等方面内容（IRGC，2013）。非常规天然气开发主要是在美国经过几十年的渐进式创新发展起来的。2006—2008 年，由于开发致密页岩气的能力提升，使得美国天然气潜在总储量前所未有地增长了 35%，并将继续显著增长（Potential Gas Committee，2015 年）（详见第 2 章）。在宾夕法尼亚州，2006 年只钻了 8 口 Marcellus 页岩气井，但到 2014 年，总数增加到 8802 口（Pennsylvania Department of Environmental Protection，2015）。

欧洲还拥有大量未开发的页岩气储量，估计约为美国储量的一半（EIA，2013；European Commission，2014a，b）（详见第 13 章）。这些评估的不确定性及可能产生的不利影响，是欧洲页岩气开发的关键未知数。公众观念的不断演变对页岩气资源的开发也具有重要意义。非常规天然气开发可接受性的核心在于非常规天然气开发是否是一项新技术，以及在何种程度上是一项新技术，是否已经知悉所有的风险，以及如何认知这些风险。

欧盟（EU）考虑推进非常规天然气开发的原因之一是对天然气进口的依赖日益增加（European Commission，2014a），包括由于乌克兰事件对俄罗斯依赖的加剧。另一个令人担忧的问题是，天然气价格的巨大差距使美国工业拥有了竞争优势，促使美元走强。欧洲科学院科学咨询委员会的一份评估报告列出了关于页

岩气在欧洲最终可接受的三个至关重要的问题：（1）人口密度和用水的影响；（2）特定的温室气体排放；（3）公众对页岩气开发的接受程度（EASAC，2014）。

反对非常规天然气开发的声音在美国和欧盟一直都存在，但在欧洲的影响更加明显，包括法国、德国、保加利亚、威尔士和苏格兰在内的许多国家或国家的部分地区至少暂停了页岩气钻探（见第1章的图1.1，第13章）。美国国内日益增长的反对呼声导致最近纽约州撤销了原来对非常规天然气开发的批准政策，并颁布了一项禁令（见第12章）。本章综述了这些担忧的原因，涉及公共健康、风险认知和风险交流，包括对非常规天然气开发潜在公共健康影响相关的文献综述，以及公众认知在页岩气钻井中发挥的作用（Jovanovic et al.，2012）。除了前面描述的考虑因素，如预防原则、诉讼的作用和应对创新，还发现非常规天然气开发增加了欧洲和美国公众对风险认知的另一个维度上的差异——美国公民私人对地下矿产具有所有权，而欧盟没有。图8.1和图8.2分别展示了社交媒体和科学文献中对该话题的兴趣显著增加的证据。

图8.1 社交媒体上出现的水力压裂问题：在iNTeg-Risk项目中开发的基于twitter的RiskAtlas的例子

关于非常规天然气开发风险认知的争议主要分为两大类。首先，更广泛的问题包括关于非常规天然气开采对全球气候变化、碳排放量和其他可持续性问题的争议。非常规天然气开发过程中的甲烷释放会影响页岩气有效替代煤炭的程度（Howarth et al.，2011；Jenner和Lama-dry，2013）（见第3章）。也有人认为，页岩气是通向无碳未来的桥梁燃料，或是相反，减小了发展无碳经济所需的压力（IRGC，2013）。其次，也是本章的重点，非常规天然气开发与其他可能的风险

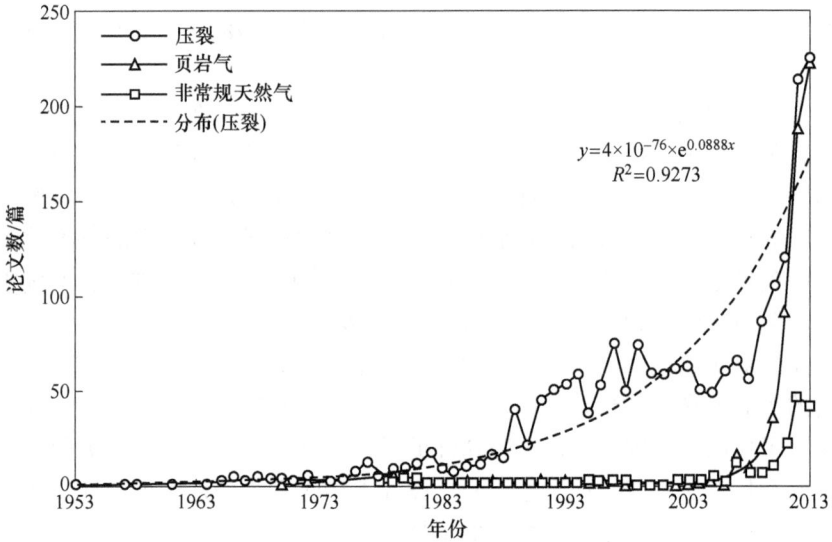

图 8.2　1953—2013 年发表的压裂相关论文数（Li et al. ，2014）

有关，如不良健康影响、地震活动、水源损失及空气和水质量下降（European Commission，2014a，b；Council of Canadian Academies，2014；Health Effects Institute，2015）（见第 3 章）。许多利益相关者关注非常规天然气开发及产生的影响，但他们观点往往各不相同：公众利益体现在网站、报纸、社交媒体等多种平台上，政府利益体现在大量报告、法律和标准之中。

8.2　非常规天然气钻井

利用非常规天然气开发术语来关注当前的技术对公共健康和环境的影响。非常规天然气开发包括大体积水力压裂（HVHF）和在相对水平的页岩层内旋转垂直钻杆（见图 1.2）。在井管中射孔，水在高压下进入井筒。这种水力压裂液含有 0.5%～1.0% 的化学混合物和 10%～15% 的支撑剂，以保持裂缝张开并帮助气体在岩石中运移（见第 1 章和第 5 章）。

页岩气行业一再向公众和决策者强调，他们在水力压裂方面有 50 多年的经验，这项技术是安全的（American Petroleum Institute，2015）。然而，目前的非常规天然气开发方法与过去所采用的方法有很大的不同。工艺上现在钻井更深，使用超过 100 倍的流体，在更高的压力下，化学成分不断变化。而且，钻井和水力压裂将在同一个钻井平台连续进行，而不是只在一个方向进行，从而造成更长时间的噪声、光线和交通运输。更重要的是本质的差异，包括有毒返排液处理问题日益严重（Vidic et al.，2013）。在完成水力压裂过程中，可能会有数百万升的流体回流（参见第 5 章）。尽管每天的回流量要小得多，但在井的整个生命周期中，累积产生的大量含盐水给处理工作带来了极大的挑战（Lutz et al.，2013）。到 2011 年，宾夕法尼亚州工业废物处理设施已经无法处理大量的返排液（Wilson 和 Van Briesen，2012；Ferrar et al.，2013a），导致返排液被送往俄亥俄州的深层地下注入井处理，但这导致了俄亥俄州的地震。在其他的页岩钻井地区，增多的地震活动也被认为是一个问题，包括在美国西部，深层地下注入一直是处理返排流体的主要途径，在英国也是如此（Hornbach et al.，2015；Williams et al.，2015）（见第 11 章）。目前，工业界正在努力寻找回收、储存和处理返排液的解决方案，但这需要在人们居住的地面进行流体处理，从而大大增加了意外排放到环境中的潜在不利影响。与过去相比，另外两个本质上的区别是在压裂过程中使用了一系列截然不同的化学物质，尤其是在欧洲、美国东部和加拿大的一些地方，非常规天然气开发在不适合油气钻井的人口密度较高的地区作业。

8.2.1 健康风险

表 8.1 列出了非常规天然气开发可能带来的健康及安全问题。与从事其他油气钻井作业一样，工人面临的风险尤其大（见第 7 章）。尽管在美国该行业的死亡率正在下降，但仍远高于建筑行业（Mason et al.，2015）。新兴城市对当地农村社区的影响与大量没有社区根源的高薪年轻男子的涌入有关。这种影响可能会导致暴力、酒后驾驶、吸毒和性病（Jacquet，2013）。

表 8.1 非常规天然气开发的潜在健康及安全问题

活动问题	说明
安全与健康	包括作业/钻井现场的工作人员和周边地区的人口
空气污染	工人和社区接触到水力压裂化学品、二氧化硅、柴油废气和钻井化合物；社区暴露于空气中的有毒物质包括苯、氮氧化物、柴油尾气、臭氧
水污染	现场或场外的水力压裂化学品、返排液和采出水，包括运输和存储、反应物和混合物
光线和噪声污染	在人口密集地区作业/钻井现场有时产生的噪声
社会心理的影响	由于缺乏透明度和信任问题，以及对钻井的熟悉程度而加剧
社区"新兴城市"问题	大量没有在社区扎根的人涌入；暴力、酒后驾车、吸毒、性病

毒理学问题与三种化学剂和物理剂的混合物有关：（1）水力压裂剂；（2）挥发性页岩碳氢化合物；（3）被水力压裂液溶解并带到地面的天然页岩成分（见表 8.2）。虽然人们的注意力主要集中在水力压裂有意添加的化学品上，但这些化学品的毒性比其他两种必须安全捕获或处理的混合物要小，尤其值得关

注的是，这些混合物的组合毒理学，以及地下深层页岩的高温促进了新反应物的潜在形成，这几乎是完全没有研究过的（Goldstein et al.，2014）。

表8.2　非常规天然气开发相关的有毒物质

序号	物　质
1	水力压裂剂
2	页岩中存在烃类和气体：甲烷、乙烷、丙烷、BTEX❶、硫化氢
3	天然成分：卤水成分、钡、溴、钙、氯、铁、镁、锶、砷、放射性核素
4	以上任何一种或全部的混合

注：在高温下化学反应速率增加（页岩层250 ℃，可能也受高压和盐度的影响）。

放射性物质是一个特别令人关注的问题，有时超过常规处理的允许水平（Litvak，2013）。曾有报告指出家庭氡水平与非常规天然气开发之间存在关联（Casey et al.，2015）。工人和/或社区接触可能由于：

（1）在处理返排液和其他钻井相关物质过程中，技术上提高了放射性物质浓度。

（2）在非常规天然气开发过程中氡子体的选择性吸收导致氡水平的错误估计（Nelson et al.，2015）。

（3）根据氡相对较短的半衰期和天然气中氡的存在，有燃气器具的家庭中氡水平较高。可能是由于天然气来源于更接近人口密集的美国东北部，而且在管道中停留的时间越短，放射性衰变的程度就越小（Resnikoff，2012）。在欧洲，当地的天然气可能取代了通过远距离管道获得的天然气。

非常规天然气开发的好处和健康风险发生在不同地区。利用天然气代替煤炭进行能源开发也会不断带来好处，减少了空气中的颗粒物和其他区域空气污染物，并可能减少影响全球健康的温室气体排放（见第3章）。页岩地区的繁荣也可能会带来健康方面的好处。相比之下，健康风险主要发生在工人和居住在钻井和废水处理厂附近的社区居民身上，尽管地下开采过程中释放的碳氢化合物和氮氧化物形成的臭氧可能是一个区域性问题（Kemball-Cook et al.，2010）。

在几乎所有关于非常规天然气开发的潜在不良健康影响的综述中，最一致的发现是缺乏足够的信息来得出结论（Korfmacher et al.，2013；German Advisory Council，2013；Adgate et al.，2014；Shonkoff et al.，2014；Kovates et al.，2014；Cleary，2012；Goldstein et al.，2013；Council of Canadian Academies，2014；New York State Department of Health，2014；Hays et al.，2015；Royal Society and Royal Academy of Engineering，2012；Werner et al.，2015；Small et al.，2014）。例如，欧洲委员会的报告（2014b）指出"对健康影响的评估才刚刚开始，因为这种做

---

❶ 苯，甲苯，乙苯和二甲苯。

法在目前的规模上是新颖的"。甚至支持推进页岩气钻探的英国公共卫生部也指出，"目前信息有限"且"需要更多的研究"。与美国支持非常规天然气开发的理由不同，英国公共卫生当局将密切参与（Harrison 和 Cosford，2014；Goldstein，2012）。这些评论经常引用以对居住在页岩气钻井地点附近的居民调查，这些调查报告的结果影响了许多机构。通常利用邮政调查或其他方法，这可能会使参与调查的机构对那些认为自己的健康受到影响的人产生偏见。尤其是在那些认为自己的健康受到影响的人当中，压力和与压力相关的症状很常见（Subra，2010；Steinzor et al.，2013；Ferrar et al.，2013b）。在其他发现中，一项家庭调查报告称，气井附近居民的上呼吸道和皮肤疾病症状水平更高（Rabinowitz et al.，2015）。据报道，在非常规天然气开发活动频繁地区，心血管疾病住院率较高（Jemielita et al.，2015）。

一些发表的研究或摘要表明，居住在非常规天然气开发井点附近的产妇分娩结果存在差异。科罗拉多州最初发表的研究发现，产妇居住在水力压裂地点附近与出生结果之间存在关联，包括出生体重增加、报告的先天性心脏缺陷增加，以及存在轻微神经管缺陷（McKenzie et al.，2014）。相比之下，Stacy 等人（2015）发现，在宾夕法尼亚州西南部，出生体重显著下降，胎龄较小婴儿的比例有所增加。

另外两项尚未发表在同行评议文献上的研究也报告了新生儿体重下降与页岩气钻井有关。Hill（2013）也注意到新生儿健康的临床衡量指标评分（阿普加新生儿评分）的下降。Currie 等人（2014）在一个多州样本中发现，低出生体重与靠近井位有关。这些研究虽然不是决定性的，但强烈表明，需要对页岩钻井地点附近的出生结果潜在不利影响进行大规模明确界定的研究。

有几项研究讨论了根据超过允许污染物标准或利用基于测量或假设的风险评估的健康风险。Esswein 等人（2013，2014）报告称，使用二氧化硅作为支撑剂的现场工人二氧化硅暴露标准超标，接触废水的工人苯超标（见第 7 章）。McKenzie 等人（2012）在科罗拉多州水力压裂现场处于下风向社区进行测量发现，生活在各种挥发性化学物质附近的人接触的风险更多。他们的结论是，完井期间的亚慢性接触风险最高，亚慢性危害指数为 5，主要是由于接触三甲基苯、二甲苯和脂肪烃。同时也发现，由于苯的影响，累积癌症的风险略有增加。Paulik 等人（2015）报告称，非常规天然气开发附近空气样本中多环芳烃含量增加，其导致癌症的风险超过了美国环境保护署（US EPA）可接受的风险标准。并且还探讨了水污染的风险（Meiners et al.，2012；Rozell 和 Reaven，2012；EPA，2015；Krupnick，2012）（见第 4 章）。

8.2.2 风险评估

健康风险研究最大障碍是缺乏对人类或生态系统风险评估的足够证据。这种风险在数据上的缺乏部分反映了人们的自满情绪，他们认为天然气行业已经安全进行水力压裂超过了 65 年（American Petroleum Institute，2015）。在美国，信息缺失在一定程度上反映了在常规联邦监管要求的法律例外，以及国会和州政府非常规天然气开发的支持者不愿意为此类研究提供资金（Gamper-Rabindran，2014；Goldstein，2014）。

然而，风险数据的缺乏也反映了与一些工业资源相关的挑战，这些工业资源个体规模相对中等，在当地区域内分布多样而广泛，在当地、区域和全球范围内具有不同的影响，已排放到空气、水和土壤中，并且排放时间上有很大的变化。而且最重要的是，由于在不同地点的差异很大，使得从一个地点到下一个地点的统计变得复杂化。表 8.3 列出了不同站点之间差异的各种原因。GIS 测量的井场距离，或多个井场的反向距离，已被用作间接测量风险程度的方法（Hill，2013；McKenzie et al.，2014；Rabinowitz et al.，2015；Stacy et al.，2015）。虽然这种方法提供了有用的信息，但由于环境排放可能发生在场外设施，例如处理液体废物的设施，因此这种方法具有局限性。此外，当所有站点的环境释放量相当时，GIS 方法的效果最好，而不是在当前情况下显示出极端的变化。Allen 等人（2013）对合作区两个相对强烈释放阶段（完成水力压裂过程和间歇"卸载"阶段）的甲烷排放进行的研究发现了明显的点对点变化。他们发现，在整个完井返排过程中，甲烷排放量从 0.01 Mg 到 17 Mg 不等，"卸载"阶段变化更大。由于多年来全球大气中出现甲烷混合，平均甲烷释放量是检测全球气候变化的合适指标（见第 3 章）。然而，为了保护居住在附近的居民，对他们来说，甲烷释放伴随着毒性更大、相对分子质量更高的页岩气成分（如苯），抽样选取的地点数量是站点间预期可变性的函数，而变化情况则根据表 8.3 所列的因素而定。未来资源研究所（Resources for the Future）的一项专家启发性研究进一步证明了非常规天然气开发对经典风险评估的挑战，该研究确定了 264 条常规"风险路径"和 14 条事故路径（Krupnick，2012）。基于这些挑战，有必要开发和使用被认为处于危险中的人类或生态系统的风险生物标记物，这可能包括宠物或农业动物（Bamberger 和 Oswald，2012）。

表 8.3　非常规天然气开发地区环境变化因素

序号	因　素	序号	因　素
1	不同的安全文化	4	不同的水力压裂化学物质
2	不同的地质和其他局部特定的问题	5	不同的页岩气收集和分布技术
3	不同的钻井技术	6	不同的返排处理技术

这些障碍在欧洲可能不是什么大问题，因为政府拥有地下油气权可能会导致在少数地区开展密集的非常规天然气开发开采，就像在英国进行的那样，从而促

进标准的环境监测（见第13章）。

8.2.3 美国和欧洲之间风险认知及其作用差异

公众对非常规天然气开发的看法是影响其接受程度的关键因素。值得注意的是，环保组织需要与净水行业合作，导致欧洲和纽约州明显出现了提前接受页岩气钻探的形势逆转。总的来说，美国在利用非常规天然气开发获得致密页岩气方面比欧洲走得更快。然而，欧洲不同国家之间的差异，以及美国内部不同州之间的差异，超过了欧洲/美国整体的差异（见第13章）。在欧洲和美国，一些国家或州已经禁止了非常规天然气开发，但至少有一个国家正在尝试向前发展。在美国，像科罗拉多州、得克萨斯州和俄克拉何马州这些油气行业长期活跃的州，正在使用非常规天然气开发来开发页岩气藏。相比之下，在美国东北部各州非常规天然气开发还是新事物，人们的反应各不相同。宾夕法尼亚州一直非常积极地支持非常规天然气开发，而纽约州在犹豫不决之后，决定暂时禁止非常规天然气开发。同样，西弗吉尼亚州非常规天然气开发活跃，而马里兰州还没有对此做出决定。

公众对风险的认知和接受所涉及的因素的科学理解是一项重要的研究课题，近几十年来取得了关键进展（Lofstedt，2015；Fischhoff，2013；Wachinger et al.，2013；Renn 和 Benighaus，2013；Rosa et al.，2014）。其中，涉及的主要因素是对举报人的信任程度和公众对风险的熟悉程度（Wachinger et al.，2013；Lofsedt，2005）。在美国社会会明显放大风险（Kasperson et al.，1988），无论在油气钻井更为普遍且非常规天然气开发接受度更高的西部各州（Deloitte，2012），还是在缺乏信任和透明度的地区（Ferrar et al.，2013b；Goldstein，2015）。具体问题包括，页岩气的倡导者使用了一些策略，比如在技术语言中掩盖不利后果，尤其是一再坚称水力压裂从未导致地下水污染。只要水力压裂被狭义地定义为成功地将水力压裂液释放到地下深处，这可能是正确的。然而，对普通大众来说，水力压裂就是非常规天然气开发的全过程。公众的问题是他们的水是否会被水力压裂剂污染，而发生水力压裂的原因是卡车翻车还是套管故障并不重要——尽管知道公众对水力压裂这个术语的理解程度，但这两种行业都没有定义水力压裂（Goldstein，2015；Everley，2013）。此外，反复被告知水力压裂不会造成水污染似乎与媒体报道的社区的水被水力压裂化学品污染的报道不相符（见第4章和第9章）。根据对业内人士的采访，Heikkila 等人（2014）报告称，一些业内人士认识到缺乏透明度是有害的。水力压裂行业的创始人 George P. Mitchell 与他人合著了一篇评论文章，指出该行业"试图掩盖"合法的公众担忧（Bloomberg 和 Mitchell，2012）。

根据公众的认知，非常规天然气的开发对健康的假定空间上的影响一部分反映在房价变化上。宾夕法尼亚州的一项研究发现，页岩气勘探早期阶段存在强烈的负面影响，这与页岩气活动的临近程度和强度有关（Gopalakrishnan 和 Klaiber，2013）。靠近道路的地方对房产价值产生了负面影响，这可能反映了卡车流量大，而对于使用私人水井的房产，可能是出于对水质的担忧。Muehlenbach 等人（2014）也指出这对有水井的房屋价格有负面影响（见第 2 章）。

通过对比欧洲和美国在环境问题上的文献发现，主要集中在以下问题上：欧洲人倾向于预防措施，而美国则依赖于更强大的事后诉讼来惩罚违法者（Wiener，2003；Hammitt et al.，2005；Jasanoff，2005；Renn 和 Elliott，2011）。此外，经常提到的是美国公众对转基因生物等新技术接受度更高。其中一些因素可能至少在一定程度上造成了美国和欧洲在页岩气问题上的分歧。其他影响风险认知的因素可以被看作是美国对非常规天然气开发不同反应的一部分。在美国西部，大多数非常规天然气开发作业在远离人口中心的地方。但在人口更密集的得克萨斯州达拉斯/沃斯堡地区，确实也存在大量的非常规天然气开发钻井。然而，与人口密度大、对油气钻井不熟悉且页岩气储量更接近欧洲大部分地区的美国东北部地区相比，得克萨斯州达拉斯/沃斯堡地区的人更容易接受在油气钻井附近生活（Deloitte，2012）。因此，不信任和缺乏熟悉似乎在美国反对非常规天然气开发过程中发挥了主导作用。

在许多研究中都发现了对页岩气行业不信任的证据。Ferrar 等人（2013b）通过在宾夕法尼亚州对认为他们的健康受到了非常规天然气开发影响的个体访谈中得出，与应激源相比，更可能提出与信任和透明度相关的问题。在后者中，最常被提及的是噪声（45%），然而 79% 的人表示他们被拒绝提供信息或提供虚假信息，超过 50% 的人举报腐败，认为他们的担忧或投诉被忽视，或被利用。

德国国家项目 ENERGY-TRANS（Jovanovic et al.，2014）进行了一项调查，比较了美国和欧洲的情况。该调查和相应的 ENERGY-TRANS 项目论文着眼于公众对新能源技术的认知问题，以水力压裂和非常规天然气开发作为一种有争议的能源技术为例。在德国和许多其他欧洲国家，人们质疑是否应以与美国相同的方式接受非常规天然气开发，以及接受非常规天然气开发可能带来的后果是什么。ENERGY-TRANS 调查的主要目的是探索该地区专业人士和利益相关者对水力压裂的接受程度，并与其他国家的接受程度进行比较，尤其是 Groat 和 Grimshaw 在得克萨斯州进行的调查。此外，该研究还试图探索是否存在接受或拒绝水力压裂的区域集群（见第 13 章）。

受访者主要来自德国，其他欧洲国家和美国的参与度也很高，他们回答了与技术本身、环境和其他风险，以及已经实施和/或需要的法规有关的问题。调查的主要结果表明，水力压裂技术并没有因此被拒绝，但相关的环境和健康风险正在引起关注，这些问题需要全面、透明和可理解的参与性治理和监管。只有这样的规定到位，才能获得公众和社会的广泛接受。

直接对比结果显示（见表 8.4），受访者倾向于获得相对丰富的信息，并寻求平衡的意见，相信像水力压裂这样的问题将受益于更好的监管、执法政策和手段。然而，水资源短缺等具体问题在相对干旱的得克萨斯州则显得更为重要。

表 8.4　美国与欧洲调查对比（Groat et al.，2012；Jovanovic et al.，2014）

统计调查内容	美国	欧洲/德国
参与人数	1500 人	500 人
具有大学学位的参与者	64%	90%
受访者的主要政治倾向	右 41%	左 35%
"一些科学家和环保组织声称水力压裂是危险的，应该被禁止，但该行业坚持认为这是一项安全的技术"	72%	53%
关于基础技术的知识——"钻井深度 304.8~914.4 m"	38%	45%
法规/立法知识——"您认为在德国或美国，石油或天然气运营商在钻井前需要进行环境研究吗？"	77%	76%
优先事项——例如"水资源短缺和清洁饮用水"（另见表 8.5）	86%	28%
你认为州和/或国家官员在要求披露天然气钻探中使用的化学物质方面做得够吗？你认为他们是吗？	没有做他们应该做的 47%	没有做他们应该做的 32%

表 8.5　德国/欧洲的优先次序

选项：关于德国未来应该把能源生产集中在哪里的看法下列哪个陈述最好地表达了你的观点？（多选）	结果/%
资源短缺和清洁饮用水是真正的问题	28
德国应该把重点放在开发需要最少的水和最少的能源污染的新产品上	59
能源供应需求应该推翻对水短缺和污染的担忧	32
德国应该首先发展能源，即使它们可能会污染水或造成水短缺	9

除了前面提到的调查，2013—2014 年对斯图加特大学学生进行了直接在线网站投票，主要问了两个问题：

（1）水力压裂适合德国吗？你认为在德国国家能源政策中，水力压裂法（一种开采天然气的方法）是一种社会可接受的方法吗？

（2）在你家后院开展水力压裂吗？如果提供足够的补偿（如费用补偿、免费天然气供应等），你会接受在你家或工作地点附近（如 1 km 半径内）安装进行水力压裂所需的钻井装置吗？

这两个问题都获得了约 20% 的投票表明他们愿意考虑将水力压裂作为一种

可用方法，即使这意味着"在自己的后院进行水力压裂"。这种混合的看法也反映在诸如消极方面的评论中："参考美国的经验，吸取教训"或"不，我认为重要的是要自由地喝管子里的水"和"对我来说，风险似乎大于潜在的好处"。反应更为平衡的是："我们总会找到燃烧更多天然气的方法，所以寻找更多天然气是毫无意义的。相反，我们应该改变生活方式，减少消费。"实际的一面是："是的，然而，足够的补偿应该是真正足够的，这意味着至少要赔偿我房子的损失加上我周围地区的价值损失。"

尽管上文所述的预防、创新和诉讼等因素可能会在欧盟和美国的分歧中发挥作用，这些分歧跨越了广泛的环境问题领域，在解释对非常规天然气开发反应的相对差异时，还有一个因素可能是最重要的。美国几乎是独一无二的，当然也不同于欧洲国家，因为地面财产的所有者不是国家，除非这些地下权利最初是卖给另一个非政府所有者的，其也拥有油气的地下权利。因此，权利的私人所有者事先知道，如果非常规天然气开发得到政府的允许，就会获得潜在的实质性经济回报。在一项随机数字拨号调查中，可以清楚地看到经济效益的影响。该调查比较了宾夕法尼亚州邻近县非常规天然气开发活动显著差异的 500 多名居民，包括128 个问题中与页岩气相关的 7 个问题。在非常规天然气开发程度高的县，29.9% 的调查人口自己或家庭成员在租用土地进行钻探。在这一群体中，36.7%的人强烈支持页岩钻井，而在同一县的非家庭承租人中，只有18.7% 的人强烈支持页岩钻井。后者与非常规天然气开发程度低的县相似，在非常规天然气开发程度低的县，16.3% 的非承租人强烈表示支持，这表明非常规天然气开发程度高、工业大肆宣传的县受益较大，但对那些没有直接受益的人影响相对较小（Kriesky et al.，2013）。

8.3　前进的道路

根据前文得出的主要结论是，非常规天然气开发对健康潜在的不利影响方面的研究还不够充分。为了最大限度地获得致密页岩气的潜在利益，需要更多的关注以了解公众的看法，并公平、透明地让公众参与决策过程。与欧洲相比，目前美国更接受页岩气钻探的一个主要原因是，美国地下钻探权的私人所有权为私人土地所有者提供了更丰厚的经济利益。

可能还会开展更多的健康和环境研究。产业界和其他非常规天然气开发支持者开始认识到，信息的缺乏对产业界不利。纽约州州长改变了决定，允许在该州部分地区开展非常规天然气开发，此前该州卫生部已进行了审查，做出了"直到科学调查能提供足够的信息来确定对公众健康的风险水平，从大体积的水力压裂到所有的纽约州人民，风险是否能得到充分控制，卫生部建议在纽约不应进行大体积水力压裂"的预防性结论（Kaplan，2014；Zucker，2014）。2013 年，宾夕法尼亚州最高法院决定推翻一项严重偏向工业的州法律的部分内容，其中包括首席大法官的措辞"……数据的缺失也表明，联邦未能履行其受托人的义务，收集并向受益人提供完整而准确的信息"（Robinson Township，2013）。或许巧合的是，2014 年美国石油学会在宾夕法尼亚大学做出决定后，首次发布了页岩气健康研究申请（RFA），尽管该申请随后被搁置。

在欧洲和美国，回应非常规天然气开发环境和健康的一个常见问题是，公共卫生和风险通报策略是否需要适应不同政策行为者的需要。在欧洲，"能源政策"需要在国家和欧盟两个层面上考虑。非常规天然气开发可能成为欧盟和国家战略的重要组成部分，为可能与俄罗斯天然气供应有关的困难建立备用的解决方案，这一点还远远没有得到充分探索。欧洲在非常规天然气开发方面没有真正的国家政策（尽管开展了诸如欧洲非常规油气开采科学技术网络等活动；European Commission，2014b）。欧洲各国的能源政策各不相同，也不必要一致。在美国，非常规天然气开发的发展速度更快，这主要得益于相对丰富的页岩气资源，以及行业倡议和相对自由的政府政策。虽然美国能源部提供了一些研究支持，但几乎没有证据表明国家政策指导是主要力量，而且国家或州政府对潜在的不良健康后果几乎不做调查（Goldstein et al.，2013）。与此相对应的是，公众对能源相关利益的认知导致美国在国家层面上比欧洲更容易接受，但在能源供应危机的情况下，情况可能会突然发生变化。在美国，政策执行也受到非常规天然气开发行业内部分裂和缺乏明确定义的同行结构的阻碍（Nash，2013）。

定义和实施页岩气政策的"风险/安全政策"级别主要是欧盟地区的国家或美国的单个州。因此，交锋发生在国家的层面上。公众对水力压裂剂保密问题的关注是显而易见的。美国已有超过 20 个州通过了要求公司披露水力压裂化学物质的规定（见第 1、第 4 和第 12 章）。欧洲国家的情况与此类似，但就像美国一样，仍需制定相关法规，以规避油气行业以商业机密为理由抵制公开披露这些化学品。尽管最近美国的报告要求有所提高，但大约 70% 的水力压裂混合物中至少含有一种不受披露的成分（EPA，2015）。此外，尽管返排剂的毒性相对较高，但在不宣扬的情况下，业界已经成功地实现了返排剂的保密（Goldstein，2015）。由于"预防原则"的压力，该行业在欧洲的处境更加艰难。

要确保公众接受非常规天然气开发这样的大型项目，就必须让大多数有关人士都持正面态度。然而，即使投入了大量精力来塑造一个积极的形象，大型项目通常也不被人们所接受。如果在确保公众接受的过程中，重点放在有关项目的总体利益和目标上，而不是在个人或关心的人的利益上，则更是如此。要持久接受或至少容忍新项目，所需要的主要因素是那些与自我激励有关的因素（IRGC，2013；Renn 和 Schweizer，2014；Fiske，2010），即理解、控制、自我提升，感知自己的利益或对自己关心人的利益。因此，如果一个人了解非常规天然气开发的需求和价值，了解它的利弊，了解它对环境、健康和社会的风险，他就更有可能接受它。如果确保决策的透明度和相关人员的参与，那么接受度将会提高（International Energy Agency，2012；IRGC，2013；Jovanovic，2015；North et al.，2014）。

如果一个人觉得自己的行为可以影响项目（在某种程度上"控制"它），情况也会是这样：他更有可能主动接受它。在这种情况下，可能会出现一个悖论：一个人有越多的行动选择，他就越相信他的行动可以"算数"，项目发起人必须考虑到这种情况也可能导致无法接受。但是即使这样，也比在权威面前因为"无能为力"的宿命感而产生宽容，或因为恐惧比宽容要好。此外，如果一个人设法清楚地确定并可能记录对直接相关人或他们关心的人或个人认识的相关人的利益，那么接受度会进一步提高。最后，如果相关的人能够通过接受新项目很好地融入社会和文化环境而认同该项目，那么接受度就会提高。这需要社区的参与。

一个全面的接受改进的策略应该针对前面提到的所有四个方面。交流、信息和对话必须明确地解决这些问题，关注主要信息，即这项可能有争议的技术可以丰富当地的环境。这可以被称为水力压裂吗？社区对于技术的理解往往也是一个问题，因为缺乏信任（信息和解释的主要提供者通常是开发公司）。当涉及水力压裂时，人们没有体会到"控制"的感觉。当地的利益往往是有限的（压裂现场的人们并没有从安装中长期稳定地获利，即使是可能的短期利益也常常会带来问题，比如"社区'新兴城市'问题"）。最后，人们更容易认同一个项目，它可以带来已知的技术、持久的投资和20年的就业（传统的天然气开采场地），而不是一个会带来不熟悉的技术、鲜为人知的风险，并在几年内从社区消失（比如水力压裂场地）的项目。

良好的治理和监管有助于克服前面提到的一些困难，但非常规天然气开发通常不是这样，因为它似乎监管更少且更容易受到缺乏政府控制的影响。事实上，非常规天然气开发绝对是一个多方面的能源问题，因此应该沿着几个层面分析。例如，人们可以使用 Porter、Gee 和 Pope（2015）报告中提出的特征（因素、"方面"）。这份报告清楚地表明，美国在"产权""创新""雇用和解雇""资本市场"等因素上的"优势"能很好地解释美国水力压裂热潮的背景（以及美国和欧洲在观念上的一些差异）。此外，同样的因素在经济困难时期也可能维持运营。尽管前面讨论的所有因素都与公众和政府接受非常规天然气开发的意愿有关，但一个主要因素是行业的主动性，而这在很大程度上受到控制天然气和石油的价格和市场的国际因素制约（见第 2 章）。

参 考 文 献

ADGATE J L, GOLDSTEIN B D, MCKENZIE L M, 2014. Critical review：Potential public health hazards, exposures and health effects from unconventional natural gas development [J]. Environ. Sci. Technol., 48 (15): 8307-8320.

ALLEN D T, TORRES V M, THOMAS J, et al., 2013. Measurements of methane emissions at natural gas production sites in the United States [J]. Proc. Natl. Acad. Sci., 110 (44): 17768-17773.

American Petroleum Institute, 2015. API launches new ads promoting America's shale revolution [EB/OL]. http://www. api. org/news-and-media/news/newsitems/2015/jan-2015/api-launches-new-adspromoting-americas-shale-revolution.

BAMBERGER M, OSWALD R E, 2012. Impacts of gas drilling on human and animal health [J]. New Solut., 22: 51-77.

BLOOMBERG M R, MITCHELL G P, 2012. Op Ed: Fracking is too important to foul up [N]. Washington Post.

CASEY J A, OGBURN E L, RASMUSSEN S G, et al., 2015. Predictors of indoor radon concentrations in Pennsylvania, 1989—2013 [J]. Environ. Health Perspect., Advance Publication April 9, 2015. http://dx. doi. org/10. 1289/ehp. 1409014.

CLEARY E, 2012. Chief medical officer of health's recommendations concerning shale gas development in New Brunswick [EB/OL]. Office of the Chief Medical Offer of Health, New Brunswick Department of Health. http://www2. gnb. ca/content/dam/gnb/Departments/h-s/pdf/en/HealthyEnvironments/ Recommendations_ShaleGasDevelopment. pdf.

Council of Canadian Academies, 2014. Environmental impacts of shale gas extraction in Canada: Report of the expert panel on harnessing science and technology to understand the environmental impacts of shale gas extraction, May, 2014, Ottawa, Canada [R/OL]. http://www. scienceadvice. ca/en/assessments/completed/shale-gas. aspx.

CURRIE J, DEUTCH J, GREENSTONE M, et al., 2014. The impact of the fracking boom on infant health: Evidence from detailed location data on wells and infants [C] //American Economic Association Annual Meeting.

Deloitte, 2012. Deloitte survey—Public opinions on shale gas development: Positive perceptions meet understandable wariness [EB/OL]. http://www. deloitte. com/assets/Dcom-UnitedStates/Local%20Assets/Documents/Energy_us_er/us_er_ShaleSurveypaper_0412. PDF or Deloitte, 2012 http://www. ogfj. com/articles/2011/12/deloitte-survey. html.

EASAC-European Academies Science Advisory Committee, 2014. Shale gas extraction: Issues of particular relevance to the European Union [EB/OL]. https://www. google. com/? gws_rd = ssl#q = EASAC + -European + Academies + Science + Advisory + Committee. + Shale + Gas + Extraction: + Issues + of + Particular + Relevance + to + + the + European + Union + October + 2014.

EIA, 2013. Technically recoverable shale oil and shale gas resources: An assessment of 137 shale formations in 41 countries outside the United States [EB/OL]. US Energy Information Agency http://www. eia. gov/analysis/studies/worldshalegas/.

Environmental Protection Agency, 2015. EPA's study of hydraulic fracturing for oil and gas and its potential impact on drinking water resources [EB/OL]. http://www2. epa. gov/hfstudy.

ESSWEIN E J, BREITENSTEIN M, SNAWDER J, et al. , 2013. Occupational exposures to respirable crystalline silica during hydraulic fracturing [J]. J. Occup. Environ. Hyg. , 10 (7): 347-356.

ESSWEIN E J, SNAWDER J, KING B, et al. , 2014. Evaluation of some potential chemical exposure risks during flowback operations in unconventional oil and gas extraction: Preliminary results [J]. J. Occup. Environ. Hyg. , 11 (10): D174-D184.

European Commission, 2014a. Communication from the Commission to the European Parliament, the Council, the European Economic and Social Committee and the Committee of the Regions on the exploration and production of hydrocarbons (such as shale gas) using high volume hydraulic fracturing in the EU [EB/OL]. http://eur-lex. europa. eu/legal-content/EN/TXT/PDF/? uri = CE LEX: 52014DC0023R(01)&from = EN.

European Commission, 2014b. European science and technology network on unconventional hydrocarbon extraction [EB/OL]. https://ec. europa. eu/jrc/uh-network.

EVERLEY S, 2013. How anti-fracking activists deny science: Water contamination [EB/OL]. Energy In Depth. http://energyindepth. org/national/how-anti-fracking-activists-deny-sciencewater-contamination/.

FERRAR K J, MICHANOWICZ D R, CHRISTEN C L, et al. , 2013a. Assessment of effluent contaminants from three facilities discharging Marcellus Shale wastewater to surface waters in Pennsylvania [J]. Environ. Sci. Technol. , 47: 3472-3481.

FERRAR K J, KRIESKY J, CHRISTEN C L, et al. , 2013b. Assessment and longitudinal analysis of health impacts and stressors perceived to result from unconventional shale gas development in the Marcellus Shale region [J]. Int. J. Occup. Environ. Health, 19 (2): 104-112.

FISKE, SUSAN, 2010. Social beings: Core motives in social psychology [M]. 2. Edition John Willey: New York.

FISCHHOFF B, 2013. The sciences of science communication [J]. Proc. Natl. Acad. Sci. USA, 110 (3): 14033-14039.

GAMPER-RABINDRAN S, 2014. Information collection, access and dissemination to support evidencebased shale gas policies [J]. Energy Technol. , 2: 977-987.

German Advisory Council, 2013. Sachverständigenrat für Umweltfragen (SRU): Fracking zur Schiefergasgewinnung—Ein Beitrag zur energie-und umweltpolitischen Bewertung [R]. SRU, Berlin.

GOLDSTEIN B D, 2014. The importance of public health agency independence: Marcellus shale gas drilling in Pennsylvania [J]. Am. J. Public Health, 104: e13-e15.

GOLDSTEIN B D, 2015. Relevance of transparency to sustainability and to Pennsylvania's Marcellus Shale Act 13. In: Dernbach, J. C. , May, J. R. (Eds.), Shale Gas and the Future of Energy: Law and Policy for Sustainability [Z]. Edward Elgar Publishing Limited, Cheltenham.

GOLDSTEIN B D, KRIESKY J, PAVLIAKOVA B, 2012. Missing from the table: role of the environmental public health community in governmental advisory commissions related to Marcellus Shale drilling [J]. Environ. Health Perspect. , 120: 483-486, 2012.

GOLDSTEIN B D, BJERKE E F, KRIESKY J, 2013. The challenges of unconventional shale gas development (UGD): So what's the rush? Symp. Green Technol [J]. Infrastruct, 27: 149-186.

GOLDSTEIN B D, BROOKS B W, COHEN S D, et al. , 2014. The role of toxicological science in meeting the challenges and opportunities of hydraulic fracturing [J]. Toxicol. Sci. , 139 (2): 271-283.

GOPALAKRISHNAN S, KLAIBER H A, 2013. Is the shale boom a bust for nearby residents? Evidence from housing values in Pennsylvania [J]. Am. J. Agric. Econ. , 96 (1): 43-66.

GROAT C G, GRIMSHAW T W, 2012. Fact-based regulation for environmental protection in shale gas development [EB/OL]. The Energy Institute, University of Texas, Austin, Texas, US, Available from: http://barnettprogress. com/media/ei_shale_gas_regulation120215. pdf.

HAMMITT J K, WIENER J B, SWEDLOW B, et al. , 2005. Precautionary regulation in Europe and the United States: A quantitative comparison [J]. Risk Anal. , 25: 1215-1228.

HARRISON J, COSFORD P, 2014. Public Health England's reply to editorial on its draft report on shale gas extraction. Brit. Med. J. 348, g3280 [Z].

HAYS J, FINKEL M L, DEPLEDGE M, et al. , 2015. Considerations for the development of shale gas in the United Kingdom [J]. Sci. Total Environ. , 512-513: 36-42.

Health Effects Institute, 2015. Strategic research agenda on the potential impacts of 21st century oil and gas development in the Appalachian Region and beyond (draft) [EB/OL]. http://www. healtheffects. org/UOGD/UOGD. htm.

HEIKKILA T, PIERCE J, GALLAHER S, et al. , 2014. Understanding a period of policy change: The case of hydraulic fracturing disclosure policy in Colorado [J]. Rev. Policy Res. , 2 (31): 65-85.

HILL E L, 2013. Unconventional natural gas development and infant health: Evidence from Pennsylvania [EB/OL]. Charles Dyson School Applied Economics and Management, Cornell University, Ithaca, NY, http://dyson. cornell. edu/research/researchpdf/wp/2012/Cornell-Dyson-wp1212. pdf.

HORNBACH M J, DESHON H R, ELLSWORTH W L, et al. , 2015. Causal factors for seismicity near Azle, Texas [J]. Nature Commun. , 6: 6728.

HOWARTH R W, INGRAFFEA A, ENGELDER T, 2011. Should fracking stop? [J]. Nature, 477: 271-275.

iNTeg/Risk, 2014. Early recognition, monitoring and integrated management of emerging, new technology related risks [EB/OL]. http://www. integrisk. eu-vri. eu/.

International Energy Agency, 2012. Golden rules for a golden age of gas: World Energy Outlook special report on unconventional gas[R/OL]. IEA Publications, Paris, http://www. worldenergyoutlook. org/media/weowebsite/2012/goldenrules/WEO2012_GoldenRulesReport. pdf.

IRGC-International Risk Governance Council, 2013. Risk governance guidelines for unconventional gas development [EB/OL]. http://www. irgc. org/wp-content/uploads/2013/12/IRGC-Report-Unconventional-Gas-Development-2013. pdf.

JACQUET J B, 2013. Risk to communities from shale gas development [EB/OL]. National research council workshop on risks from shale gas development. Washington DC. http://sites. nationalacademies. org/cs/groups/dbassesite/documents/webpage/dbasse_083234. pdf.

JASANOFF S, 2005. Designs on nature: Science and democracy in Europe and the United States [M]. Princeton, NJ: Princeton University Press.

JEMIELITA T, GERTON G L, NEIDELL M, et al. , 2015. Unconventional gas and oil drilling is associated with increased hospital utilization rates [J]. PLoS ONE, 10 (7): e0131093.

JENNER S, LAMADRID A J, 2013. Shale gas vs. coal: Policy implications from environmental impact comparisons of shale gas, conventional gas and coal on air, water, and land in the United States [J]. Energy Policy, 53: 442-453.

JOVANOVIC A, 2015. Bibliometric analysis of fracking scientific literature [J]. Scientometrics, 105 (2): 1273-1284.

JOVANOVIC A, KLIMEK P, ZAREA M, 2012. Monitoring public perception of risks related to unconventional exploitation of gas, in "Think Piece" for the IRGC workshop on "Risk governance guidelines for unconventional gas development" [R]. International Risk Governance Council.

JOVANOVIC A, PFAU V, HAHN R, 2014. Public perception of new energy technologies: Survey on public acceptance of fracking as energy alternative in Germany Discussion paper (Ausgabe 01/2014) [EB/OL]. http://www. energy-trans. de/;tp://helmholtz. eu-vri. eu.

KAPLAN T, 2014. Citing health risks, cuomo bans fracking in New York State [N/OL]. New York Times December 18, 2014. http://www. nytimes. com/2014/12/18/nyregion/cuomo-to-ban-frackingin-new-york-state-citing-health-risks. html.

KASPERSON R E, RENN O, SLOVIC P, et al. , 1988. The social amplification of risk: A conceptual framework risk analysis [J]. Risk Anal. , 8: 177-182.

KEMBALL-COOK S, BAR-ILAN A, GRANT J, et al. , 2010. Ozone impacts of natural gas development in the Haynesville shale [J]. Environ. Sci. Technol. , 44: 9357-9363.

KORFMACHER K, JONES W A, MALONE S L, et al. , 2013. Public health and high volume hydraulic fracturing [J]. New Solut. , 23: 13-31.

KOVATES S, DEPLEDGE M, HAINES A, et al. , 2014. The health implications of fracking [J]. Lancet, 383 (9919): 757-758.

KRIESKY J, GOLDSTEIN B D, ZELL K, et al. , 2013. Differing opinions about natural gas drilling in two adjacent counties with different levels of drilling activity [J]. Energy Policy, 58: 228-236.

KRUPNICK A, 2012. Risk matrix for shale gas development [EB/OL]. Center for Energy Economics and Policy, Resources for the Future. Washington, DC. http://www. rff. org/centers/energy_economics_and_policy/Pages/Shale-Matrices. aspx.

LI J, JOVANOVIC A, KLIMEK P, et al. , 2014. Bibliographic Analysis and Mapping of Scientific Research Data on Fracking, submitted for publication in journal of Unconventional Oil and Gas Resources.

LITVAK A, 2013. Marcellus shale waste trips more radioactivity alarms than other products left at landfills [N]. Pittsburgh Post-Gazette.

LOFSEDT R, 2005. Risk management in post trust societies [M]. London: Palgrave Macmillan.

LOFSTEDT R, 2015. Effective risk communication and CCS: The road to success in Europe [J]. J. Risk Res., 18 (6): 675-691.

LUTZ B D, LEWIS A N, DOYLE M W, 2013. Generation, transport, and disposal of wastewater associated with Marcellus Shale gas development [J]. Water Resour. Res., 49: 647-656.

MASON K L, RETZER K D, HILL R, et al., 2015. Occupational fatalities during the oil and gas boom—Unisted States, 2003—2013 [J]. Morbidity Mortality Weekly Report, 64 (20): 551-554.

MCKENZIE L M, WITTER R Z, NEWMAN L S, et al., 2012. Human health risk assessment of air emissions from development of unconventional natural gas resources [J]. Sci. Total Environ., 424: 79-87.

MCKENZIE L M, GUO R, WITTER R Z, et al., 2014. Birth outcomes and maternal residential proximity to natural gas development in rural Colorado [J]. Environ. Health Perspect., 122 (4): 412-417.

MEINERS G H, DENNEBORG M, MÜLLER F, 2012. Umweltforschungsplan: Umweltauswirkungen von fracking bei der aufsuchung und gewinnung von erdgas aus unkonventionellen lagerstätten-risikobewertung, handlungsempfehlungen und evaluierung bestehender rechtlicher regelungen und verwaltungsstrukturen [EB/OL]. http://www. bezreg-arnsberg. nrw. de/themen/e/ erdgas_rechtlicher_rahmen/gutachten_uba/gutachten_uba_kurz. pdf.

MUEHLENBACHS L, SPILLER E, TIMMINS C, 2014. The housing market impacts of shale gas development [EB/OL]. National Bureau of Economic Research, Working Paper 19796, January 2014, http://www. nber. org/ papers/w19796.

NASH J, 2013. Assessing the potential for self-regulation in the shale gas industry [EB/OL]. Workshop on Governance of Risks of Shale Gas Development, Washington DC. http://sites. nationalacademies. org/DBASSE/BECS/DBASSE_083520.

NELSON A W, EITRHEIM E S, KNIGHT A W, et al., 2015. Understanding the radioactive ingrowth and decay of naturally occurring radioactive materials in the environment: An analysis of produced fluids from the Marcellus shale [J]. Environ. Health Perspect., 123 (7): 689-696.

New York State Department of Health, 2014. A public review of high volume hydraulic fracturing for shale gas development [EB/OL]. http://www. health. ny. gov/press/reports/docs/high_volume_ hydraulic_fracturing. pdf.

NORTH D W, STERM C P, WEBLER T, et al., 2014. Public and stakeholder participation for managing and reducing the risks of shale gas development [J]. Environ. Sci. Technol., 48 (15): 8388-8396.

PAULIK L B, DONALD C E, SMITH B W, et al., 2015. Impact of natural gas extraction on PAH levels in ambient air [J]. Environ. Sci. Technol., 49 (8): 5203-5210.

Pennsylvania Department of Environmental Protection, 2015. Online spud data report database [R/OL]. http：//www. depreportingservices. state. pa. us/ReportServer/Pages/ReportViewer. aspx? / Oil_Gas/Spud_External_Data.

PORTER M E, GEE D S, POPE G J, 2015. America's Unconventional Energy Opportunity：A win-win plan for the economy, the environment, and a lower-carbon, cleaner energy future [R/OL]. http://www. hbs. edu/competitiveness/Documents/america-unconventionalenergy-opportunity. pdf.

Potential Gas Committee, 2015. 2015 Potential gas committee reports record-high nature gas resource [EB/OL]. http://www. frackcheckwv. net/2015/04/10/2015-potential-gascommittee-reports-record-high-natural-gas-resources/.

RABINOWITZ P M, SLIZOVSKIY I B, LAMERS V, et al. , 2015. Proximity to natural gas wells and reported health status：Results of a household survey in Washington County, Pennsylvania [J]. Environ. Health Perspect. , 123：21-26.

RENN O, BENIGHAUS C, 2013. Perception of technological risk：Insights from research and lessons for risk communication and management [J]. J. Risk Res. , 16 (3/4)：293-313.

RENN, O, ELLIOTT, E D, MCCRIGHT, A M, 2011. Chemicals. In：Wiener, J. B. , Rogers, M. D. , Hammitt, J. K. , Sand, P. H. (Eds.), The Reality of Precaution. Comparing Risk Regulation in the United States and Europe [M]. Earthscan, London：223-256.

RENN O, SCHWEIZER P, 2014. IRGC's stakeholder engagement resource guide [EB/OL]. http://www. irgc. org/risk-governance/stakeholder-engagement-guide/.

RESNIKOFF M, 2012. Radioactivity in Marcellus shale challenge for regulators and water treatment plants [J]. Contemporary Technologies for Shale-Gas Water and Environmental Management：in Water Environment Federation, 45-60.

Robinson Township v. Commonwealth of Pennsylvania, 83 A. 3d 901. (Pa. 2013).

ROSA E A, RENN O, MCCRIGHT A M, 2014. The risk society revisited：Social theory revisited [M]. Philadelphia：Temple University Press.

Royal Society and Royal Academy of Engineering, 2012. Shale gas extraction in the UK：A review of hydraulic fracturing, London [EB/OL]. http://royalsociety. org/uploadedFiles/Royal_Society_Content/policy/projects/shale-gas/2012-06-28-Shale-gas.

ROZELL D J, REAVEN S J, 2012. Water pollution risk associated with natural gas extraction from the Marcellus shale [J]. Risk Anal. , 32 (8)：1382-1393.

SHONKOFF S B, HAYS J, FINKEL M L, 2014. Environmental public health dimensions of shale and tight gas development [J]. Environ. Health Perspect. , 122 (8)：787-795.

SMALL M J, STERN P C, BOMBERG E, et al. , 2014. Risks and risk governance in unconventional shale gas development [J]. Environ. Sci. Technol. , 48：8289-8297.

STACY S L, BRINK L L, LARKIN J C, et al. , 2015. Perinatal outcomes and unconventional natural gas operations in southwest Pennsylvania [J]. PLoS ONE, 10 (6).

STEINZOR N, SUBRA W, SUNI L, 2013. Investigating links between shale gas development and health impacts through a community survey project in Pennsylvania [J]. New Solut. , 23 (1)：55-63.

SUBRA W, 2010. Community health survey results, Pavillion, Wyoming residents [Z/OL]. Earthworks' Oil and Gas Accountability Project. https://www. earthworksaction. org/files/publications/Pavillion-FINALhealthSurvey-201008. pdf.

VIDIC R D, BRANTLEY S L, VANDENBOSSCHE J M, et al. , 2013. Impact of shale gas development on regional water quality [J]. Science, 340 (6134): 1-9.

WACHINGER G, RENN O, BEGG C, et al. , 2013. The risk perception paradox-implications for governance and communication of natural hazards [J]. Risk Anal. , 33 (6): 1049-1065.

WERNER A K, VINK S, WATT K, et al. , 2015. Environmental health impacts of unconventional natural gas development: A review of the current strength of the evidence [J]. Sci. Total Environ. , 505: 1127-1141.

WIENER J B, 2003. Whose precaution after all? A comment on the comparison and evolution of risk regulatory systems [J]. Duke J. Comp. Int. Law, 13: 207-261.

WILLIAMS L, MACNAGHTEN P, DAVIES R, et al. , 2015. Framing 'fracking': Exploring public perceptions of hydraulic fracturing in the United Kingdom [J]. Public Underst. Sci. , 1-17.

WILSON J M, VAN BRIESEN J M, 2012. Oil and gas produced water management and surface drinking water sources in Pennsylvania [J]. Environ. Pract. , 14 (4): 288-300.

ZUCKER H A. 2014. New York department of health: A public review of high volume hydraulic fracturing for shale gas development [EB/OL]. http://www. health. ny. gov/press/reports/docs/high_volume_hydraulic_fracturing. pdf.

9 页岩油气资源运输

Alicia Jaeger Smith，Matthew M. Murphy

美国伊利诺伊州芝加哥，BatesCarey 律师事务所

9.1 页岩油气运输路线和方式

页岩油气资源在全球广泛分布。但是，只有某些国家能够开采这些资源。一旦它们被开采，它们就需要被运去工厂进行提炼和加工，成为可用产品。页岩油气资源主要通过管道、油轮、铁路、驳船和卡车运输。

9.1.1 运输路线

9.1.1.1 页岩气

截至 2013 年中期，页岩气技术可采储量丰富的国家有中国、阿根廷、阿尔及利亚、美国、加拿大、墨西哥、澳大利亚和南非（EIA，2013）（详见第 2 章和第 13 章关于国际市场的进一步讨论）。然而，在这些国家中，仅有美国和加拿大实现了页岩气大规模商业开采（EIA，2013）。

2000 年左右，美国开始在得克萨斯州 Barnett 页岩地区大规模生产页岩气，从那以后起，其他 8 个地区的产量也出现了大幅增长：Marcellus（PA 和 WV）、Bakken（ND）、Haynesville（LA 和 TX）、Eagle Ford（TX）、Fayetteville（AR）、Woodford（OK）、Antrim（MI、IN 和 OH）和 Utica（OH、PA 和 WV）（EIA，2014）。页岩气出口需求主要来自加拿大，墨西哥也越来越多，未来还将出口欧洲和亚洲。

9.1.1.2 页岩油

2013 年中期，掌握页岩油开采技术的国家有俄罗斯、美国、中国、阿根廷、利比亚、澳大利亚、委内瑞拉和墨西哥。自 2013 年以来，美国的页岩油产量已经超过俄罗斯（EIA，2013）。大部分页岩油产自北达科他州、得克萨斯州、俄克拉何马州、新墨西哥州、怀俄明州、科罗拉多州和犹他州。

美国生产的几乎所有石油都必须先运输到炼油厂，然后才能作为产品使用。截至 2012 年，美国大约有 115 家炼油厂，它们被国防地区石油管理局（PADD）

划分为不同的区域（CRS，EIA，2012；Conca，2014）。

9.1.2 运输方式

在过去，美国绝大多数的油气资源是通过管道和油轮运输的，其他运输方式还有驳船、卡车和铁路。事实上，美国交通部分析显示，2012年约90%的原油和石油产品通过管道和油轮运输（CRS，2014）。然而，自2012年以来，铁路公司加大了运输美国页岩油气资源的力度，而且驳船和卡车运输也有明显增加。

9.1.2.1 页岩气

页岩气主要通过利用现有的和新建的州际和州内管道设施在美国境内运输（EIA，2008）。2013年，美国液体管道运营商总里程为192396 mi（309631.35 km），其中原油管道为60911 mi（98026.75 km）。2013年，管道运输了149亿桶原油（83.06亿桶）和石油产品（66.42亿桶），比2012年增长了6.2%（AOPL，API，2014）。

值得注意的是，管道也是将美国开采的天然气出口到墨西哥的主要方式。截至2015年，墨西哥天然气需求自2010年以来大幅增长，预计墨西哥对天然气需求将继续增长，主要用于发电（EIA，2015）（见第2章）。

此外，在大西洋和墨西哥湾的一些地方，页岩气通过油轮运输（EIA，2008），在美国和加拿大也通过铁路和卡车运输。

9.1.2.2 页岩油

页岩油主要利用现有和新建的管道基础设施运输。美国能源公司一直持续在建设新的管道，以适应日益增加的页岩油资源开采量，特别是从巴肯地区到中西部市场中心和美国其他地区（Eggleston，2014）。

而越来越多的页岩油则通过铁路运输（也就是俗称的"铁路原油"）（EIA，2014）。一列由70~120节油罐车组成的火车可以携带5万~9万桶石油，具体取决于原油的类型（CRS，2014）。

铁路运输原油呈指数级增长：据美国铁路协会（AAR）统计数据显示，2008年会员铁路运输约9500车原油，而2013年原油运输量增加至40万车（AAR，2013），美国大约有225308.16 km的私人铁路轨道（货运铁路工程公司和AAR，2012）。

自2012年以来，随着巴肯地区和其他页岩地区产量的增长，铁路运输的原油量持续增长。除巴肯地区的铁路原油装载设施外，新的区域铁路终端也已建成，用于运输Niobrara页岩地区（CO和WY）和Permian盆地（TX和NM）生产的原油（EIA，2014）。虽然在这些地区一些炼油厂正在建设或者在规划中，特别是巴肯，但至少未来一定时间内，大部分已开采的原油将继续从这些地区转移到该国其他地区（特别是东海岸和西海岸）炼厂进行加工。近年来，随着西海岸的炼油厂的增多，尤其是华盛顿州和加利福尼亚州，铁路运输的原油数量随之增加。

虽然一些位于沿海和主要河流附近的炼油厂有铁路卸货码头，但其他炼厂必须通过铁路将原油运输到附近的卸货码头（MO、AR、IL、NY、VA、PA 和 WA）后通过驳船运输。单艘驳船可容纳 1 万~3 万桶原油（CRS，2014）。通常情况下，几艘内河驳船可被绑在一起运送 2 万~9 万桶原油，这与火车的装载量差不多（CRS，2014）。也有铰接式拖船（ATB），在公海上航行的驳船容量为 5 万~18.5 万桶，而新型 ATBs 的容量为 5 万~18.5 万桶（CRS，2014）。

9.2　页岩油气运输相关的问题

近年来，随着页岩气业务的蓬勃发展，这些资源的提炼、销售或运输出现了一些问题和担忧。近年来发生了几起备受瞩目的事故，这些事故引发了人们对油气运输（尤其是管道和铁路运输）环境和安全问题的担忧。此外，为了在美国境内运输更多的油气资源，需要考虑基础设施的完善性、运输保障能力、领土和产权归属等问题。最后，本节还讨论与这些问题和关注点相关的保险问题。

9.2.1　环境及安全问题

如果发生集装箱损毁事故，那么页岩油气的运输将会对环境、人类健康和安全造成潜在的重大危害。当页岩气释放、石油泄漏或燃烧时，空气、土壤和地下水可能受到不同程度的损害，居民财产和生命也可能受到危害和损坏。目前主要关注的焦点还是管道和铁路。

9.2.1.1　管道

关于通过管道运输石油所造成的环境污染问题，发生的几起管道事件已成为美国的关注焦点。本节将详细讨论两个备受瞩目的案例。

A　密歇根州马歇尔（安桥公司管道）

2010 年 7 月 26 日，密歇根州马歇尔附近的 0.762 m（30 in）输油管道破裂，估计泄漏了 100 万加仑重质原油（来自加拿大焦油砂）。泄漏的石油进入塔尔梅奇溪，流入密歇根湖支流卡拉马祖河（EPA，2015）。暴雨导致河流淹没了大坝，并将石油冲到了下游 56.33 km（35 mi）处的卡拉马祖河，进一步加剧了泄漏。2015 年 5 月中旬，安桥公司与密歇根州达成了 7500 万美元的和解协议，包括清理、持续监测、恢复和改善受影响的湿地（Hasemyer，2015）。人们也对该区其他正在运营的较老的安桥公司管道表示担忧（Lachman，2015）。

B　加利福尼亚州雷吉奥（美国平地管道公司）

2015 年 5 月 19 日，加利福尼亚州圣巴巴拉附近的加维奥塔海岸输油管道破裂，导致 10 万加仑原油泄漏（来自海上），其中 2 万加仑原油流入太平洋的雷吉奥海滩。石油泄漏污染了一片生态海岸，致使数十种海洋哺乳动物和海鸟死亡，一个备受欢迎的州立海滩公园，从 7 月 4 日之后一直关闭到阵亡将士纪念日。并导致焦油球冲到遥远的南加州海岸的海滩上（Herdt，2015）。截至 2015 年 7 月初，该管道公司已经在清理和应对工作上花费了至少 1 亿美元。

在雷吉奥漏油事件之后，联邦和州政府官员开始重新审视输油管道的安全问题。他们疑问如何改善石油运输系统基础，虽然"所有机构都承认它比油罐车、火车和卡车运输更安全"，但并非不存在安全问题（Herdt，2015），需要确保管道事故能够被预防和更好地控制。州官员已经对该事件展开了民事和刑事调查，圣巴巴拉的美国国会代表已经写信给联邦管理和预算办公室、美国交通部管道和危险材料安全管理局（PHMSA），要求更新 2011 年国会批准的 17 项管道安全措施的新规则（Herdt，2015）。

关于管道运输原油的安全性，美国石油学会（API）、弗雷泽研究所和曼哈顿政策研究所等管道支持者认为，就人员伤亡而言，管道运输比铁路、卡车和驳船更安全。弗雷泽研究所具体指出，尽管管道可能泄漏，但火车和卡车可能会相撞（伤害个人），驳船可能会沉没（Furchtgott-Roth 和 Green，2013），管道运输的支持者分析了来自 PHMSA 的公开数据，比较了美国通过管道、公路和铁路运输油气的安全性。2005—2009 年期间这些运输方式的事故、伤害和死亡率数据（现有的最新数据）表明，公路和铁路比管道发生严重事故、伤害和死亡的实际比率更高，尽管还有很多公路和铁路事故都没有上报。此外，关于其对 Keystone XL 管道的支持，美国石油学会表示，美国政府出具的环境评估表明，Keystone XL 管道"比其他任何管道都具有一定程度的安全性"（API，2015）。

此外，由于管道泄漏和爆炸事件，人们对天然气管道运输提出了重大的安全疑虑。最引人注目是 2010 年 9 月 9 日发生在加利福尼亚州圣布鲁诺（旧金山国际机场附近）的太平洋天然气和电力（PG&E）天然气管道爆炸事故，造成 8 人死亡，35 座房屋被毁，数十人受伤（Egelko，2014），这一事故引起了人们对美国天然气管道基础设施的使用年限、状况、可行性和维护状况的关注。

9.2.1.2　铁路

有几起铁路事故引起了人们对铁路运输原油的环境和安全问题的关注。最引人注目的事件是 2013 年 7 月发生在魁北克 Lac-Mégantic 的火车脱轨和爆炸事件。另外两起铁路原油运输事故也引起了广泛的舆论关注。诸如此类的事件已经导致了铁路运输被公众媒体诋毁并贴上"炸弹列车"的标签。

A　魁北克 Lac-Mégantic

2013 年 7 月 6 日，一列装载着 72 节原油的无人驾驶货运列车从巴肯页岩地区驶出，在魁北克 Lac-Mégantic 镇中心（靠近缅因州边境）发生了脱轨事故，引发火灾和爆炸，造成 47 人死亡，镇中心大部分建筑被毁（CBC News，2015）。此外，由于石油污染，市中心剩余的大部分建筑都需要拆除。此外，大约 26000 桶石油泄漏到 Chaudière 河（Villenueve，2014）。

　　除了生命和财产损失，Lac-Mégantic 事件还引发了很多因页岩油泄漏所带来的环境影响问题。首先，Lac-Mégantic 消防部门没有意识到需要用灭火泡沫来扑灭石油引起的火灾。如果有相应预案，泄漏的页岩油就不太可能蔓延到 Chaudière 河和其他附近的湖泊、溪流，火可能被扑灭得更快，并减少向环境排放温室气体。脱轨的实际地点也充满页岩油。事发后，政府官员针对是否需要清理挖掘并替换数千立方米受污染的土壤，还是进行区域封锁进行了辩论。同时，将建筑物和居民迁移到尚未开发的新市中心区域。根据 Lac-Mégantic 市议员罗杰·加兰特的说法，在未来十年里，重建小镇的成本可能总计 27 亿美元（Villenueve，2014）。清理被污染的土地、下水道系统和附近水体，将花费至少 2 亿美元，但据联邦官员估计，实际费用可能将是此费用的两倍多（Sharp，2014）。

　　B　亚拉巴马州 Aliceville

　　2013 年 11 月 8 日，一列由杰内西-怀俄明（Genesee & Wyoming）铁路运营的 90 节车厢的货运火车从巴肯页岩地区运输 270 万加仑原油，在亚拉巴马州 Aliceville 的一个 60 ft（18.29 m）长的木制栈桥附近脱轨（Gates，McAllister，2013）。事件发生后，居民立即从该地区撤离，邻近的湿地地区遭到了大面积破坏。4 个月后，美联社报道称，原油继续泄漏到了湿地区域（AP，2014）。环保组织声称，杰内西-怀俄明铁路公司并没有采取足够的补救措施，铁轨修复后就离开了该地区。根据美国环保署和亚拉巴马州环境管理部门的数据，从铁路附近的水源中提取了 10700 加仑石油，工人从受损的车厢中收集了 203000 加仑页岩油，铁路附近进一步清理了约 290 m³ 的石油填充土（AP，2014）。由于温室气体的排放无法测量，环境监管机构仍不清楚页岩油究竟燃烧了多少。

　　C　北达科他州 Casselton

　　2013 年 12 月 30 日，一列西行的 BNSF 货运列车载着谷物在北达科他州 Casselton 西部脱轨。列车脱轨时，列车中间的一节谷物车厢落在了相邻的铁轨上。出轨后不到一分钟，一列载有原油的 BNSF 东行列车撞上了谷物车厢（NTSB，2014a）。106 节燃油列车的车头和 21 节车厢脱轨。虽然没有人员受伤，但碰撞引发了一系列爆炸，这列燃油列车的 18 节车厢被炸裂起火并燃烧了整整一个晚上。在爆炸发生后的最初几个小时里，当局建议居民待在室内以避开烟雾（Shaffer，2014）。当天晚些时候，卡斯县警长办公室敦促 Casselton 8.05 km（5 mi）内的居民撤离，一直到对健康危害进行评估（Inforum，2013）。据事故指挥部表示，2500 名居民中约 65% 的人自愿第二天撤离。根据美国国家运输安全委员会（NTSB）2014 年 1 月 1 日的媒体简报，大部分石油已经燃烧，周围土壤污染相对有限（NTSB，2014b）。

由于这些铁路事故，DOT-111 罐车的安全性受到了质疑，虽然一些新的或改装的 DOT-111 罐车已经投入使用，但目前使用的大多数 DOT-111 罐车都是较老的型号。

此外，美国一些城市已开始公开讨论如何应对原油运输方面的铁路事故。这些城市位于原油运输的常规路线上，包括来自北达科他州巴肯地区的页岩油。例如，芝加哥被认为是美国的铁路枢纽，大部分来自北达科他州的页岩油或加拿大的油砂必须经过芝加哥及其周边郊区才能到达东海岸的炼油厂（Wronski，2014a）。这引发了当地政府和居民的抗议和担忧。

2014 年 5 月 25 日《芝加哥论坛报》的一篇文章指出，其他的担忧是，地区消防部门和急救人员没有足够的消防泡沫或适当的知识、培训或设备来应对铁路原油火灾（Wronski，2014b）。为了增加对第一反应人员的培训和知识，至少有一条铁路线举办了培训研讨会，向第一反应人员传授脱轨情况下的应急策略和技术。芝加哥周边地区的许多城镇都认为，有了互助箱报警系统（MABAS），在发生紧急情况时，会比其他地区更能处理含有危险物的列车脱轨事故。

此外，一些市政当局抱怨称，他们无法获得清单信息，以确定页岩油是否通过现有铁路线经过他们的城镇，这与铁路部门和政府担心公众了解运输信息会导致安全问题相冲突。2014 年年中，美国交通部（US DOT）不顾铁路公司意愿，命令铁路公司向州级交通部披露原油运输路线。铁路公司普遍为公众可以获取页岩油运输路线信息表示了安全顾虑。尽管存在一些安全顾虑，但美国交通部还是下令让各州交通部门了解铁路时间表。美联社随后向各州交通部门提交了《信息自由法》（FOIA）申请，并公布了运输页岩油的火车经过城镇的铁路路线。2015 年 5 月，芝加哥 WGNTV 新闻报道称，铁路行业开始推出一款名为"询问铁路"的新应用程序，可以给第一反应人员提供火车运载货物的相关信息（Jindra，2015）。

9.2.1.3 页岩油的挥发性增加的猜想

一些报告表明，北达科他州巴肯页岩区开采的原油具有更高的挥发性，这引发了人们对页岩油运输的担忧，也引起了对潜在危害和应对事故能力的质疑。人们怀疑页岩油的挥发性增加，原因是最近发生的多起脱轨事故（包括之前讨论过的）引发了火灾。2013 年 11 月 20 日和 2014 年 1 月 2 日，PHMSA 发布了关于巴肯原油性质的安全报告（PHMSA 和 FRA，2013；PHMSA，2014）。关于该地区的石油稳定性和与常规原油对比研究正在进行。

9.2.1.4 铁路与管道安全的争论

虽然 AAR 集团认为通过火车运输页岩油对环境影响有限，但 PHMSA 的数据发现，多数最严重的铁路泄漏事故都是在近年发生的（Doukopil，2015）。美国国务院在 Keystone XL 管道建设申请的报告批复和建议中证实了这一发现，认为如果不建设 Keystone XL 管道，铁路行业将继续以更高的速度运输页岩油，并可能对环境产生更大影响（美国国务院，2014）。国务院得出的结论是，如果不建设 Keystone XL 管道，现有铁路假设从加拿大、北达科他州和东北部运输页岩油，那么每年将泄漏 1227 桶页岩油，是建设 Keystone XL 管道的两倍多。美国国务院（State Department）估计，假设铁路和油罐车联合运输，每年将多泄漏 4633 桶石油。

AAR 表示对国务院的结论不认同（AAR，2014）。AAR 分析了 PHMSA 公布的数据，得出结论称，2002—2012 年间，铁路的所谓"泄漏率"约为每百万吨级原油每英里泄漏 2.2 加仑，但管道的类似泄漏率约为每百万吨级原油每英里泄漏 6.3 加仑。值得注意的是，AAR 的数据并没有考虑到在 PHMSA 公布后的一段很长时间，通过铁路运输巴肯页岩油的频次大幅增加。

截至发稿时，Keystone XL 管道项目尚未通过批准。2015 年 1 月，美国参议院以 62 票赞成、35 票反对通过修建 Keystone XL 管道，但奥巴马总统表示要否决该法案。投票前，参议院多数党领袖米奇·麦康奈尔（共和党肯塔基州）表示："基础建设将为我们的经济营收注入数十亿美元……正如总统自己在国务院表示的那样，它将以最小的环境影响做到这一点。"（Harder，2015）。

9.2.2 对基础设施和能力的关注

从美国和加拿大不同地区运输页岩气和石油资源的需求一直在增加，人们也同时加大了对现有基础设施和处理能力的担忧。这些新供应源可能没有连接旧炼油厂的基础设施，也可能没有处理产量增幅的能力。人们还担心老化的基础设施是否安全可行。

9.2.2.1 管道

数十年来，北美一直使用管道运输原油。Furchtgott-Roth 和 Green（2013）指出，随着加拿大阿尔伯塔"油砂"地区和北达科他州巴肯页岩地区原油供应量的增加，对管道运输能力的需求也在增加。然而，由于对环境、安全、领土和财产权的担忧，能源行业在美国建设 Keystone XL 管道的意愿招致了许多公众对管道的批评。此外，在天然气运输方面，2010 年圣布鲁诺管道事件（之前讨论过）凸显了天然气管道老化所带来的安全问题。

9.2.2.2 铁路

随着美国页岩气和石油资源开采量的增加，现有管道基础设施无法满足需求，铁路被赋予更大的责任和义务来运输石油和页岩气（CRS，2014）。通过铁路运输页岩油对现有铁路网存在一定的好处。然而，运输产能仍然受到轨道车辆的可用性、炼油厂位置、页岩油产量限制等因素的制约。毫无疑问，为了使更多产品可以推向市场，现有产能必须在未来几年内持续增长。主要铁路公司将计划扩建铁路终点站，购买新的油罐车，使用更长更重的列车，并提高罐车铁轨速度。

　　原油运输最突出的问题之一是能否提供足够的油罐车，尤其是符合安全规定的油罐车。在美国，在联邦铁路局发布明确规定之前，人们不愿意制造新的油罐车或改装旧的油罐车。如果铁路没有足够油罐车来满足石油装载和运输需求，可能会造成运力问题。此外，页岩油生产商还面临来自农业生产商（尤其是玉米和大豆）的竞争，因为农产品的运输同样需要罐车。

　　此外，由于铁路原油运输事故，已经出台了降低原油运输列车速度的规定（一般为 80.47 km/h（50 mi/h），在城区为 64.37 km/h（40 mi/h）），这就限制了对现有铁路基础设施的使用。如果为了增加运力而增加铁路车辆，人们也会转而对铁路网络的拥堵开始担忧（Rucker，2014）。

9.2.3　财产和领土权利

　　由于管道容量不足，目前无法运输来自加拿大、北达科他州和美国东北部的页岩油。修建额外的管道充满了很多困难，包括管道建设者要征用的土地的财产权。

　　在 Keystone XL 输油管道案中，三名内布拉斯加州的土地所有者起诉内布拉斯加州州长，理由是在汤普森诉海涅曼案（Thompson v. Heineman）中，州法令第 1161 号违反了宪法（Thompson，2015）。1161 法案是内布拉斯加州的一项法律，允许主要的石油管道运输公司绕过公共服务委员会（一个负责管理公共运输公司的宪法机构）的监管程序，并寻求州长的批准，以行使内布拉斯加州建设管道的土地征用权。

　　2015 年 1 月，内布拉斯加州最高法院认为，虽然大多数法官就第 1161 号法律是否符合宪法存在争议，但内布拉斯加州的法律需要 5 名法官的绝对多数同意才能制定州法律（Thompson，2015）。这一决定将允许在联邦政府许可的情况下，Keystone XL 管道公司可以继续使用土地征用权来获得需要的土地。汤普森案表明，修建数百英里的管道还面临潜在的法律纠纷。

9.2.4　保险注意事项

　　2014 年 8 月 1 日，美国交通部发布了一份关于监管影响的分析草案，其中指出，即使是与火车脱轨相关的页岩油中度泄漏，铁路公司也没有足够的保险覆盖（DOT，2014a）。美国交通部提出了一项规定，要求一级铁路公司承担高达 10 亿美元的保险覆盖范围，或确定其具有经济手段可为大规模泄漏事故买单。美国至少有一家主要的保险公司，曾在铁路事故中产生超过 15 亿美元的成本。此后，美国国际集团（AIG）推出一项价值 10 亿美元的事故保险。该保险将涵盖脱轨或类似 Lac-Mégantic 事件中的第三方财产损失和人身伤害。美国国际集团的意外险业务负责人拉斯·约翰斯顿（Russ Johnston）表示，这是向北美一级铁路运营商提供的最大保单之一，预计其他保险公司也将开拓这一市场。

在加拿大，加拿大运输部（TC）于 2015 年 6 月 18 日宣布，通过《安全与问责铁路法案》，提高了保险要求，该法案修订了加拿大运输法案，以加强联邦监管铁路的责任和赔偿制度，并于 2016 年 6 月生效（TC，2015）。值得注意的是，加拿大政府目的是使这些更新后的铁路法规与其他运输部门（包括海上油轮和石油管道）更新后的责任及赔偿制度保持一致（TC，2015）。

9.3　规　　定

在发生涉及页岩气和石油资源运输的事故后，美国和加拿大的监管机构已经制定了保障安全方面的法规，特别是关于使用管道和铁路运输油气资源的法规。此外，监管机构还要求对页岩气和页岩油产品运输增加一定的标识。本节将详细讨论这些规定。

9.3.1　管道

9.3.1.1　PHMSA

PHMSA 是美国交通部的一个机构，负责制定和执行与美国管道运输相关的法律法规（针对州际管道和州内管道，当安全标准和操作不受州机构或市政当局监管时）(49 U.S.C. § 60104(c) 和 49 U.S.C. § 60105)。PHMSA 的监管权力来源于与管道安全相关的众多法规，从 1968 年的《天然气管道安全法》到 2011 年的《管道安全、监管确定性和创造就业法案》(简称《管道安全法》)。《管道安全法》的通过部分是为了应对发生在加利福尼亚州 San Bruno、宾夕法尼亚州 Allentown 和密歇根州 Marshall 的管道灾难。《管道安全法》及其前身法规授权交通部（反过来将其权力委托给 PHMSA）建立天然气运输和管道设施的最低联邦安全标准 (49 U.S.C. § 60102(a)(1))。

由于之前提到的管道故障，以及页岩气产量的快速增长，《管道安全法》要求 PHMSA 对安全措施的评估更加严格，特别是 PHMSA 对危险液体管道的完整性管理规定。加州难民管道泄漏事件及密歇根州的安桥泄漏事件发生后，据《文图拉县星报》(Herdt，2015) 报道称，美国众议院在两党投票中通过了一项拨款措施，将指定 PHMSA 的一部分预算，用于完成自动关闭和泄漏检测标准的制定。

截至撰写本节时，PHMSA 发布了一项最终法规，以回应 2011 年的立法，并重新授权 2015 年 9 月制定的管道安全法。根据 2013 年 10 月生效的 78-FR 58897，PHMSA 修订了管道安全法规，更新了违反安全标准的行政民事处罚最高限额，以及管道执行事项的非正式听证会和裁决程序，并对某些行政程序进行了其他的技术修正和更新。修正案并未对管道所有者或运营商施加任何新的操作、维护或其他实质性要求。在 2015 年 7 月初，PHMSA 制定了一项规则提案，其中包括要求管道运营商在发现泄漏后一小时内报告，以帮助减轻损害（Graber，2015）。国会可能会通过一项现行形式的"清理"法案，但更有可能对法规进行新的实质性修订，以避免再发生类似的事故（Hunton & Williams LLP，2015）。

9.3.1.2 其他联邦机构

虽然 PHMSA 的重点是安全和完整性管理，但许多联邦机构参与了管道监管计划。例如，运输安全管理局负责协调包括管道在内的所有运输相关作业的安全。更重要的是联邦能源管理委员会（FERC）——一个在能源部运作的独立机构，负责能源供应、炼油厂运营和天然气管道管理。FERC 和 DOT（也就是PHMSA）在 1993 年签订了一份谅解备忘录，其中 FERC 承认 DOT 是颁布天然气运输设施联邦安全标准的独家权力机构（DOT 和 FERC，1993）。在同一备忘录中，DOT 承认根据天然气法案 FERC 可以对州际天然气传输设施行使相关权力，并可以实施相关法规来缓解建设或运营对环境产生的影响（有关监管的进一步讨论见第 12 章）。备忘录要求 DOT 及时通知联邦运输委员会相关的安全活动、重大事故和执法行动。反过来，FERC 必须及时通知 DOT 有关天然气设施、计划中的管道建设及 FERC 环境评估中提出的安全问题。

9.3.1.3 国家规定

如前文所述，当安全标准和操作由州机构或市政当局监管时，PHMSA 的监管机构在技术上不适用于州内管道设施和州内天然气运输（49 U. S. C. §60105）。然而，州机构必须向 PHMSA 提交年度认证，以行使对州内管道的监管权。要获得认证，一个州必须采用最低的联邦法规，并可以采用额外的或更严格的规则，只要它们不与 PHMSA 的规则制定冲突。各州还被要求制定与《管道安全法》和其他联邦管道法规授权的执法制裁措施相当的执法制裁措施。大多数州的管道安全项目是由公共事业委员会管理的。

9.3.2 铁路

9.3.2.1 联邦法规

联邦政府对通过铁路运输油气资源，有着重要且日益增长的监管措施。除了管道监管外，PHMSA 还负责监管通过铁路运输危险物质（包括油气）。除了PHMSA，美国交通部的另一个机构联邦铁路管理局（FRA）也负责监督美国的铁路油气运输。除了交通部，运输安全管理局（Transportation Security Administration）和 NTSB 也参与了铁路油气运输的监管。虽然 NTSB 没有法定的监管机构，但其建议经常得到监管机构的同意和采纳。

由于原油产量的增加和备受瞩目的铁路事故，联邦机构已经考虑对铁路运输原油采取更严格的规定。2014 年 2 月，美国交通部发布了一项紧急命令，要求北达科他州巴肯地区的所有发货人在铁路运输之前测试产品，以确保原油的正确分类，同时禁止以最低强度的包装来运输原油（DOT，2014b）。PHMSA 和联邦铁路管理局提出了其他与原油运输有关的新规则，并征求了意见，但迄今为止，很少有提议可以真正付诸实施。

2015 年 5 月 1 日，美国交通部宣布了等待已久的通过铁路安全运输易燃液体的最终规定，该规定由 PHMSA 和联邦铁路管理局与加拿大交通部（TC）共同制定（DOT，2015）。最终的规定对所有"高危险易燃列车（HHFT）"都提出了明确的定义：由 20 节或 20 节以上装载 3 类易燃液体的罐车组成的连续列车，或由 35 节或 35 节以上装载 3 类易燃液体的罐车组成的整列列车。该规定还将"高危易燃单元列车（HHFUT）"定义为由 70 节或更多装载有 3 类易燃液体的罐车组成的列车，车速不超过 48.28 km/h（30 mi/h）。最终规则监管实施的变更如下：

（1）油罐车设计：

1）2015 年 10 月 1 日后建造的新油罐车必须满足 DOT 规范 117 的增强设计或性能标准。

2）现有罐车必须按照 DOT 规定的改装设计或者性能标准进行改装。

3）改造必须根据规定的改造时间表完成，如果没有达到最初的规划，就会触发改造报告要求。受这些新要求影响的实体包括罐车制造商、罐车所有者、托运人/供应商和铁路承运人。在未来 20 年里，对现有油罐车进行改造或退役的费用预计将高达 17.47 亿美元，而基于这些需求的新油罐车建造预计将在未来 20 年花费 3480 万美元。

（2）对未精炼的石油产品进行更准确的分类。对所有未精炼石油产品（如原油）制定并实施新的采样和检测程序指令；证明程序的实施，记录测试和抽样程序的结果；并根据交通部人员的要求提供相关信息。这些要求将影响到未精炼石油产品的托运人/供应商，预计在 20 年内将花费 1890 万美元。

（3）增强的制动系统要素：

1）要求 HHFT 具备一个有效的列车末端双向装置或分布式动力制动系统。

2）要求符合 HHFUT 定义的列车在运输装载第 I 类易燃液体的一节或多节罐车时，在 2021 年 1 月 1 日前安装电控气动制动系统。

3）要求在 2023 年 5 月 1 日前，满足 HHFUT 定义的列车在运输装载 II 类或 III 类易燃液体的一节或多节罐车时，必须配备电控气动制动系统。这些需求将影响铁路运输，预计 20 年内将耗资 4.92 亿美元。

（4）铁路路线：

1）风险评估。包括路线分析性能，至少考虑 27 个安全因素，并根据其评估结果来选择路线（如 49 CFR § 172.820 规定）。

2）通知。确保铁路公司通知州或地区中心，铁路公司可以获取州、地方和部落官员（相关管理人员）的基础联系信息，以便铁路公司可以及时获取通过其辖区的路线信息。这些需求将影响铁路运输和应急人员，预计 20 年内将耗资 880 万美元。

（5）降低运营速度：

1）各领域限制所有 HHFTs 速度为 80.47 km/h（50 mi/h）；

2）任何 HHFTs 罐车不符合这个规则操作所需的增强罐车标准，在高危城市执行 64.37 km/h（40 mi/h）的速度限制。这些需求将影响铁路运输，预计 20 年内将耗资 1.8 亿美元。

总的来说，这些监管要求预计将使该行业损失近 25 亿美元。相比之下，交通部的分析显示，根据历史安全记录预计的损失将超过 41 亿美元（未贴现），如果没有该规则，在 20 年期间，相关事故带来的损失可能达到 126 亿美元（未贴现）（DOT，2015）。

9.3.2.2　州法规

除了之前讨论过的大量联邦法规，州议员也积极采取（或试图采取）与原油铁路运输有关的新法规。根据联邦铁路监管方案，第六巡回法院的泰瑞尔案（Tyrrell et al.，2001）认为，联邦铁路局（和交通部）是国家铁路安全政策的主要权力机构。2000 年，在密歇根州东部地区，如果交通部没有监管，或只有州法规，又不对国家安全产生影响，只要该法规不与联邦法律冲突，也对州际商业没有过度负担，那么与铁路安全相关的州法规是被允许的。

2014 年 12 月，北达科他州工业委员会（命令 No.25417）采用了条件调节标准，以提高巴肯原油运输的安全性（North Dakota Industrial Commission，2014）。虽然没有直接解决铁路运输问题，但该法规显著影响了巴肯原油的铁路运输。该命令要求运营商将巴肯原油的蒸气压调整到不超过 94.46 kPa（13.7 psi）（国家标准为 101.35 kPa（14.7 psi）），并对不遵守规定的生产商处以 1.25 万美元的罚款。

Oju 和 Hartman（2014）报告称，加利福尼亚州、缅因州、明尼苏达州、俄勒冈州和宾夕法尼亚州的立法机构已经提出了用于解决油气运输相关安全问题的法律议案。这些议案中的规定大多与石油泄漏应急处置有关，以及关于油气材料运输影响的健康和安全研究，为应急准备提供资金、人员和培训，提高油罐车的安全标准，开展铁路综合检查等。

9.3.2.3 加拿大

自 2013 年 7 月以来，继 Quebec 和 Lac-Mégantic 火车脱轨事件后（TC，2015），实施了许多安全措施。已执行下列指示和规则：要求对无人值守的机车加以保护，并确定机车的数目和操作载运危险货物机车所需的机组人员；要求任何进口或提供运输原油的人在装运前对其原油进行重新测试或分类，并在此期间以最高包装级别装运，直到测试完成；要求铁路公司与市政当局共享信息，以支持应急计划人员和应急人员；要求铁路公司立即实施关键操作措施，包括降低运输危险货物列车的速度；确保经常和深入地进行安全管理系统（SMS）审核，并进行适当的跟进，并将 SMS 审核周期修改为 3~5 年，并将招募额外的专业审核员，就进行审核和有效的 SMS 的要素向检查员提供指导；更新行政罚款条例；建立最低限度的应用标准和具体的测试要求，以及无人值守列车的额外物理防御；要求铁路公司制定并加强列车安全规定；要求一些铁路（包括短线）将培训计划提交技术委员会审核；根据操作人员的资格标准对短线进行审核，以确定具体的培训差距和其他问题；要求铁路公司持有效的铁路运营证才能在加拿大的联邦监管铁路上运营；作为项目研究内容，通过对不同地区各种原油进行取样、测试和分析，来评估加拿大运输的原油的性质、行为和危害；要求 I 类和 II 类铁路承运人向 TC 报告指标数据；为联邦监管建立新的安全标准。

2015 年 2 月 20 日，加拿大交通部提出了《铁路安全与问责法》（2015 年 6 月 19 日生效），该法案将提高铁路安全，并使铁路行业和原油运输者对加拿大本地居民更负责（Parliament of Canada，2015）。2015 年 5 月 1 日，如前所述，TC 宣布了 TC-117 罐车标准，这是下一代更强、更安全的轨道罐车（与美国有关罐车设计要求的公告一起）。此外，如前所述，2015 年 6 月通过了提高保险和赔偿要求的法案。

9.3.3 影响额外运输方式的条例

虽然油气运输的监管重点是管道和铁路，但 PHMSA 的权力也可延伸到涉及危险品的空运和海运。尽管拥有这一权力，但对油气运输的空运或海运监管却很少，可能是因为使用这两种方式的运输效率较低。

美国一些州已经采取行动，旨在规范通过公路运输油气。纽约市政府要求运输危险材料的卡车必须按照道路使用协议，按照指定路线行驶。特别是斯托本县要求能源公司支付 25 万美元的债券，或者支付升级道路的费用，并支付 1.5 万美元的债券；宾夕法尼亚州也采取了类似的规定，允许对能源公司征收"影响费"，其中一部分用于修复当地的道路和桥梁（Merrill 和 Schizer，2013）。

9.3.4 标签的要求

在美国，铁路承运人被要求使用适当的标签，以反映他们所运输的原油类型

（例如，来自巴肯地区的原油）。在 Lac-Mégantic 事件和其他铁路运输原油事件发生后，美国政府制定了"操作分类"，利用 PHMSA 和联邦铁路局进行随机检查，并对不遵守规定的承运人处以罚款。官员们强调，对原油类型进行适当的标识有助于对泄漏事件进行适当的应急响应（PHMSA，2014；Mouawad，2014）。

9.4 结　　论

页岩气和石油资源的运输，在过去的十年中已经在北美和全球其他地区得到了广泛的应用，近年来一直是人们关注的焦点，一方面是因为对页岩气和石油资源运输需求的增加，另一方面是因为页岩和非页岩油气资源运输事故引起了人们对安全性和环境问题的高度关注。行业和政府正在回应人们对相关能力和基础设施的关切，而公众和市政府及联邦政府（主要在美国和加拿大）正试图通过制定相关行业法规来解决人们对人类健康和安全及环境的担忧问题。未来，油气行业将面临巨大的物流和财务挑战，以满足产能需求和实施监管的要求，特别是随着监管能力的提高，以进一步解决公众和行业对页岩气和石油资源运输的持续担忧。

致谢

感谢 Scott L. Carey（合伙人）提供的铁路行业知识和经验，以及 BatesCarey 律师事务所的 Krista C. Sorvino（特别律师）、I. Jordan Lowe（助理律师）和 Salli A. Ball（律师助理）提供的研究和写作帮助。

参 考 文 献

49 U. S. C. § 60102(a).(1).

49 U. S. C. § 60104(c).

49 U. S. C. § 60105.

American Petroleum Institute, 2015. Keystone XL Pipeline [EB/OL]. Washington, DC. http://www. api. org/policy-and-issues/policy-items/keystone-xl/keystone-xl-pipeline.

Association of American Railroads, 2012. 140000 mile private rail network delivers for America's economy [EB/OL]. AAR, Washington, DC. http://archive. freightrailworks. org/wp-content/uploads/FRW_Nine_Privat_Rail_Networks8. pdf.

Association of American Railroads, 2013. Moving crude oil by rail [EB/OL]. AAR, Washington, DC. http://dot111. info/wp-content/uploads/2014/01/Crude-oil-by-rail. pdf.

Association of American Railroads, 2014. Statement from AAR on state department environmental impact statement on the Keystone XL Pipeline [EB/OL]. https://www. aar. org/newsandevents/Press-Releases/Pages/Statement-from-AAR-on-State-Department-Environmental-Impact-Statement-on-the-Keystone-XL-Pipeline. aspx.

Association of Oil Pipelines （"AOPL"） and American Petroleum Institute （"API"）, 2014. U. S. liquids pipeline usage & mileage report ［EB/OL］. Washington, DC. http://www. aopl. org/wp-content/uploads/2014/10/U. S. -Liquids-Pipeline-Usage-Mileage-Report-Oct-2014-s. pdf.

Canadian Association of Petroleum Producers （"CAPP"）, 2015. Canadian and U. S. crude oil pipelines and refineries ［EB/OL］. CAPP, Calgary, Alberta, Canada. http://www. capp. ca/! / media/images/customerportal/page-images/publications-and-statistics/crude-oil-forecastjune-2015/crude-oil-pipeline-and-refinery-map. jpg.

CBC News, 2015. Lac-Megantic: Charges laid for brake failure in train disaster ［EB/OL］. CBC News Montreal. Available from: http://www. cbc. ca/news/canada/montreal/lac-m% C3% A9gantic-charges-laidfor-brake-failure-in-train-disaster-1. 3122732.

CONCA J, 2014. Pick your poison for crude-Pipeline, Rail, Truck or Boat ［J/OL］. Forbes Magazine. http://www. forbes. com/sites/jamesconca/2014/04/26/pick-your-poison-forcrude-pipeline-rail-truck-or-boat/.

Congressional Research Service, 2014. U. S. rail transportation of crude oil: Background and issues for congress ［EB/OL］. Washington, DC. Available from: https://fas. org/sgp/crs/misc/R43390. pdf.

Congressional Research Service, Energy Information Administration, 2012. U. S. refinery capacity by Petroleum Administration for Defense Districts （"PADD"） ［R］. Washington, DC.

CSX Transp. , Inc. v. City of Plymouth, 92 F. Supp. 2d 643, 649. (E. D. Mich. 2000).

Department of Transportation and Federal Energy Regulatory Commission, 1993. 1993 Memorandum of understanding between the department of transportation and the federal energy regulatory commission regarding natural gas transportation facilities ［EB/OL］. http://www. phmsa. dot. gov/staticfiles/PHMSA/DownloadableFiles/1993_DOT_FERC. pdf.

DOUKOPIL T, 2015. Oil train spills hit record level in 2014 ［EB/OL］. NBC News. http://www. nbcnews. com/news/investigations/oil-train-spills-hit-record-level-2014-n293186.

EGELKO B, 2014. PG&E pleads not guilty in san bruno blast case ［EB/OL］. San Francisco Chronicle. http://www. sfgate. com/crime/article/PG-amp-E-pleads-not-guilty-in-San-Brunoblast-case-5695990. php.

EGGLESTON K,2014. Two new bakken crude oil pipelines online by 2016［EB/OL］. Bakken Shale. 30 October. http://bakkenshale. com/pipeline-midstream-news/two-new-bakkencrude-oil-pipelines-online-by-2016/.

Energy Information Administration,2008. U. S. Natural gas supply basins relative to major natural gas pipeline transportation corridors［EB/OL］. U. S. Department of Energy,Washington,DC. http://www. eia. gov/pub/oil_gas/natural_gas/analysis_publications/ngpipeline/TransportationCorridors. html.

Energy Information Administration, 2009. U. S. natural gas pipeline network, 2009 ［EB/OL］. U. S. Department of Energy, Washington, DC. http://www. eia. gov/pub/oil_gas/natural_gas/analysis_publications/ngpipeline/ngpipelines_map. html.

Energy Information Administration, 2013. Technically recoverable shale oil and gas resources: An assessment of 137 shale formation in 41 countries outside the United States［EB/OL］. U. S.

Department of Energy, Washington, DC. http://www. eia. gov/analysis/studies/worldshalegas/.

Energy Information Administration, 2014. Annual Energy Outlook 2014 ("AEO2014") [EB/OL]. U. S. Department of Energy, Washington, DC. http://www. eia. gov/forecasts/aeo/pdf/0383%282014%29. pdf.

Energy Information Administration, 2015. Shale in the United States [EB/OL]. U. S. Department of Energy, Washington, DC. http://www. eia. gov/energy_in_brief/article/shale_in_the_united_states. cfm.

FURCHTGOTT-ROTH D, GREEN K, 2013. Intermodal safety in the transport of oil [EB/OL]. Fraser Institute. http://www. fraserinstitute. org/uploadedFiles/fraser-ca/Content/research-news/research/publications/intermodal-safety-in-the-transport-of-oil. pdf.

GATES V, MCALLISTER E, 2013. Crude oil tank cars ablaze after train derails in Alabama [EB/OL]. Reuters. http://www. reuters. com/article/2013/11/09/us-crude-train-explosion-idUSBRE9A70Q920131109.

GRAEBER T, 2015. U. S. Proposes Tighter Pipeline Spill Rules[EB/OL]. UPI. http://www. upi. com/Business_News/Energy-Resources/2015/07/02/US-proposes-tighter-pipeline-spillrules/3981435839304/.

HARDER A, 2015. Override of Obama's Keystone Veto fails in senate [N/OL]. The Wall Street Journal. http://www. wsj. com/articles/override-of-obamas-keystone-veto-fails-in-senate-1425498369.

HASEMYER D, 2015. Michigan's $75 million settlement with Enbridge draws praise, questions [EB/OL]. Inside Climate News. http://insideclimatenews. org/news/13052015/michigan-75-million-settlement-enbridge-kalamazoo-spill-questions.

HEINEMAN T V, Governor of the State of Nebraska, Case No. S-14-158 (Opinion filed January 9, 2015).

HERDT T, 2015. Officials push for pipeline-safety reforms in wake of Refugio spill [EB/OL]. Ventura County Star. http://www. vcstar. com/news/state/officials-push-for-pipelinesafetyreforms-in-wake-of-refugio-spill_10981143.

Hunton & Williams LLP, 2015. PHMSA comes under scrutiny as pipeline safety act reauthorization draws near [EB/OL]. Pipelinelaw. com. http://www. pipelinelaw. com/2015/07/13/phmsa-comes-scrutiny-pipeline-safety-act-reauthorization-draws-near/.

Inforum, 2013. Release from Cass County Sheriff's Office Regarding Casselton Evacuation [EB/OL]. Inforum. com. http://www. inforum. com/content/release-cass-county-sheriffs-officeregarding-casselton-evacuation.

JINDRA S, 2015. The dangers of crude oil trains and the new rules to help [EB/OL]. WGN-TV News. http://wgntv. com/2015/05/04/the-dangers-of-crude-oil-trains-and-the-new-rules-to-help/.

LACHMAN S, 2015. This aging oil pipeline is in Great Lakes' "Worst Possible Place" for a spill [N/OL]. Huffington Post. http://www. huffingtonpost. com/2015/05/22/michiganenbridge-pipeline_n_7308734. html.

MERRILL T, SCHIZER D, 2013. The shale oil and gas revolution, hydraulic fracturing, and water contamination: A Regulatory Strategy [J]. Minn. L. Rev. 145, 264 (2013).

MOUAWAD J, 2014. 3 Companies fined for mislabeling crude in rail transit [N/OL]. New

York Times, NY. http://www. nytimes. com/2014/02/05/business/energy-nvironment/3-companies-fined-for-mislabeling-crude-oil-in-rail-transit. html? _r = 0.

North Dakota Industrial Commission, 2014. Order No. 25417. Bismarck, ND [EB/OL]. https://www. dmr. nd. gov/oilgas/Approved-or25417. pdf.

NTSB, 2014a. Member Robert Sumwalt's last on scene briefing on BNSF train accident in Casselton, N. D [EB/OL]. https://www. youtube. com/watch?v = _ fYz9piUbyQ&feature = youtu. be.

NTSB, 2014b. Preliminary report, railroad, DCA14MR004. NTSB. gov [EB/OL]. http:// www. ntsb. gov/investigations/AccidentReports/Reports/Casselton_ND_Preliminary. pdf.

OJU S, HARTMAN K, 2014. Transporting crude oil by rail: State and Federal action [EB/OL]. National Conference of State Legislatures. http://www. ncsl. org/research/energy/transporting-crude-oil-by-rail-state-and-federal-action. aspx.

Parliament of Canada, 2015. Statutes of Canada, Chapter 31 (Bill C-52) [Z/OL]. http:// www. parl. gc. ca/HousePublications/Publication. aspx?Language = E&Mode = 1&DocId = 8057194.

Pipeline and Hazardous Materials Safety Administration ("PHMSA"). PHMSA's ongoing Bakken investigation shows crude oil lacking proper testing, classification [EB/OL]. PHMSA, Washington, DC. http: //phmsa. dot. gov/pv_obj_cache/pv_obj_id_2D0F19D854 76377CC34AE11384620E21F26E0000/filename/PHMSA%2001-14. pdf.

Pipeline and Hazardous Materials Safety Administration and Federal Railroad Administration, 2013. Safety and security plans for class 3 hazardous materials transported by rail [EB/OL]. Federal Register (Doc. 2013-27785), Washington, DC. https://www. federalregister. gov/articles/2013/ 11/20/2013-27785/safety-and-security-plans-for-class-3-hazardous-materialstransported-by-rail.

RUCKER P,2014. Oil-by-rail traffic hurts farmers,travelers, U. S. Officials told[EB/OL]. Reuters. com. http://in. reuters. com/article/2014/04/10/usa-railway-congestionidINL2N0N21SP20140410.

SHAFFER D, CASSELTON N D, 2014. Residents flee town after oil train explosion [N/OL]. Star Tribune. http://www. startribune. com/dec-31-casselton-residents-flee-after-oil-rainexplosion/238207831/.

SHARP D, 2014. New railroad owner rebuilding after Lac-Mégantic disaster [N/OL]. Portland Press Herald. http://www. pressherald. com/2014/12/12/new-railroad-owner-rebuilding-afterquebec-disaster/.

State of Nebraska, 2012. Legislative Bill 1161, 2012 [Z/OL]. http://nebraskalegislature. gov/Floor-Docs/102/PDF/Slip/LB1161. pdf.

The Associated Press, 2014. Oil mars west Alabama swamp months after train crash near aliceville [EB/OL]. AL. com. http://blog. al. com/wire/2014/03/oil_mars_west_alabama_swamp_mo. html.

The United States Department of State Bureau of Oceans and International Environmental and Scientific Affairs, 2014. Final supplemental environmental impact statement for the Keystone XL project: Executive summary applicant for presidential permit: TransCanada Keystone Pipeline, LP, Washington, DC [EB/OL]. http://keystonepipeline-xl. state. gov/documents/organization/221135. pdf.

Transport Canada (TC), 2015. Measures to enhance railway safety and the transportation of dangerous goods [EB/OL]. http://www. tc. gc. ca/eng/mediaroom/infosheets-menu-7564. html.

Tyrrell v. Norfolk S. Ry. Co. , 248 F. 3d 517, 523 (6th Cir. 2001).

U. S. Environmental Protection Agency, 2015. EPA's response to the enbridge oil spill [EB/OL]. Washington, DC. http://www. epa. gov/enbridgespill/.

U. S. Department of State, Bureau of Oceans and International Environmental and Scientific Affairs (U. S. DOS), 2014. Final supplemental environmental impact statement for the Keystone XL pipeline project [EB/OL]. U. S. DOS, Washington, DC. http://keystonepipeline-xl. state. gov/documents/organization/221135. pdf.

U. S. Department of Transportation (U. S. DOT), 2014a. Hazardous materials: Enhanced tank car standards and operational controls for high-hazard flammable trains [EB/OL]. https://www. federalregister. gov/articles/2014/08/01/2014-17764/hazardous-materials-enhanced-ankcar-standards-and-operational-controls-for-high-hazard-flammable.

U. S. Department of Transportation (U. S. DOT), 2014b. Amended and restated emergency restriction/prohibition order [EB/OL]. U. S. DOT (Docket No. DOT-OST-2014-0025), Washington, DC. http://www. transportation. gov/sites/dot. gov/files/docs/Amended% 20Emergency% 20Order%20030614. pdf.

U. S. Department of Transportation (U. S. DOT), 2015. Hazardous materials: Enhanced tank car standards and operational controls for high-hazard flammable trains [EB/OL]. U. S. DOT (Docket No. PHMSA-2012-0082 (HM-251)), Washington, DC. http://www. transportation. gov/sites/dot. gov/files/docs/final-rule-flammable-liquids-by-rail_0. pdf.

VILLENUEVE M, 2014. After "End of the World" Explosion, Lac-Mégantic aims to rebuild [N/OL]. Portland Press Herald. http: //www. pressherald. com/2014/04/17/after-end-of-the-worldexplosion-lac-megantic-aims-to-rebuild/.

WRONSKI R, 2014. Chicago at heart of crude oil shipments, data show [N/OL]. Chicago Tribune, Chicago. http://www. chicagotribune. com/news/local/ct-oil-train-new-data-met20150403-story. html.

WRONSKI R, 2014. Area poorly prepared for crude oil train fires [N/OL]. Chicago Tribune, Chicago. http://articles. chicagotribune. com/2014-05-25/news/ct-railroad-tankers-foammet-20140525_1_foam-aid-box-alarm-system-fire-chief.

10 水力压裂技术评价因果关系的确定及环境风险和可持续性分析

MariAnna K. Lane，Wayne G. Landis

美国华盛顿贝灵汉，西华盛顿大学赫胥黎环境学院环境毒理学研究所

10.1 概　　述

水力压裂（HF）是通过向天然气井注入高压水、砂和化学物质，使存在于页岩和致密砂岩中的天然气排出的提取技术，相关的章节对技术和应用已经进行了总结。在美国大陆有 20 个页岩油气藏（Brittingham et al.，2014）。

水力压裂是美国国内生产能源的一种有效技术手段，也是从能耗较高的煤炭等燃料到可再生资源的过渡燃料。虽然水力压裂的支持者一直强调非常规页岩气开采的潜在经济效益，但同时也发现了多种对人类和环境的相关危害。这些危害包括对地面和地表水的污染、空气质量、气候变化影响、地震稳定性、水力压裂化学品的毒性、噪声和交通增加、栖息地破坏和退化，以及人类健康的忧虑等。在评估这些风险因素时，一个常见的问题是数据缺乏。环境影响是这项研究的重点，虽然在许多情况下这些问题相互重叠，且资料普遍缺乏，因此有必要将问题进一步延伸。

10.1.1 可持续性

本章的最初目的是研究水力压裂的可持续性，然而，很快就发现，对压力来源和影响对象之间因果相关性的系统评估还未完成。在最近的一篇综述中，Burton 等人（2014）得出结论，目前已有的数据尚不足以进行生态风险评估。

文献检索和 Burton 等人（2014）的结论指出，缺乏描述因果关系的研究项目。本章提出了一个初步的因果概念模型，作为未来水力压裂影响和最终可持续性研究的起点，接下来的内容将概述这项工作。

10.1.2　概念模型与风险评估

问题制定是生态风险评估的第一步（USEPA，1998）。也许这一步中最重要的部分是概念模型，该概念模型通过因果网络将风险评估中的压力源或感兴趣的行为与驱动决策过程的端点联系起来，生态风险评价的概念模型建立和因果关系的评估已经成为信息分类和生态风险评价支持决策的有力工具。这篇综述以因果途径为准则，整理和整合了描述水力压裂潜在影响的许多类型的文献资料。本章使用相对风险模型的基本结构（Landis 和 Wiegers，2005），如图10.1所示。

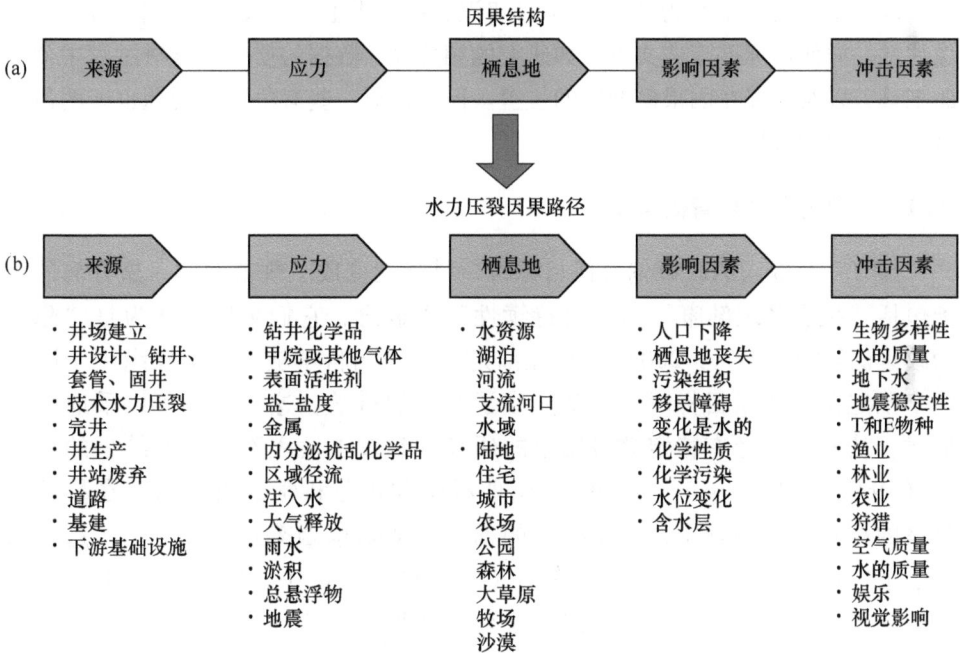

图 10.1　水力压裂的因果关系及初步概念模型

（a）相对风险模式制定的因果途径的基本结构；（b）根据文献检索列出每个类别的候选名单（其中许多因素都存在不确定性，详见10.3.1节）

首先要列出正在调查的特定活动的所有潜在压力源。在这种情况下，将采取调查水力压裂所涉及的全过程，从勘探、钻井、开采、物流到关井，应力代表该过程产生的所有潜在的应力源，这一项目不仅包括钻井材料和化学品，还包括由于许多井台靠近道路而造成的景观变化。栖息地既代表污染源的空间位置，也代表应力源的暴露程度，同时也代表环境类型，生境部分描述应力源对所考虑端点的暴露情况。虽然水力压裂是地表作业，但它可以与各种水生环境接壤，在某些地方，地下水也可能成为地表水的一部分。大气释放具有远距离传输的潜力，从而扩大了所考虑的环境类型。影响因素的性质在自然界中可能是毒理学的，但它也可能包括景观破碎、水的转移、悬浮固体总量的增加或濒危物种栖息地的破坏。最后，影响因素列出了决策过程中使用的端点及水力压裂操作可能带来的变化。一般来说，当整个过程与特定的操作、地点和一组特定的监管要求联系在一起时效果最好。

接下来使用来自多个数据源的数据填充因果模型。特定地点的数据是首选的原因有很多，包括可靠性和相关性，然而，更广泛的综述不能绑定到具体的一个网站上，必须依赖于已发表的文献。已经决定将重点放在过去几年所做的综述上，以此来总结关于水力压裂风险的知识状态，截止日期是 2015 年 6 月 1 日，像往常一样使用标准筛选文献，如研究的相关性、数据的质量、分析过程中使用的工具，以及研究在因果模型中的位置。但是，对一些有争议的问题也证明需要另一种类型的分析。

10.1.3 规范科学与弯曲科学

当有一个嵌入的政策偏好或目标时，科学就变成了规范科学。这方面的例子包括"生态系统健康"和"可持续性"等概念，它们可以被认为是"隐形的政策倡导"(Lackey，2004)。再往前走一步，当科学被有意地操纵用于服务一个预定义的政策目标时，它就变成了弯曲的科学。这种扭曲可以采取多种形式，从资助已经有特定政策结果的研究，到攻击发表不受欢迎结果的科学家 (McGarity 和 Wagner，2008)。弯曲科学和规范科学的概念已经在科学与政策的相互作用领域中得到了很好的确立。从烟草烟雾到气候变化，这些问题已被广泛记录下来。在一场关于气候变化的讨论中，Oreskes (2013) 针对否认气候变化的反向立场指出"文化和知识问题变成了为什么有人会想要这样做"。

在 2003 年发表的一篇关于科学操纵的论文中，McGarity (2003) 指出，为了推卸责任，他所称的"产生风险的行业"经常使用弯曲技术，这些案件的驱动因素是经济利益。在一项心理学研究中，Lewandowsky 等人 (2013) 发现了对自由市场的信仰、阴谋论思维和拒绝气候变化及在较小程度上拒绝其他科学之间的相关性，为这一观点提供了证据。然而，McGarity 和 Wagner (2008) 表明，弯曲科学不仅仅局限于工业和政治保守派，还可以在政府机构、公众和环境利益集团及审判律师中看到。McGarity 和 Wagner (2008) 认为，如果辩护人认为不良科学发现的成本高于破坏研究的成本，并且辩护人有足够的资源来发动想要的攻击，那么就可能发生扭曲行为。有了这样的分析，人们会期望在一个有争议的政策问题上找到双方都有科学弯曲的例子，假设双方都有足够的资源可供支配。

对科学家来说，弯曲科学是一个明显的问题，因为它有能力扭曲科学文献，降低公众对科学的信任（McGarity 和 Wagner，2008）。水力压裂是一个很好的研究案例，基于其日益增加的重要性、公众知名度和潜在的利益集团以评估弯曲的流行程度。为此，对水力压裂环境影响的同行评议和非同行评议文献进行了检索，并对风险评估进行了具体搜索，以评估决策工具的使用合理性。

10.2　评价方法——文献检索

本章进行了文献检索，将结果与因果途径联系起来，并对同行评议和非同行评议文献中的弯曲发生率进行了评估。用于查找相关文献的检索词和数据库包含在"检索词框"中。根据水力压裂和货币对环境影响的相关性来选择论文，以提供最新的信息。

对文献进行整理，找出因果途径的那部分可以通过调查得到信息，潜在的终点也从这项调查中得出并编制。许多论文讨论了数据集和对因果关系理解中的不确定性，并对这些不确定性进行了评估，这些信息最终使用从最初的因果图中建立的模型进行排序。

分析数据的标准基于 McGarity 和 Wagner（2008）提出的扭曲科学的策略，以及 Oreskes 和 Conway（2010）提出的篡改科学的迹象。使用文献搜索作为评估科学共识和研究方法是基于 Oreskes（2004b）的文章。McGarity 和 Wagner（2008）详细介绍总结的弯曲科学的六种策略：

（1）塑造科学：由拥有既得利益的外部政党委托进行，旨在产生预期结果的科学研究。

（2）隐藏科学：阻止不受欢迎的科学发现为人所知。

（3）抨击科学：对不受欢迎的研究进行非法抨击。

（4）骚扰科学家：对不当行为的虚假指控、传票或证词，以及对有不良发现的研究人员提出数据共享请求。

（5）包装科学：委托评审文章或精心挑选的小组，以形成共识的形象，或以最有利的方式交流研究结果。

（6）旋转科学：以一种特殊的方式描述科学，以促进经济或意识形态目标，而不是准确地传播科学。

除了第 4 项单靠文献检索不足以进行评估之外，使用这些策略对每一篇被调查的文献进行定性分析。与依赖摘要的 Oreskes（2004b）不同，每一篇文献的整个文本都被仔细阅读，调查了资金来源，并记录了结论，以充分寻找弯曲的迹象。文学作品展出任何这些弯曲策略都将在 10.3.3.2 小节中进行讨论。

Oreskes 和 Conway（2010）的叙述详细说明了科学可能被篡改或扭曲的迹象，总结为七个离散的标准，并应用于二元逻辑框架，为每一篇文献得出一个分数，这可以用来比较文献和评估扭曲的可能性。这些标准会以"是"或"否"的提问形式给出：

(1) 是否经过同行评议？　　　　　　　　　　　　　　　　是（1），否（0）

(2) 有原创研究吗？　　　　　　　　　　　　　　　　　　是（1），否（0）

(3) 资金来源是否有既得利益？　　　　　　　　　　　　　是（0），否（1）

(4) 文章是否没有误导性，或分散注意力的事实或术语？　　是（0），否（1）

(5) 是否存在"不受欢迎"的研究或研究人员的攻击？　　　是（0），否（1）

(6) 只引用自己的研究或评论吗？　　　　　　　　　　　　是（0），否（1）

(7) 作者是不相关领域的专家吗？　　　　　　　　　　　　是（0），否（1）

将这些问题的答案分配 1 或 0 的分数，在前面提到的每个问题旁边都显示了这一点——如果答案没有表明弯曲，则为 1 分，如果表明弯曲，则为 0 分。例如，一篇同行评议的文章理论上不太可能被歪曲，因为同行评议的过程旨在防止设计不良或腐败的研究被发表。因此，如果一篇文章经过了同行评议，那么为 1 分，如果它没有经过同行评议，为 0 分。然而，这并不能保证一篇同行评议的文章不会被弯曲，因此这些分数应该被视为弯曲可能性的初步筛选和比较文献趋势的方便度量，而不是弯曲量的决定性度量，总分较低的文献比总分较高的文献更容易含有弯曲成分。如前所述的 McGarity 和 Wagner（2008）弯曲策略被用来分析和寻找弯曲的具体例子。

10.3　结　　果

10.3.1　文献的表征

本章研究共调查 19 篇同行评议文章和 10 篇非同行评议文章（见表 10.1）。同行评议文章的资金来自各种学术、政府、行业和非政府组织（NGO）部门。

在调查的文献中，关注的重点包括地下水污染、地表水污染、空气质量、气候变化、生态影响、毒性、地震稳定性和社会影响（见表 10.1 和表 10.2）。所列的不确定性包括缺乏基线数据、压裂液成分、压裂液中特定化学品的毒性、化学品的反应结果和运输、地下水污染的机制、长期影响、风险或风险程度，化学品排放对环境的影响和公共健康的影响（见表 10.3）。这些结果在图 10.1 (b) 中总结了因果模型的路线。

表 10.1 按因果相关性排序的论文

因果通路来源	压 力 源	暴 露	影 响
Molofsky et al.（2013）	Farag 和 Harper（2014）	Osborn et al.（2011）	Farag 和 Harper（2014）
Molofsky et al.（2011）	Orem et al.（2014）	Gordalla et al.（2013）	Medical Health Experts（2014）[①]
Darrah et al.（2014）	Barbot et al.（2013）	Barbot et al.（2013）	Vengosh et al.（2014）
Vengosh et al.（2014）	Burton et al.（2014）	Fontenot et al.（2013）	Stingfellow（2014）
Goldstein et al.（2014）	Goldstein et al.（2014）		Farag et al.（2014）
	Stingfellow（2014）		Gordalla et al.（2013）
	Fontenot et al.（2013）		Adams（2011）
			Papoulias 和 Velasco（2013）
			Kassotis et al.（2014）

①非同行评议。

表 10.2 按关注终点分类的论文

一般的终点	论 文	特定的焦点
地下水	Barbot et al.（2013）	水质参数
	Bever（2014）	表面活性剂毒性
	Darrah et al.（2014）	甲烷污染
	Fontenot et al.（2013）	微量金属和总溶解固体
	Fountain（2014）	甲烷污染
	Goldstein et al.（2014）	毒性和污染途径
	McHugh et al.（2014）	对 Fontenot 等人（2013）的评论
	Concerned Health Professionals of NY（2014）	饮用水污染
	Molofsky et al.（2013）	甲烷污染
	Mufson（2014）	甲烷污染
	Orem et al.（2013）	有机物化学
	Osborn et al.（2011）	甲烷污染
	Stokstad（2014）	甲烷污染
	Vengosh et al.（2014）	甲烷和盐污染
	Verango（2013）	甲烷污染
地表水	Adams（2011）	树木和土壤
	Burton et al.（2014）	大容量水力压裂操作的危害
	Farag et al.（2014）	盐度
	Goldstein et al.（2014）	毒性和污染途径
	Concerned Health Professionals of NY（2014）	放射性污染
	Vengosh et al.（2014）	有机物、盐、金属

续表 10.2

一般的终点	论　文	特定的焦点
空气质量	Goldstein et al. (2014)	毒性和污染途径
	Concerned Health Professionals of NY (2014)	直接和间接污染
	Rice (2014)	人类健康的影响
	Small et al. (2014)	风险和风险治理
气候变化	Small et al. (2014)	风险和风险治理
	Barbot et al. (2013)	水力压裂作为煤的替代品
生态	Adams (2011)	树木和土壤
	Burton et al. (2014)	大容量水力压裂操作的危险
	Papoulias 和 Velasco (2013)	鱼类组织病理学
	Small et al. (2014)	风险和风险治理
毒性	Farag 和 Harper (2014)	盐度
	Farag et al. (2014)	盐度
	Goldstein et al. (2014)	毒性和污染途径
	Gordalla et al. (2013)	德国水力压裂化学品
	Kassotis et al. (2014)	人类细胞系的内分泌紊乱
	Stringfellow et al. (2014)	化学、物理和毒性数据
地震稳定性	Concerned Health Professionals of NY (2014)	深井注入触发
	Small et al. (2014)	风险和风险治理
	Vengosh et al. (2014)	注水量大
社会	Horn (2013)	环保署报告的延迟
	Concerned Health Professionals of NY (2014)	繁荣-萧条社会动态
	Mooney (2014)	纽约的禁令和 MD 政策
	Robbins (2013)	水力压裂和濒危物种法案
	Small et al. (2014)	风险和风险治理
	Soraghan (2011)	使用“水力压裂”一词

表 10.3　同行评议和非同行评议的不确定性讨论

不确定性	同行评议的文献	非同行评议的文献
基线数据	Adams(2011), Burton et al. (2014), Fontenot et al. (2013), Goldstein (2014), Gordalla et al. (2013), Molofsky et al. (2013), Osborn et al. (2011), Vengosh et al. (2014)	Mufson (2014)

续表 10.3

不确定性	同行评议的文献	非同行评议的文献
水力压裂流体组成	Adams(2011), Barbot et al. (2013), Goldsteinet et al. (2014), Stringfellow et al. (2014)	无
液体中化学物质的毒性	Burton et al. (2014), Goldstein et al. (2014), Gordalla et al. (2013), Orem et al. (2014), Stringfellow et al. (2014)	Bever(2014)
化学的反应结果和运输	Burton et al. (2014), Goldstein(2014), Gordalla et al. (2013), Stringfellow et al. (2014)	无
地下水污染机理	Darrah et al. (2014), Fontenot et al. (2013), Goldstein et al. (2014), McHugh et al. (2014), Molofsky et al. (2013), Orem et al. (2014), Osborn et al. (2011), Stockstad (2014), Vengosh et al. (2014)	Bever (2014) Mufson (2014) Verango (2013)
慢性影响	Farag 和 Harper (2014)	Mooney (2014)
风险/风险等级	Burton et al. (2014)	Concerned Health Professionals of NY (2014), Mooney (2014)
释放到环境中的化学物质的影响	Adams(2011), Orem et al. (2014), Small et al. (2014)	Concerned Health Professionals of NY(2014)
公共健康的影响	Small et al. (2014)	Concerned Health Professionals of NY(2014), Rice(2014)

额外的风险评估搜索发现了许多文章，讨论进行风险评估的必要性和几种危害的特征，但不是风险评估。例外的情况有：马里兰州环境部和自然资源部进行的风险评估（2014）、科罗拉多州空气排放的人类健康风险评估（McKenzie et al.，2013）、涉及宾夕法尼亚州地下水污染的硕士论文（Fletcher，2012），以及马塞卢斯页岩的水污染风险（Rozell 和 Reaven，2012）。所有这些风险评估都重点关注人类健康，不能归类为生态风险评估，尽管马里兰州（2014）的评估确实在一定程度上考虑了对环境和自然资源的风险。

鉴于在很大程度上缺乏概率生态风险评估，甚至缺乏人类健康风险评估，进行了额外的研究以确定决策者正在使用的分析工具类型（如果不是风险评估的话）。挑出来三个具体的州作为例子：纽约州、马里兰州和密歇根州。在纽约州，Cuomo 州长颁布的水力压裂禁令部分是基于纽约州卫生部的一项审查，该审查得出的结论是：目前的科学信息不足以确定水力压裂相关的公共卫生风险（New York State Department of Health，2014）。相比之下，马里兰州是允许水力压裂的。尽管马里兰州潜在水力压裂作业区的面积要小得多，这也可能影响了该州的决定

（Mooney，2014），一个关键的区别还在于，该决定在很大程度上是基于马里兰州环境部和马里兰州自然资源部进行的评估。与纽约卫生部的评论不同，这份文件定性地评估了水力压裂相关的一些危害。

密歇根州也是允许水力压裂的一个州。在他们的州网站上，一个对公众的提问和回答非常坚定地表明不管制水力压裂，表明该州已经研究水力压裂几十年了，没有迹象表明水力压裂对人类或环境造成影响（Michigan Department of Environmental Quality，2015）。最近，该州委托密歇根大学（University of Michigan）撰写了一份关于水力压裂对人类和环境的一系列问题影响的报告（参见 Graham Sustainability Institute，2015）。

10.3.2 因果路径

本章研究能够找到多种因素信息，并利用这些因素构成并构建一种适用的概念模型，来进行风险评估（见图 10.1(b)）。马里兰州（2014）的评估在列出来源方面提供了很大帮助。

对因果路径进行量化，在进行风险定量评估时存在很大的不确定性。表 10.3 列出了许多这些参数的不确定性问题。例如，仔细研究压裂现场、施工、操作、用于建造现场的基础设施、下游排放的测量、雨水的组成和钻井泥浆的组成等，就可以消除一些问题。

然而，许多被释放的压力源，接收栖息地的类型，以及潜在暴露的生物都可以被合理地量化到一个特定的地点。适当的地理信息系统分析和设计的监测程序可以回答压力源、栖息地和影响的问题，就像对许多污染地点所做的那样。关于化学诱发效应，在氟化氢中发现的许多化学物质或类似物已在实验室中进行了测试，或来自其他受污染地点的经验。水力压裂的特殊差异在于钻探深度和深层含水层的污染程度。然而，一旦这些物质到达地表，结果就会是一个典型的污染场所。

环境终点是任何受污染或影响地点的典型特征。在这一栏下是根据《有毒物质控制法》（TSCA）、《资源保护和恢复法》（RCRA）、《石油污染法》（OPA）或《清洁水和清洁空气法》进行评估的终点。特定种类、数值水质标准和其他特定地点的数值可以根据水力压裂地点的位置来获取。

10.3.3 弯曲科学标准分析

虽然在平均标准分数中可以看到一些总体趋势，但由于标准偏差较大，这些趋势都不明显。非同行评议的论文往往比同行评议的论文分数低（见图 10.2(a)）。政府、学术界或非政府组织的同行评议论文的平均标准分数都相同，而行业资助的论文的平均标准分数较低，但标准偏差较高（见图 10.2(b)）。

根据因果路径（见图 10.2(c)）或者论文的结论是否倾向于支持水力压裂，反对水力压裂或中立（见图 10.2(d)）分类的论文的平均标准分数没有明显的趋势。研究暴露的论文标准得分最高，标准差最低，而研究影响的论文标准偏差最高（见图 10.2(c)）。这是合乎逻辑的，因为很难对暴露数据提出异议，通常这是一个是或不是的问题。然而，影响则更确切地被定义和解释为构成这些影响的原因。

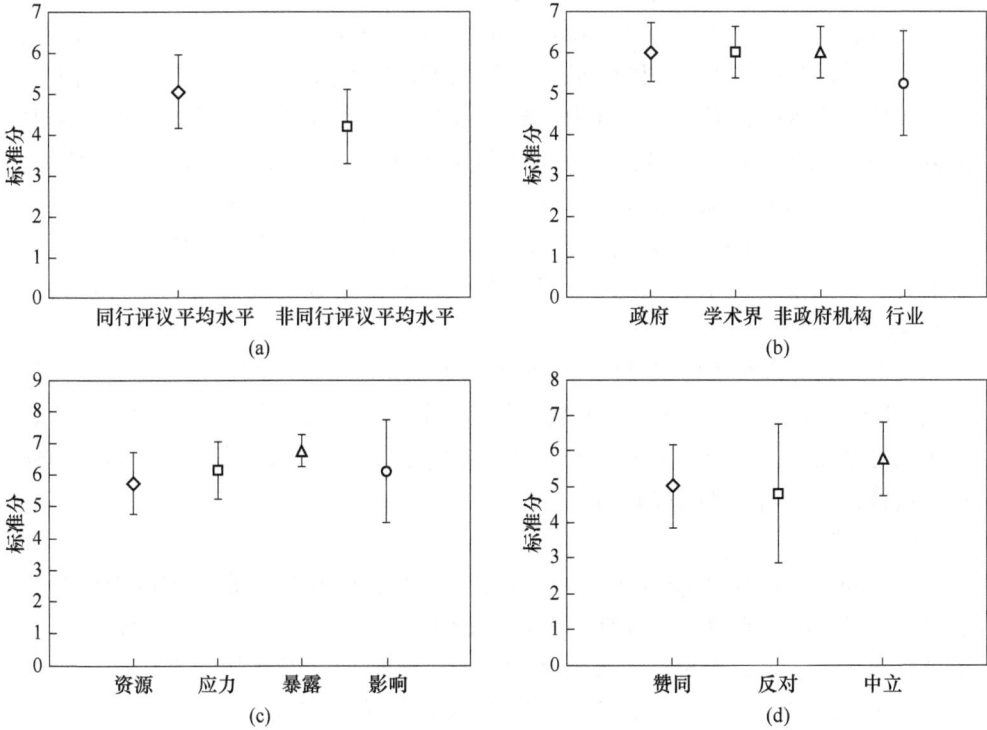

图 10.2 弯曲科学分析的结果

（a）同行评议和非同行评议；（b）资金来源；（c）因果路径的位置；（d）水力压裂的立场

（误差条显示标准偏差）

10.3.3.1 结论与部门的关系

在每个资助来源（政府、学术界、非政府组织和行业）中，至少 50% 的文献得出的结论对水力压裂是中立的。在政府和学术界资助类中，支持和反对水力压裂结论的论文比例相同。更多非政府组织资助的论文得出支持水力压裂的结论，尽管样本量可能只是一篇论文的差异。类似地，半数行业资助的论文有支持水力压裂的结论，没有一个有反对水力压裂的结论，但这可能是由于抽样误差而不是实际趋势。

10.3.3.2　定性分析：弯曲的具体例子

A　塑造

塑造是指外部利益为研究提供资金，并有特定的目标。在这组论文中，确定了一个塑造科学的潜在实例。在 2011 年和 2013 年，Molofsky 等人发表了旨在确定马塞卢斯页岩地下水甲烷污染机理的研究，这些论文的研究人员和资金都来自于 GSI 环境公司和 Cabot 石油天然气公司，后者作为一家天然气开采公司参与了水力压裂技术的研发。有趣的是，这项研究与杜克大学一组研究人员发表的一组论文涉及相同的地点和主题（Darrah et al.，2014；Osborn et al.，2011）。虽然两组研究人员最终都得出了相同的基本结论，即没有发生由水力压裂引发的向上迁移导致的气体污染，但他们对水力压裂是否是造成该区地下水甲烷污染的主要原因持不同意见。GSI 环境公司/Cabot 石油天然气公司的研究人员得出结论，甲烷浓度与地形和地质特征关系最为密切，因此是自然发生的，与水力压裂活动无关。杜克大学的研究小组得出结论，在发生污染的情况下，它们最有可能是油井套管故障的结果，因此与更广泛的气体开采过程有关，而不是与水力压裂直接相关。

这两组研究人员可能只是因为他们的专业知识和方法不同而得出略有不同的结论。GSI 环境公司/Cabot 石油天然气公司的研究人员得出结论，认为水力压裂与甲烷污染无关，然而，考虑到该研究小组的其他活动，这一事实越来越受到怀疑，这将在"抨击"部分中解释。

B　隐藏

正如 McGarity 和 Wagner（2008）指出的那样，隐藏通常是最难以识别的科学扭曲技术，因为它只是那些有东西要隐藏的人的一种选择，而且它的定义是避免被发现。关于水力压裂，隐藏发生的唯一迹象来自《赫芬顿邮报》的一篇文章（Horn，2013），其中详细说明了美国环境保护署（EPA）的内部文件与宾夕法尼亚州一项研究报告不匹配，还有得克萨斯州的一项类似研究，以及怀俄明州的一项研究报告的延迟。这篇文章指出，行业游说可能是环保局被指控的违法行为的主因。

C　抨击

在调查的文献中发现了两个对水力压裂研究的潜在抨击实例，都集中在地下水污染问题和 GSI 环境公司/Cabot 石油天然气公司研究小组。第一个例子是关于前面提到的研究小组和"塑造"一节中介绍的杜克大学研究小组之间的区别。在 GSI 环境公司网站上发布的一份关于 Molofsky 等人（2011）研究的公告中，他们宣称"马塞卢斯页岩的天然气开发并没有对宾夕法尼亚州东北部的水井造成甲烷污染"，这直接反驳了杜克大学（Osborne et al.，2011）最近一项研究中的指控。他们进一步强调"杜克大学研究的明显曲解，认为需要多条证据才能正确表征"（GSI Environmental Inc，2013）。该声明的语气和使用"指控"和"明显的曲解"等词语直接抨击了 Osborn 等人（2011）的研究和杜克大学的研究人员。

对他人的研究提出异议和批评是科学和同行评议过程中的正常学术行为。通常很难界定这种分歧是单纯的分歧，还是对研究成果进行精心策划的抨击，而这些研究的唯一错误是得出了不受欢迎的结论。第二个潜在的抨击案例进一步说明了这一点，涉及对 Barnett 页岩饮用水井水质的研究（Fontenot et al.，2013），以及随后发表在期刊上的关于该研究的评论（McHugh et al.，2014）。Fontenot 等人（2013）发现，在一些调查井中，砷、锶、硒和总溶解固体的含量超过了最大污染物含量。他们谨慎地指出，污染物含量升高的来源超出了研究范围，如果没有对该地区天然气开采活动之前、之后和期间进行测量，就无法确定污染物的来源，但他们认为，钻井产生的工程影响与他们掌握的数据最相符。

McHugh 等人（2014）抨击了 Fontenot 等人（2013）的结论。他们抱怨：（1）Fontenot 等人对活跃数据集和非活跃数据集的比较在统计学上是无效的，对建立因果关系没有意义；（2）与历史数据的比较是有缺陷的，因为金属的检测极限增加了；（3）他们的数据模式与天然气开发不一致，没有考虑天然气开发以外的机制。就其本身而言，这些批评似乎是有道理的。（1）和（3）直接抨击了 Fontenot 等人关于污染机制的结论。然而，如前所述，Fontenot 等人（2013）谨慎地指出，他们无法确定污染的机制或来源。McHugh 等人（2014）的评论没有提到这一点，相反，似乎 Fontenot 等人（2013）的主要目的是建立他们发现的污染机制。McGarity 和 Wagner（2008）注意到，对不受欢迎的科学研究的抨击不一定会产生预期的副作用；仅仅是围绕一项研究的批评和争议的暗示就足以阻止决策者认真考虑这项研究。鉴于此，McHugh 等人（2014）的评论是否仅仅是为了阻止将天然气开发与地下水污染联系起来的相关研究，这是值得怀疑的。

D　包装

包装包括使用综述文章来创造围绕一个问题的科学共识的假象，或目前的研究最能支持综述编撰者的观点。两篇接受调查的评论文章显示了一些包装的迹象。第一篇，Small 等人（2014）取得的国家研究委员会项目的成果，该项目得到了帕克基金会和壳牌（美国）上游公司的支持。帕克基金会是一个非政府组织，为反对水力压裂的团体作出了重大贡献（Soraghan，2012）。壳牌（美国）上游公司是荷兰皇家壳牌公司的美国分公司，是一家全球性的石油化工公司，在陈述水力压裂相关问题时一般使用官方非常规范的专业语言，指出其潜在的"广泛的经济效益"和"显著"降低操作风险的能力。然而，尽管有这些规范语言做修饰，审查的总体基调仍然是既不支持也不反对水力压裂。

Burton 等人（2014）的第二篇评论获得了格雷厄姆可持续发展研究所、阿肯色州狩猎与鱼类委员会、国家科学基金会和密歇根研究员协会的资助。尽管在 Small 等人（2014）的评论中，总体描述既不支持也不反对水力压裂，还有观点显示农业可能比水力压裂对水资源的影响更大。但这两篇综述文章中都不明确是否存在学术包装，以及是否故意歪曲了对水力压裂的认知。

E   旋转

旋转可能是最容易实现的弯曲策略，考虑到它所需要的只是把科学发现放在一个使它们看起来最支持利益集团目标的角度。在同行评议和非同行评议的文献中，旋转也是最常见的弯曲类别，在同行评议的文献中，旋转主要出现在"讨论和结论"部分，这是符合逻辑的，因为这一部分通常是最定性的，并且对作者的解释是开放的。

在同行评议的文献中，第一个旋转的例子出现在 Orem 等人（2014）的一篇文章中，该文章分析了地层和产出水的化学成分。在结论中，作者指出，这些化合物释放到地表水和地下水对环境和人类健康的影响（如果有的话）尚不清楚。这一说法暗示了对水力压裂影响这一主题的文献很熟悉。然而，这种论述又没有引用，文中几乎没有讨论这些化学品的毒性数据。如果在此方面做了很少的研究，对环境和健康的影响其实是不清楚的。虽然有可能是作者对该主题很熟悉，只是没有引用，但作者声明中加入的插入语"如果有"意味着没有影响的可能性很大。鉴于大量的研究表明存在相反的结论，那么可以认为，此结论带有很大的主观性（参考 Adams，2011；Farag 和 Harper，2014；Gordalla et al.，2013；Kassotis et al.，2014）。Orem 等人（2014）的研究由美国地质调查局能源项目和美国能源部资助。

GSI 环境公司/Cabot 石油天然气公司研究小组和杜克大学研究小组的研究结果也存在差异。如前所述，两组得出了相同的结论，即水力压裂引发的气体向上运移污染并未发生。Stockstad（2014）在一篇社论中提到了 Molofsky 的批评，他认为杜克大学的研究人员过于关注已经发生的少数污染事件。在他们 2013 年的论文中，Molofsky 等人承认，事实上确实存在气井套管故障导致游离气体运移的案例，但他们强调，这些都是孤立的、局部的问题，不会对水质造成区域性的影响。主流媒体也关注了这一争论，他们的报道要么强调了相对较少的污染案例，要么强调了污染正在发生的事实，要么强调了技术解决的可能性——所有这些都以非常不同的方式阐述了这个问题（参见 Fountain，2014；Mufson，2014）。

在之前的案例中，主流媒体的总体结论最终还是与他们所报道的研究相当吻合，但这并不总是正确的。这一点在科罗拉多州一项关于在水力压裂流体中添加表面活性剂的研究中得到了特别好的反映。新闻媒体援引了一种说法，称这些化学物质的毒性并不比家用产品大。《华盛顿邮报》（Bever，2014）的一篇文章以 "Study：Fracking chemicals found in toothpaste and ice cream" 为标题。该研究还重申了 Darrah 等人（2014）的发现，即水污染是由水井泄漏造成的，而非水力压裂直接造成的，总体影响是淡化了水力压裂相关的危害。

最后一个关于"旋转"的例子来自公共卫生专业人士写给纽约州州长 Cuomo 和卫生专员 Zucker 的一封信（Concerned Health Professionals of New York，2014）。作为一篇旨在说服读者暂停使用水力压裂的文章，它充当了一个不那么微妙的弯曲科学的策略的例子。在整个文件中，像"无可争辩"和"不可避免"这样强烈的描述性词汇强调了有利于实现他们目标的确定性科学，同时指出了仍然存在的不确定性，以及需要进行更多的研究来减少这些不确定性。指出科学的不确定性是那些希望拖延行动的人的一个经典策略，科学和司法系统所需的证据标准也促进了这一策略的实施。然而，正如 Oreskes（2004a）所指出的，决定性的证据从来都不是政治行动的真正要求。

10.4 讨论和结论

结果表明，虽然弯曲可能不是普遍存在的，即每篇文献都可能被歪曲，但它是普遍存在的，即弯曲确实发生在各类资金资助、辩论双方和所有弯曲策略中。这一发现意义重大，尽管很多文献受行业影响（Oreskes 和 Conway，2010）或在行业影响下的官方影响，内容观点失之偏颇（Vallianatos 和 Jenkins，2014），但综述还是发现了关于水力压裂议题辩论双方的同行评议文献中的弯曲现象和他们研究的资金来源。这与 McGarity 和 Wagner（2008）的主张一致，即如果利益集团有足够资源，并且认为不利调查结果带来的成本大于破坏研究的成本，他们就会参与弯曲。此外，在调研的文献中也同时发现了所有弯曲策略的迹象（骚扰科学家除外，这超出了研究的范围）。

这一发现对同行评议和非同行评议文献的完整性及识别便利性有许多影响。虽然制定评分和排名标准有助于进行分析研究，但没有任何清单可用来确定一篇文献是否存在问题。只有仔细分析文本，才能识别出潜在的弯曲现象，而仅凭这一点，往往不足以证明这门科学有意地弯曲了某一特定目标。这是很难证明的弯曲，因为特定的弯曲只能是有意图发生的。而如果没有一些内部动力学的知识，是很难知道潜在的弯曲到底是精心计算，还是作者个人的粗心或个人主观意识的结果。

纽约州和马里兰州的决策结果与支持报告之间的差异凸显了不同学科存在一些微小的偏差。虽然有大量的文献讨论了水力压裂风险评估的必要性，并详细描述了其危害，但实际上只完成了三种风险评估。一些风险评估研究声称，没有足够的信息来进行完整的风险评估（Adgate et al.，2014；New York State Department of Health，2014）。Burton 等人（2014）也认为不确定性太高，不适合进行风险评估。然而，如果能将评估、专家意见和类似技术都纳入到风险评估体系中，那将意味着即使存在显著的数据差距，也可以进行风险评估。在进行风险评估之前，是不可能得出不确定性太高、无法为决策提供信息这样的结论的。纽约州卫生部在研究（2014）中提到，决策需要一定程度的确定性，但这并不是不能进行风险评估的理由。敏感性分析等工具可以指出对风险评估结果至关重要的变量。因此，普遍缺乏风险评估（特别是生态风险评估）及该领域缺乏风险评估可能是由于不确定性以外的一些因素。

对水力压裂进行定量风险评估的原因有很多。首先，研究和监测项目需要基于具体的研究问题。风险评估的主要结果之一是确定关于风险端点的特定假设和特定的不确定性因素。即使存在高度不确定性，在解决不确定性前，风险预判对决策者在制定初步政策时也是非常有用的。最后，一个强大的概念模型可以是一个框架，详细描述已知的东西，围绕每个不确定性，提供有关水力压裂风险的科学定量描述。或许，最终使用文稿中描述的技术内容来弯曲科学会变得非常困难。

附表 搜索词框

附表 10-1 查询条件和地点或其他方式一览表

文 章	检索词或其他检索方式	搜索引擎	日 期
Adams（2011）	引用 Vengosh et al.（2014）	—	11/15/2014
Barbot et al.（2013）	水力压裂法和环境影响	谷歌学者	10/16/2014
Bever（2014）	水力压裂	华盛顿邮报	1/26/2015
Burton et al.（2014）	水力压裂法和毒性	科学网	10/23/2014
纽约相关健康专家（2014）	引自 Vengosh et al.（2014）	谷歌学者	11/15/2014
Farag 和 Harper（2014）	水力压裂法和毒性	科学网	10/23/2014
Farag et al.（2014）	作者搜索：Farag A M	科学网	11/11/2014
Fontenot et al.（2013）	引自 McHugh et al.（2014）	—	
Goldstein et al.（2014）	水力压裂法和毒性	科学网	10/23/2014
Gordalla et al.（2013）	水力压裂法与毒性	科学网	10/23/2014
Jackson et al.（2014）	Darrah et al.（2014）引用	—	
Kassotis et al.（2014）	美国地质调查局水力压裂法	谷歌	11/15/2014
McHugh et al.（2014）	作者搜索：Molofsky L J	科学网	10/19/2014
Mooney（2014）	裂化	华盛顿邮报	1/26/2015
Molofsky et al.（2013）	引用于 Darrah et al.（2014）	—	
Orem et al.（2014）	水力压裂法和毒性	科学网	10/23/2014
Osborn et al.（2011）	引自 Darrah et al.（2014）	—	

续附表 10-1

文　章	检索词或其他检索方式	搜索引擎	日　期
Papoulias 和 Velasco（2013）	引自 Vengosh et al.（2014）	—	
Rice（2014）	裂解	今日美国	1/26/2015
Robbins（2013）	USFWS 水力压裂法	谷歌学者	11/15/2014
Small et al.（2014）	引自 Jackson et al.（2014）	谷歌学者	10/19/2014
Stockstad（2014）	科学文章	—	10/14/2014
Stringfellow et al.（2014）	水力压裂法和毒性	科学网	10/23/2014
Vengosh et al.（2014）	水力压裂法与环境影响	科学网	10/16/2014

附表 10-2　风险评估检索的结果（包括最相关的结果摘要）

搜　索　地　点	搜　索　词	结果	风险评估	相关结果
环境科学与技术	风险评估和水力压裂法	43	0	
环境毒理学和化学（通过 Wiley 在线图书馆）		2	0	Burton et al.（2014）
综合环境评估和管理（通过 Wiley 在线图书馆）		3	0	
人类和生态风险评估（通过 Taylor & amp; Francis 在线图书馆）		6	0	
风险分析（通过 Wiley 在线图书馆）		21	1	Rozell 和 Reaven
科学		8	0	Vidic et al.（2013）
自然界		27	0	
环境管理杂志（通过 Springer 链接）		18	0	Racicot et al.（2014）
宾夕法尼亚州的环境保护部门		10	0	
WV 环境保护部		31	0	
谷歌	马里兰州和水力压裂技术及风险评估		1	马里兰州环境部和自然资源部（2014）
	*密歇根州和水力压裂技术及风险评估		0	University of Michigan（2013）
	*印第安纳州和水力压裂法及风险评估		1	Fletcher（2012）
	*科罗拉多州和水力压裂技术及风险评估		1	McKenzie et al.（2012）

注：所有搜索都是在 2015 年 2 月 2 日进行的，带星号的搜索是在 2015 年 4 月 2 日进行的。

参 考 文 献

ADAMS M B, 2011. Land application of hydrofracturing fluids damages a deciduous forest stand in West Virginia [J]. J. Environ. Qual. , 40: 1340-1344.

ADGATE J L, GOLDSTEIN B D, MCKENZIE L M, 2014. Potential public health hazards, exposures and health effects from unconventional natural gas development [J]. Environ. Sci. Technol. , 48 (15): 8307-8320.

BARBOT E, VIDIC N A, GREGORY K B, et al. , 2013. Spatial and temporal correlation of water quality parameters of produced waters from Devonian-age Shale following hydraulic fracturing [J]. Environ. Sci. Technol. , 47: 2562-2569.

BEVER L, 2014. Study: Fracking chemicals found in toothpaste and ice cream [N]. The Washington Post (accessed 16.01.2015).

BRITTINGHAM M C, MALONEY K O, FARAG A M, et al. , 2014. Ecological risks of shale and oil and gas development to wildlife, aquatic resources and their habitats [J]. Environ. Sci. Technol. , 48: 11034-11057.

BROOMFIELD M, 2014. Shale gas risk assessment for Maryland [R]. Oxford: Ricardo-AEA Ltd.

BURTON G A, BASU N, ELLIS B R, et al. , 2014. Hydraulic "fracking": Are surface water impacts an ecological concern? [J]. Environ. Toxicol. Chem. , 33 (8): 1679-1689.

Concerned Health Professionals of NY, 2014. Letter to Governor Cuomo, May 29 2014 [EB/OL]. [2015-02-26]. http://concernedhealthny.org/letters-to-governor-cuomo/.

DARRAH T H, VENGOSH A, JACKSON R B, et al. , 2014. Noble gases identify the mechanisms of fugitive gas contamination in drinking-water wells overlying the Marcellus and Barnett Shales [J]. PNAS, 111 (39): 14076-14081.

FARAG A M, HARPER D D, 2014. A review of environmental impacts of salts from produced waters on aquatic resources [J]. Int. J. Coal Geol. , 126: 157-161.

FARAG A M, HARPER D D, SKAAR D, 2014. In situ and laboratory toxicity of coalbed natural gas produced waters with elevated sodium bicorbonate [J]. Environ. Toxicol. Chem. , 33 (9): 2086-2093.

FLETCHER S M, 2012. Risk assessment of groundwater contamination from hydraulic fracturing fluid spills in pennsylvania [D]. Massachusetts: Massachusetts Institute of Technology.

FONTENOT B E, HUNT L R, HILDENBRAND Z L, et al. , 2013. An evaluation of water quality inprivate drinking water wells near natural gas extraction sites in the barnett shale formation [J]. Environ. Sci. Technol. , 47: 10032-10040.

FOUNTAIN H, 2014. Well leaks, not fracking, are linked to fouled water [N]. The New York Times (accessed 19.10.2014).

GOLDSTEIN B D, BROOKS B W, COHEN S D, et al. , 2014. The role of toxicological science in meeting the challenges and opportunities of hydraulic fracturing [J]. Toxicol. Sci. , 139 (2): 271-283.

GORDALLA B C, EWERS U, FRIMMEL F H, 2013. Hydraulic fracturing: A toxicological threat for groundwater and drinking-water? [J]. Environ. Earth Sci. , 70: 3875-3893.

Graham Sustainability Institute, 2015. Hydraulic Fracturing in Michigan [EB/OL]. University of Michigan [2015-02-26]. http: //graham. umich. edu/knowledge/ia/hydraulic-fracturing.

GSI Environmental Inc. , 2013. Methane in PA Water Wells Unrelated to Marcellus shale fracturing [EB/OL]. [2015-02-26]. http: //gsi-net. com/index. php? option = com_content&view = article&id = 197&Itemid = 266.

HORN S, 2013. Obama EPA censored key Pennsylvania fracking water contamination study [N]. Huffington Post (accessed 19. 10. 2014).

JACKSON R B, VENGOSH A, CAREY J W, et al. , 2014. The environmental costs and benefits of fracking [J]. Ann. Rev. Environ. Resour. , 39 (7): 1-36.

KASSOTIS C D, TILLITT D J, DAVIS J W, et al. , 2014. Estrogen and androgen receptor activities of hydraulic fracturing chemicals and surface and ground water in a drillingdense region [J]. Gen. Endocrinol. , 155 (3): 897-907.

LACKEY R, 2004. Normative science [J]. Fisheries, 29 (7): 38-39.

LANDIS W G, WIEGERS J K, 2004. Chapter 2 Introduction to the regional risk assessment using the relative risk model [M] //Regional Scale Ecological Risk Assessment Using the Relative Risk Model. CRC Press Boca Raton, 11-36.

LEWANDOWSKY S, OBERAUER K, GIGNAC G E, 2013. NASA faked the moon landing— Therefore, (climate) science is a hoax: An anatomy of the motivated rejection of science [J]. Psycholo. Sci, 24 (5): 622-633.

MCGARITY T O, 2003. Our science is sound science and their science is junk science: Science-based strategies for avoiding accountability and responsibility for risk-producing products and activities [J]. Kansas Law Rev. , 52: 897-937.

MCGARITY T O, WAGNER W E, 2008. Bending science: How special interest corrupt public health research [M]. Cambridge: Harvard University Press.

MCHUGH T, MOLOFSKY L, DAUS A, et al. , 2014. Comment on "an evaluation of water quality in private drinking water wells near natural gas extraction sites in the Barnett Shale formation" [J]. Environ. Sci. Technol. , 48: 3595-3596.

MCKENZIE L M, WITTER R Z, NEWMAN L S, et al. , 2013. Human health risk assessment of air emissions from development of unconventional natural gas resources [J]. Sci. Total Environ. , 424: 79-87.

Michigan Department of Environmental Quality, 2015. Questions and answers about hydraulic fracturing in Michigan [EB/OL]. [2015-02-26]. http: //www. michigan. gov/deq/0,4561,7-135-3311_4111_4231-262172--, 00. html.

MOLOFSKY L J, CONNOR J A, FARHAT S K, et al. , 2011. Methane in Pennsylvania waterwells unrelated to Marcellus shale fracturing [J]. Oil Gas J. , 109 (19): 54-67.

MOLOFSKY L J, CONNOER J A, WYLIE A S, et al. , 2013. Evaluation of methane sourcesin groundwater in northeastern Pennsylvania [J]. Groundwater, 51 (3): 333-349.

MOONEY C, 2014. These two states had the same basic information about fracking [N]. They made very different decisions. The Washington Post (accessed 19. 10. 2015).

MUFSON S, 2014. Study: Bad fracking techniques let methane flow into drinking water [N]. The Washington Post (accessed 19. 10. 2014).

New York State Department of Health, 2014. A public health review of high volume hydraulic fracturing for Shale gas development [Z].

OREM W, TATU C, VARONKA M, et al. , 2014. Organic substances in produced and formation water from unconventional natural gas extraction in coal and shale [J]. Int. J. Coal Geol. , 126: 20-31.

ORESKES N, 2004a. Science and public policy: What's proof got to do with it? [J]. Environ. Sci. Policy, 7: 369-383.

ORESKES N, 2004b. The scientific consensus on climate change [J]. Science, 306: 1686.

ORESKES N, 2013. On the "reality" and reality of anthropogenic climate change [J]. Climate Change, 119: 559-560.

ORESKES N, CONWAY E M, 2010. Merchants of doubt [M]. New York: Bloomsbury Press.

OSBORN S G, VENGOSH A, WARNER N R, 2011. Methane contamination of drinking water accompanying gas-well drilling and hydraulic fracturing [J]. PNAS, 108 (20): 8172-8176.

PAPOULIAS D M, VELASCO A L, 2013. Histopathological analysis of fish from Acorn Fork Creek, Kentucky, exposed to hydraulic fracturing fluid releases [J]. Southeast. Nat. , 12 (4): 92-111.

RACICOT A, BABIN-ROUSSEL V, DAUPHINAIS J F, et al. , 2014. A framework to predict the impacts of shale gas infrastructures on the forest fragmentation of an agro forest region [J]. Environ. Manag. , 53: 1023-1033.

RICE D, 2014. Is fracking polluting the air? [N]. USA Today (accessed 26. 01. 2015).

ROBBINS K, 2013. Awakening the slumbering giant: How horizontal drilling technology brought the Endangered Species Act to bear on hydraulic fracturing [J]. Case West. Res. Law Rev. , 63 (4): 1143-1166.

ROZELL D J, REAVEN S J, 2012. Water pollution risk associated with natural gas extraction from the Marcellus Shale [J]. Risk Anal. , 32 (8): 1382-1393.

SMALL M J, STERN P C, BOMBERG E, et al. , 2014. Risk and risk governance in unconventional shale gas development [J]. Environ. Sci. Technol. , 48: 8289-8297.

SORAGHAN M, 2011. Baffled about fracking? You're not alone [N]. The New York Times (accessed 19. 10. 2014).

SORAGHAN M, 2012. Quiet foundation funds the "anti-fracking" fight [EB/OL]. E&E News. [2015-02-26]. http: //www. eenews. net/stories/1059961204.

STOCKSTAD E, 2014. Will fracking put too much fizz in your water? [J]. Science, 344 (6191): 1468-1471.

STRINGFELLOW W T, DOMEN J K, CAMARILLO M K, et al. , 2014. Physical, chemical, and biological characteristics of compound used in hydraulic fracturing [J]. J. Hazard. Mater, 275:

37-54.

USEPA, 1998. EPA. Guidelines for ecological risk assessment. EPA/630/R095/002F [R]. Risk Assessment Forum. Washington, DC.

VALLIANATOS E G, JENKINS M, 2014. Poison spring: The secret history of pollution and the EPA [M]. New York: Bloomsbury Press.

VENGOSH A, JACKSON R B, WARNER N, et al. , 2014. A critical review of the risks to water resources from unconventional shale gas development and hydraulic fracturing in the United States [J]. Environ. Sci. Technol. , 48: 8334-8348.

VERANGO D, 2013. Fracking linked to well water methane [N/OL]. USA Today. http: // www. usatoday. com/story/news/nation/2013/06/24/water-fracking-pennsylvania/2452023/.

11　诱　发　地　震

Robert Westaway

英国苏格兰格拉斯哥，格拉斯哥大学工程学院

11.1　简　　介

一个在英国发生的事件说明了诱发地震对能源工业的影响，2011 年春天在 Lancashire（英格兰西北部）的 Preese Hall 的一个勘探压裂项目诱发了一系列地震，最大的震级为 2.3 级（de Pater 和 Baisch，2011；Clarke et al.，2014；Westaway 和 Younger，2014）。鉴于当地居民的反应，其中可能有 20 多人感觉到了地面震动，而环保人士加剧了这种反应，他们并不会投入大量精力来进行调研，但会一再质疑其他人关于页岩气的研究成果（Younger 和 Westaway，2014），这种能源开采技术已经使数百万人成为惊弓之鸟。此外，压裂最初没有微地震监测，英国地震学界最初对诱发地震活动的发生毫无准备；在正常情况下，不列颠群岛是世界上地震最频繁的地区之一（如 Ambraseys，1988；Westaway，2006），有限的团队力量主体研究工作都还在英国以外的项目。因此，最初提出研究建议的并非相关领域资深专家，而是当时不具备行业资深经验的一些从业者，这导致了一些建议（Green et al.，2012），随后被纳入政府法规（DECC，2013），其中规定未来的压裂项目应遵守"红灯"监管系统，即任何 0.5 级以上的地震都应导致项目关闭。然而，像这样小的地震不太可能被感觉到，更不用说造成伤害或破坏了（Westaway 和 Younger，2014）。因此，在此基础上的监管制度（其动机似乎是制定者认为 0.5 级地震应该被视为更大事件的前兆，而大多数地震学家都清楚地知道，地震通常不是这样的，相对较大的地震很少会有较小的前震发生）是没有意义的；在此之前，它的主要影响可能是引发毫无意义的作业关停，从而大幅增加页岩气项目的成本。这种不恰当的监管形式，是 2011 年诱发的地震活动及其相关"恐慌"的反应结果。总的来说，这不是英国地震学界最好的时刻。

本章首先将定义诱发地震活动，并从地面的加卸载和流体注入两方面分析其

原因。然后，将列出诱发地震的案例研究清单，回顾一系列相关问题，包括高应力差如何影响诱发地震的特征（这对英国来说是一个特别重要的问题），诱发地震如何与流体注入量相关联，以及如何量化由压裂引起的诱发地震所产生的危害。

11.2　诱发地震活动性的定义及与人类活动的关系

Davis 和 Frohlich（1993）首先提出了一系列问题，以测试一些地震是否符合诱发地震的条件。在专栏 11.1 中对这些问题进行了总结，并将这种评估方法应用于 Preese Hall 压裂活动。在进一步讨论之前，明确术语非常重要。人类活动影响地震活动的机制近年来已被广泛讨论（Westaway，2002，2006；Seeber et al.，2004；Klose，2007a，b，2013；Ellsworth，2013；Rubinstein 和 Mahani，2015）。在 Klose（2013）之后，"人为地震"可以被定义为任何可以合理地证明人类活动是其原因，或至少是对时间产生主要影响的地震事件。人为地震又可细分为"触发"和"诱发"事件。触发事件是指无论如何都会发生的事件，因为该地区的应力状态趋于剪切破坏，或在活动断层上滑动，因此人类活动只是将地震提前或"把时钟拨快了"。如果无法证实，在没有人类活动的情况下，该地区的应力状态正走向剪切破坏的条件，那么地震就是"诱发"的：换句话说，没有人类活动，地震就不会发生。

专栏 11.1　Davis 和 Frohlich（1993）评估
诱发地震活动性的标准

Davis 和 Frohlich（1993）提出，可以通过七个问题来确定或驳斥流体注入所诱发地震的实例，问题如下：

问题 1：这些地震是该地区第一次已知的这种性质的地震吗？

问题 2：注入与地震活动之间有明显关联吗？

问题 3：震中是否发生在注水井附近（5 km 以内）？

问题 4：有些地震会发生在注入深度处或附近吗？

问题 5：如果不是，是否有已知的地质结构可以引导水流到地震地点？

问题 6：井底流体压力变化是否足以促进地震活动？

问题 7：次中心区的流压变化是否足以导致地震发生？

关于 2011 年的 Preese Hall 地震序列，问题 1 可以明确回答"是"。

根据 de Pater 和 Baisch（2011）提供的数据，问题 2 也可以明确回答"是"。

最大的两次地震（2.3 级和 1.5 级）都发生在压裂注入阶段结束后约 10 h 内，尽管造成这一时间滞后的物理原因尚未确定。

问题 3 和问题 4 也可以很清楚地回答"是的"，次中心距离生产井不超过几百米。然而，它们的确切位置仍存在争议，是持续研究的课题。例如，Clarke 等人（2014）认为，该活动发生在注入井以东和更深的数百米处。然而，Westaway 认为，他们的结论是使用简单的层状地震速度模型进行地震定位的产物，这是不合适的，因为当地的地质结构有显著的横向变化。该活动发生在油井的南部，其深度与注入的深度难以区分。Preese Hall 现场的压裂活动和由此引发的地震活动之间的联系最初并不清楚，因为英国地质调查局（BGS）所使用的英国永久地震仪网络，获取的位置是距离现场数千米以外的地方。

由于观测网的稀疏造成了这次活动的错位，最初并没有进行局部的微地震监测。尽管英国地质调查局网站（BGS, 2015）声称这种关联"立即被怀疑"，但 2011 年 4 月 1 日事件发生后，英国地质调查局发布的媒体报道（如 BBC, 2011）称原因是冰川平衡和/或板块运动，完全没有提到压裂。直到英国地质调查局在该地点附近安装了地震仪，从而能够更精确地定位后，这个问题才得以解决。正如一些消息来源（如 DECC, 2012）指出，在 2011 年 5 月 27 日事件之后，当时的监管机构（英国政府能源和气候变化部，DECC）立即暂停了英国页岩气的水力压裂作业，等待对 Preese Hall 地震活动的调查。然而，由于最初的错点小于 Davis 和 Frohlich（1993）主张的 5 km 半径，因果关系应该在初始阶段就被认可或参考。

问题 5 实际上不需要回答，因为活动的深度与注入的深度是无法区分的。Westaway 在评论中对数据的分析表明，局部最大主应力方向为 N7 ± 3°E—S7 ± 3°W（±2 s），并提供了水力压裂产生的诱导裂缝网络方位角的最佳估计值。因此，假设该裂缝网向南扩展时与一条断层相交，压裂液在裂缝网南端附近泄漏进入该断层，导致了诱发地震活动。另一方面，Clarke 等人（2014）认为该井与断层相交，因压裂液沿着该断层向下泄漏，引发了地震活动。然而，压裂液是否在足够的压力下能够向下流动，涉及的距离还不清楚（见下文）。通常，如果生产井与一个高渗透性断层相交，大家会普遍认为流体是向上而不是向下流动的。

对于问题 6 和问题 7，de Pater 和 Baisch（2011）报告了压裂阶段的井口压力测量值，并将其用于计算井底压力。Clarke 等人（2014）发表了一幅标有"井底压力"的图表，但实际上存在错误，这是 de Pater 和 Baisch（2011）井口压力图的副本。此外，de Pater 和 Baisch（2011）使用的计算程序所采用的输入参数值也未公开。Westaway 曾试图对他们计算进行"逆向验证"，但无法达成一致，因此目前正在进行沟通，以确保他们的数据可以公开。在压裂开始前进行了现场应力测量，该数据集已被公开（Younger 和 Westaway，2014）。在深度 2440 m 处，最大水平应力为 73.4 MPa，垂直应力为 62.2 MPa，最小水平应力为 43.6 MPa。该深度的静岩石压力为 59.7 MPa。Bowland 页岩的机械强度变化不大，但通常很低。Westaway 和 Younger（2014）的抗拉强度和黏聚力的代表性值分别为 2 MPa 和 4 MPa。根据 de Pater 和 Baisch（2011）的研究，在压裂阶段，井口压力和井底压力分别达到峰值，分别为约 52 MPa（7500 psi）和约 62 MPa（9000 psi）。由于井底压力超过了最小主应力加内聚力之和，因此能够形成诱导裂缝。通过对应力状态的二维分析（详见专栏 11.3）来测试与最大主应力方向为 45°的垂直走滑断层重新激活的可能性，结果表明，当摩擦系数 f 为 0.4 时，井底压力达到 33.6 MPa 时，与井底相交的断层会发生滑动，当摩擦系数 f 为 0.6 时，井底压力增加到 41.3 MPa 时，与井底相交的断层会发生滑动。根据 Pater 和 Baisch（2011），井底压力达到约 62 MPa 时，可以推定不存在与井眼相交的断层。如果有的话，它就会在压裂液的压力达到如此高值之前滑落。对于任何附近的断层，假设其内聚力 C 为 4 MPa（根据 Westaway 和 Younger，2014），则 K_1（详见专栏 11.3）这两个摩擦系数分别为 0.25 和 0.46，这表明，要使断层滑动，需要将井底压力超过静水压力的一半不到的压力传递到断层。反之，当 $C=0$ 时，这两个摩擦系数的断层滑动所需压力分别为 18.7 MPa 和 29.5 MPa。第一个值小于静水压力，表明在如此高的差应力下，即使在静水压力下，这种取向的无内聚断层也会产生摩擦不稳定现象，而 $f=0.6$ 则 $K_1=0.15$。考虑到断层当前实际方向（见图 11.3(a)）的三维计算将给出类似结论，将在其他地方进行发表。压裂阶段和由此产生的地震活动之间的时间延迟可能与 Davies 等人（2013）认为的流体泄漏机制或其他机制有关。几何形状表明，诱导裂缝网络向南延伸可能与该断层相交，时间滞后可能由断层的渗透率决定，渗透率决定了流体沿断层泄漏的速度，直到足够的断层区域被"润滑"，使其能够在观测到的震级地震中滑动。

McGarr 等人（2002）提出了一种不同的概念，即如果地震是发生在人类活动引起的应力状态变化比自然过程引起的应力状态变化大的地方，那么地震可以被认为是"诱发"的。然而，这样的定义并不实用。例如，2011 年英格兰西北部的诱发地震被认为是由水力压裂引起的，因为这种关联非常明显，地震发生在水力压裂现场附近，而且在压裂作业期间的几个小时内（de Pater 和 Baisch，2011；Clarke et al.，2014），而不是因为有人计算了地下应力状态的相关变化，以便与自然过程（如冰期后的地壳均衡反弹，Westaway）结果进行对比。此外，英国境内由采矿和采石等人类活动造成的质量通量为每年几亿吨（见表 11.1），大约比自然质量通量大两个数量级。侵蚀造成的现象可通过测量英国河流里的沉积物来表征（估计约为 2 Mt/a，Westaway，2006）。侵蚀的均衡响应通常被认为是目前促使英国地壳形变的主要自然机制（Bridgland 和 Westaway，2014；Westaway，2016）。因此，如果采用 McGarr 等人（2002）的定义，那么英国的所有地震活动都会被自动归类为"诱发地震"，而不管是否了解在任何特定情况下的因果机制。

表 11.1　英国人为原因造成的质量通量

项　　目	年份	质量率/Mt·a^{-1}	资料来源	注释
建筑、拆除、挖掘产生的废物	2012	100.2	DEFRA（2015）	1
碎石生产	2013	94.3	BGS（2014）	
商业和工业废物的产生	2012	47.6	DEFRA（2015）	
陆上砂石生产	2013	43.4	BGS（2014）	
石油生产	2013	38.5	BGS（2014）	
天然气生产	2013	36.5	BGS（2014）	
农业引起的土壤侵蚀	n. d.	34.1	Van Oost et al.（2009），DEFRA（2009）	2
生活垃圾的产生	2012	26.5	DEFRA（2015）	
海洋疏浚砂石生产	2013	14.6	BGS（2014）	
水泥原料生产	2013	11.5	BGS（2014）	3, 4
新住房地基开挖	2007	约10	NHBC（2007）	5
煤炭（露天）生产	2013	8.6	BGS（2014）	
工业用石灰石生产	2013	8.1	BGS（2014）	3, 6
煤炭生产（深部开采）	2013	4.1	BGS（2014）	
岩盐生产	2013	6.6	BGS（2014）	7
制砖原料生产	2013	4.2	BGS（2014）	8
工业用砂生产	2013	4.0	BGS（2014）	
农业用石灰石的生产	2013	2.1	BGS（2014）	3
石膏生产	2013	1.2	BGS（2014）	9
陶土生产	2013	1.1	BGS（2014）	
其他矿物的生产	2013	4.5	BGS（2014）	10

续表11.1

项 目	年份	质量率/Mt·a^{-1}	资料来源	注释
英国陆上矿产总产量	2013	195.8	BGS（2014）	
英国近海矿产总产量	2013	90.7	BGS（2014）	11
英国矿物总产量	2013	286.4	BGS（2014）	

注释：

1. 这一数值是根据2012年英国人口普查（2014）的人均数据1573 kg乘以2012年英国人口6370万人得出的。

2. Van Oost et al. （2009）估计，耕作的直接影响导致的土壤侵蚀速率为16.0 Mt/a，相关径流导致的土壤侵蚀速率为18.1 Mt/a。然而，这些估计的总和比英国政府报告的数量（例如，2.2 Mt/a；DEFRA，2009）超过了一个数量级。

3. 数据不包括北爱尔兰的资料来源。

4. 石灰石、白垩、黏土和页岩。

5. 2007年，在随后的经济衰退之前，通常每250个工作日完成500套新房（NHBC，2007）。假设典型的建筑面积约为40 m^2，每个房产的地基挖掘深度为1 m，土壤密度为2000 kg/m^3，承包商将其移至其他地方重新使用，则年内出土的材料的总质量为（500 × 250 × 1 × 40 × 2000）kg或约1010 kg。

6. 包括白垩和白云石。

7. 包括盐水。

8. 黏土、耐火黏土和页岩。

9. 不包括燃煤电厂烟气脱硫产生的脱硫石膏。

10. "其他"包括球黏土、泥炭、钾肥（氯化钾）、板岩、建筑石、通过对旧废料头进行再加工回收的煤炭、用于建筑的黏土/页岩（各在0.5~1.0 Mt/a之间），以及少量其他材料，主要是钙石、铅矿和铁矿石。

11. 包括几乎所有的石油和天然气，以及海洋疏浚的砂石。

Rubinstein 和 Mahani（2015）提出了诱发地震的另一种定义，即所有人为引起的地震都被认为是诱发的，即使人为原因只是"拨快了时钟"。这将使"诱发地震"成为"人为地震"的同义词，使其中一个术语变得多余。但是，除了这种一次性的"拨快时钟"（Klose，2012），以及本章中描述的人类活动正在广泛地改变压力状态，从而导致地震之外，该断层上未来的地震将遵循与过去相同的模式。如果不发生这种活动，就不会发生地震。因此，本章作者一直坚持"诱发地震"的标准定义。

对人为地震活动的研究始于1894年南非约翰内斯堡第一次感觉到地震。到1908年，这些被归因于1886年开始的威特沃特斯兰德金矿开采（McGarr et al.，2002）。因此，在开始讨论时，应考虑由于采矿和其他挖掘在地球表面产生质量运动的规模。关于全球情况，Syvitski 等人（2005）估计，在人类还未深入影响前的自然状态下的地球表面，河流向海洋输送沉积物的全球通量为每年约

15 Gt/a。他们认为，人类活动使进入世界河流系统的泥沙通量增加了约2.3 Gt/a，约3.7 Gt/a 的泥沙通量被截留在大坝后面，因此，总体而言，人类活动使海洋中的沉积物通量减少了约1.4 Gt/a（或约10%）。另外，众所周知，人类活动，如农业和采矿，导致了沉积物通量的急剧增加，例如，在地中海地区从古代开始（特别是在罗马时代），在美国东部从欧洲人定居开始（Wrench，1946；Trimble，1975，2008；Daniels，1987；Friedman et al.，2000）。Syvitski 和 Kettner（2011）估计，由于人类活动造成的群体运动的年通量大致等于世界河流的流量，或约15 Gt/a，但没有计算验证，不过他们指出，非常大的质量运动率与铁矿开采等大规模工程项目有关（见表11.2）。然而，正如后面将明确的，由于人类活动引起的质量移动的通量如今远远大于地球自然状态下的通量。此外，这种人为的大规模运动的距离相对较短，不涉及河流运输。因此，产生对压力状态的扰动，要远远高于运动分布更广泛的情况（Westaway，2002）。

表 11.2　与世界最大矿山相关的质量通量

名　　称		地　　点	质量速率/Mt·a^{-1}	储量/Gt
铜	埃斯孔迪达矿	安托法加斯塔区埃尔洛阿省（智利）	约475	104
铁矿石	哈默斯利矿综合体	西澳大利亚哈默斯利盆地	127	1.7
	卡拉亚斯矿	帕拉州卡拉亚斯山脉（巴西）	107	7.3
煤	北羚羊罗谢尔矿	怀俄明州粉河流域（美国）	108	>2.3
	黑雷矿	怀俄明州粉河流域（美国）	93	1.5

注：1. 铜：必和必拓公司（2012）和国际铜研究小组（2012）的数据。如表11.3 所示，根据公布的日均数字（130万吨）估算，每年需要大规模开采以实现现每年90万吨铜产量。报告的储量包括21.7亿吨的确认储量和82亿吨的潜在的勘探目标储量，这也直接展示了为提取铜金属所需要的岩石质量。
　　2. 铁矿石：Mining-Technology.com（2014）2012年数据。在宣传文献（Bus-ex.com，2013）中，卡拉亚斯采矿业务的规模被描述为"矿石启发"。
　　3. 煤炭：Mining-technology.com（2013）2012年数据。

表 11.3　全球人为原因的物质通量

项　　目	年份	质量速率/Gt·a^{-1}	来　源	注释
不可持续的用水	2008	196	Wada et al.（2012）	1
土壤侵蚀	未确定	75	Myers（1993）、Pimentel（2006）	2
碎石生产	2011	14.2	美国地质调查局（2013）	3
建筑用砂石生产	2011	9.8	美国地质调查局（2013）	4
铜的生产	2012	9.0	美国地质调查局（2013）、必和必拓公司（2012）	5

项　　目	年份	质量速率 /Gt · a^{-1}	来　　源	注释
建筑石材生产	2011	8.4	美国地质调查局（2013）	6
煤炭生产	2012	7.86	英国石油公司（2013）	
石油生产	2012	4.12	英国石油公司（2013）	
水泥生产	2012	3.60	美国地质调查局（2013）	
天然气生产	2012	3.03	英国石油公司（2013）	
森林砍伐向大气释放的碳	2000	2.1	Houghton（2003，2005）	7
铁矿石生产	2010	1.82	世界钢铁协会（2012）	
利用焦油砂生产合成油	2010	1.4	Syvitski 和 Kettner（2011）	8

注："未确定"表示未确定任何特定年份的估值。

注释：

1. 这一估值是针对人类活动对含水层造成耗竭而做出的。根据 Wada 等人（2012）的资料，从 1993 年到 2008 年海平面上升的时间平均值，即（0.54 ± 0.09）mm/a，乘以海洋占地球表面的百分比（5.10×10^8 km^2 表面积的71%）和标称1000 kg/m^3 的水密度。

2. 这个来自 Myers（1993）的长期估值，现在被认为是保守的（Pimentel，2006）。

3. 没有记录全球总数；此处的估算方法是将美国的碎石产量乘以全球水泥产量与美国水泥产量之比，所有数据来自美国地质调查局（2013）：1.16 Gt×842/68.6。

4. 没有记录全球总量；这里是用美国的砂石产量乘以全球与美国的比例来估计的水泥产量，所有数据来自美国地质调查局（2013）：0.802 Gt×842/68.6。

5. 根据美国地质调查局（2013），2012 年全球铜产量估计为1700 万吨。根据必和必拓公司（2012），世界最大的智利 Escondida 铜矿在 2012 年生产了 90 万吨铜，但这需要每天加工 130 万吨铜矿石，因此 2012 年 Escondida 总共加工了（130×365）万吨或约 4.75 亿吨矿石。假设矿石加工的一般比例相同，就世界其他矿山的铜产量而言，可供加工的岩石总量为 4.75 亿吨×17/0.9。

6. 没有记录全球总量；这里的估算方法是将美国产量乘以美国进口额与美国产量之比，所有数据来自美国地质调查局（2013）：1.71 Gt×1590/323。由此产生的数量低估了全球总量，因为没有考虑到其他国家的使用；然而，美国地质勘探局（2013）确实指出，美国是全球建筑石材的主要消费国。

7. 根据 Houghton（2003），生物量损失率大约在 1990 年达到顶峰，此后一直在下降。正如 Houghton（2005）所详述的那样，对全球生物量损失的估算范围很广，导致森林面积的减值和森林区剩余生物量难以估算。植物生物质燃烧也会向大气释放水蒸气。由此产生的大量损失将被纳入全球水分平衡，因此将被计入水分平衡改变的一部分。

8. 这一估计数是针对（加拿大）艾伯塔省的 Athabasca 焦油砂进行的。Syvitski 和 Kettner（2011）指出截止到 2010 年，已处理大约 30 Gt 焦油砂。假设自 1967 年开始生产以来，产量呈线性增长，再对比 2010 年的加工速度，发现存在高估的可能性。因近年来，从焦油砂中提取的石油有很大一部分是通过蒸汽注入提取的，而不是通过采石和加工焦油砂。

　　表 11.3 量化了全球范围内一些涉及人类大规模的质量移动。尽管 Syvitski 和 Kettner（2011）认为，这些影响主要是由大型工程项目造成的，但这些项目的数

量似乎太少，无法对表 11.3 所列的全球贡献清单产生重大影响，其中很多项目是大量小型项目的累积效应（见专栏 11.2）。所列过程的总通量超过 330 Gt/a，因此是全球河流系统全球"自然"泥沙通量的 20 倍以上。即便如此，由此产生的总通量可能被严重低估，因为挖掘（如土地开垦）引起的质量移动（Syvitski 和 Kettner，2011）没有包括在内。水库蓄水引起的水资源再分配也被省略了，尽管水库诱发的地震活动意义重大（Klose，2013）。此外，对于所列的大多数商品的生产来讲，每年的质量运动通量等于每年的生产，因此忽略了对覆盖层的任何挖掘。铜的生产是例外，它涉及大量矿石的加工，通常金属只占一小部分，约1%（见表 11.2 和表 11.3）。

　　表 11.3 所列出的人类活动的最大组成部分是不可持续的用水。在世界许多地方，水的供应源来自没有得到补充的含水层，由此产生的废水排入海洋。研究人员（Wada et al.，2010，2012；Konikow，2011，2013；Pokhrel et al.，2012，2013）根据观察到的海平面上升速率估计了这部分的规模；表 11.3 中列出了这样一个估值。目前（IPCC，2013）全球海平面估计以 3 mm/a 的速度上升，其中约 1.1 mm/a 是由海洋的热膨胀引起，约 1.6 mm/a 是由冰川（约 0.8 mm/a）和冰原（格陵兰岛：约 0.5 mm/a；南极洲：约 0.3 mm/a）的融化，以及约 0.4 mm/a 由于地下水的抽取而引起的。可以确切地说，这种融水成分是由人为的全球变暖造成的，也可以看作是另一个人类原因造成的大规模变化。如果是这样的话，由此产生的质量运动速率将比表 11.3 中的估计高出约 5 倍。众所周知，更新世末期冰川消退时冰盖质量分布的变化是古地震活动的原因，例如，在苏格兰（Ringrose，1989；Stewart et al.，2001）和斯堪的纳维亚（Lundqvist 和 Lagerback，1976；Mörner et al.，2008；Sutinen et al.，2009；Juhlin et al.，2010）。然而，相关的质量分布变化比目前人类活动造成的任何变化都要大得多。例如，在末次大冰期前后，不列颠群岛被一个表面积和体积分别约为 720000 km² 和 800000 km³ 的冰盖所占据，该冰盖随后以 65～260 km³/a 的速度融化（Clark et al.，2012）。假设冰的密度约为 920 kg/m³，这个相对较小的冰盖产生的融水质量通量在 60～240 Gt/a 范围内，与目前估计的人类的质量通量总量相当（见表 11.3）。

专栏 11.2　与大型工程项目有关的大规模移动

　　Syvitski 和 Kettner（2011）认为，大规模的工程项目对人类全球大规模流动作出了主要贡献，并以迪拜沿海的人工度假岛屿为例。正如 Syvitski 和 Kettner（2011）所指出的，迪拜附近的人工岛屿的规划质量大于 3 亿吨。然而，这些项目中最大的项目（被称为 Palm Deira），已缩减工程量（即使如此，由此产生的土地面积约为 46 km²）（Worldtravellist.com，2011），实际发生的总质量运动可能约为 2 Gt，在约 10 年的建设期内，典型的质量通量约 0.2 Gt。作为比较，欧洲目前最大的建设项目是 Maasvlakte 2 填海计划，以扩展荷兰鹿特丹港。由此产生近 20 km² 的土地，需要运移约 2.4 亿 m³ 从北海挖来的沙子，大部分从斯堪的纳维亚运来的约 7 Mt 岩石，以及约 2 万个混凝土立方体，每个立方体的质量约为 43 t (Port of Rotterdam, 2013)。移动的总质量约 0.5 Gt，2009—2013 年间平均时间的质量通量约为 0.1 Gt/a。尽管这种规模的计划显然将在受影响地区的大规模流动中占主导地位，但这些计划似乎太少，不足以对全球总的流动总量产生重大影响（见表 11.3）。将表 11.3 中的 336 Gt/a 质量通量除以地球的陆地面积，即 1.5×10^8 km²，得出质量通量密度为 2.2 kg/(m²·a)。假设被移动的物质的平均密度约为 1500 kg/m³，因为其中大部分被推断为水而不是岩石，可以得出全球平均的人为地表过程的典型速率为 1.5 mm/a。

表 11.1 列出了英国人类大规模运动的相关事件，它们的分类与全球数据集有很大不同，最大的贡献是碎石的产生和废物的产生。现在的模式与过去大不相同，例如，在 1913—1914 年的峰值时期，煤炭产量为 287.44 Mt/a (Mitchell, 1984)，其规模与现在的质量通量的所有贡献之和相当。在这样一个人口密度相对较高的发达国家，大型建筑项目可能会对整个人类活动作出重大贡献 (Syvitski 和 Kettner, 2011)。但是，与全球比较，相对于表中估计的许多小型项目的累积效应，似乎没有足够的小型项目作出任何实质性贡献。例如，2001—2006 年在伦敦东部修建的英吉利海峡隧道铁路第 2 期（约 40 km）的工程就涉及了约 250 万 m³ (Paul et al., 2002)，这主要是由于每条铁路需要轨道长度约 20 km、直径约 8 m 的隧道。假设挖掘的材料密度为 2000 kg/m³，这表示在每一年的施工中质量为大约 5 Mt，质量通量为大约 1 Mt/a。横贯铁路计划通过在城市地下挖隧道连接伦敦东部和西部的郊区铁路网，预计 800 万 m³ (TESTRAD, 2012)，相当于 16 Mt，一直到 2018 年的 8 年建设期间，每年的质量通量为 2 Mt/a。英国近期最大的建设项目是位于泰晤士河入海口埃塞克斯郡斯坦福勒霍普的伦敦门户集装箱港 (London Gateway container port)，该项目涉及的移动量估计为 3000 万 m³ 或约 60 Mt 淤泥用于疏浚航道和填海造地，在截至 2014 年的 6 年建设期间，质量流量约为 10 Mt/a (Laing O'Rourke, 2014)。建议开垦约 200 km² 在泰晤士河口建造"伦敦不列颠尼亚机场"。所需土地预计将涉及 1.34 亿 m³ 或约 270 Mt 的大规模移动 (TESTRAD, 2012)，预计工期为 7 年。这意味着典型的质量通量约为 40 Mt/a。但是，即使这种规模的建筑，对英国现有的人为质量通量的增加也不会超过 10%（见表 11.1）。

另一个涉及人类起源的大规模运动的过程是地下注水，这是迄今尚未考虑到的。在英国及整个欧盟 (EU)，由于欧盟水资源框架指导意见 (European Union,

2000）被纳入各成员国的法律，禁止通过地下回注水的方式处理废水。但是，在适当环境许可的情况下，允许将水注入井中用于废物处理以外的其他目的，例如维持油田或地热储层的压力或用于水力压裂。即使在欧盟监管前，英国也不愿意从事回注废水处理。例如，即使在 1950—1952 年执行第一枚核武器生产钚的紧急计划中，产生的放射性废物都被储存起来等待最终处理，而不是像美国和苏联当时所做的那样采用钻孔处理（Pegg，2015）。目前的法律框架确实规定了所有岩石的潜在"含水层"的技术定义，原则上一直到地球中心，包括含有高盐水的地层水的岩石，没有人会考虑用它来供水。水文地质学家质疑这种对"含水层"的笼统定义是否有意义（Mather et al.，1998），而且法律禁止废水的地下处理，但却不禁止对其他物质的地下处理，如二氧化碳（CO_2），但这就是目前的情况。这引发了一系列关于页岩气项目的争论，因为反对者错误地认为，符合"含水层"法律定义的几千米深处的岩石以某种方式被用于供水。与此相关的问题是，用于水力压裂的液体是否会从这样的深度向上泄漏，污染地球表面几百米深处的供水含水层，Younger 提出了这个问题。

上述情况与美国形成了鲜明对比，美国环境保护署（EPA）在许多情况下允许钻孔注入废水，在欧盟内，水将被处理并返回到环境中。最大规模的井注包括 EPA Ⅱ级处理，包括油气生产废水、压裂返排液和煤层气返排水。美国环保署（2012）报告称，2012 年美国有 14.4 万口 Ⅱ级处理井投入使用，注入水的速度约为 $3.3 \times 10^9 \ m^3/a$。在美国中部和东部（美国本土，不包括亚利桑那州、加利福尼亚州、爱达荷州、内华达州、俄勒冈州、犹他州和华盛顿州这七个西部州），Rubinstein 等人（2015）清点了超过 200000 口井（其中 78% 位于得克萨斯州和俄克拉何马州），包括超过 1000 口井每口井每月处理超过 100000 桶水，相当于超过 500 m^3/d 或大约 200000 m^3/a。单个高容量处理井可能每天注入超过 1000 m^3，例如，McGarr（2014）提到俄克拉何马州的 Howard-1 油田，该油田在 3 年内注入了 $1.44 \times 10^6 \ m^3$ 的水。前面提到的 EPA 钻孔处理数据相当于约 3.3 Gt/a 的质量流量。很明显，与人类引起的全球质量流量的许多其他组成部分相比，这是很小的（见表 11.3）。显而易见，诱发地震是地下废水处理的一个特别普遍的结果，显然是因为水压的增加促进了断层上的滑动（专栏 11.3）（参见第 5 章）。

专栏 11.3　诱发地震活动的条件

应力状态的变化可以诱发地震活动的条件已经被多次报道（Westaway，2002，2006）。标准的二维莫尔-库仑摩擦分析（见图 11.1）也曾多次以图解的方式介绍过，但为了完整性，这里也包括在内。然而，应该指出的是，由于断层的方向通常不平行于任何一个主应力轴，因此应该进行三维分析。这在图形上更难以描述，在代数上也更复杂，所以这里不考虑。

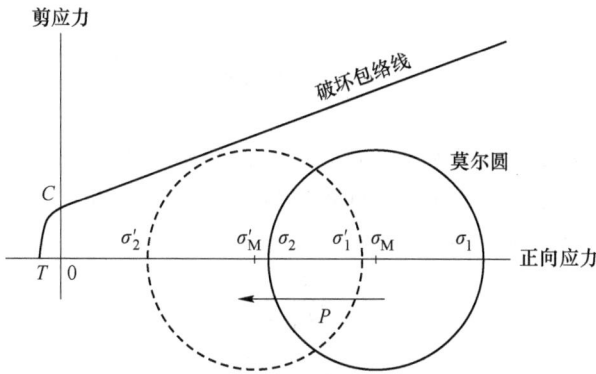

图 11.1 流体注入引起诱发地震活动的物理机制示意图
（使用莫尔圆/失效包络线表示应力状态（专栏 11.3））

（正向应力（当为正时是压缩应力，当为负时为拉伸应力）绘制在横轴上，剪应力在纵轴上。在给定的位置上作用的最大和最小正向应力用 σ_1 和 σ_2 来表示；它们位于圆的直径两端，圆心在水平轴上，在那里正向应力等于平均应力 $\sigma_M (\sigma_M \equiv (\sigma_1 + \sigma_2)/2)$，半径 $\Delta\sigma/2$，其中 $\Delta\sigma \equiv \sigma_1 - \sigma_2$。这个莫尔圆代表了在局部作用于不同方向的正向应力和剪应力组合的集合。失效包络线代表了正应力和剪应力组合的集合，导致岩石在剪切或张拉中破坏，或先前存在的断层或张拉断裂被重新激活。这条线在压缩状态下的梯度等于一个已经存在的断层的摩擦系数，或岩体内部的内摩擦系数 f。这条线在水平轴上穿过一点，在这一点上，拉伸正向应力等于材料的抗拉强度 T，在垂直轴上穿过一点，剪应力等于其内聚力 C。完整的岩石会有非零的 C 和 T，正如 Westaway 和 Younger（2014）所讨论的那样，一些岩石（如页岩）中先前存在的断层或裂缝也可能具有非零的 C 和 T，所以这里允许这种可能性。当流体压力 P 增大时，平均应力 σ_M 到 $\sigma'_M \equiv \sigma_M - P$ 和莫尔圆有效地左移了一个距离 P（到所示的虚线圆），导致新的"有效"最大和最小正向应力：$\sigma'_1 \equiv \sigma_1 - P$ 和 $\sigma'_2 \equiv \sigma_2 - P$。这种正常的应力减少效应被称为断层"解锁"，它的后果是使断层更接近滑动的条件，可以从虚线莫尔圆更接近破坏包络线来可视化。如果压力增加得足够大，使调整后的莫尔圆接触到破坏包络线，断层就会滑动（或岩石将无法产生新的断层），就会导致诱发地震。本图修改自 Rubinstein 和 Mahani（2015）中的图 11.3）

该结构采用莫尔圆，对于给定的主应力对（二维）σ_1 和 σ_2，它代表在岩体内给定位置的不同方向上剪切应力 τ 和正应力 σ_N 的可能组合范围。也定义了断层的摩擦破坏包络线，通常是一个恒定的梯度，或坡度角 ϕ，反映了断层上的摩擦系数 f 的假设，其中 $\tan\phi \equiv f$，与其应力状态无关。因此，如果 C 为该故障的内聚力，失效包络线方程为：

$$\tau = C + \sigma_N \tan\phi \tag{11.1}$$

岩体的平均应力 $\sigma_M \equiv (\sigma_1 + \sigma_2)/2$，表示莫尔圆的圆心（在 $[\sigma_N = \sigma_M, \tau = 0]$），此圆的直径为差应力 $\Delta\sigma \equiv \sigma_1 - \sigma_2$。当流体压力 P 存在时，有效平均应力由 σ 减小 $\sigma'_M \equiv \sigma_M - P$。从图 11.1 的形式来看，莫尔圆接触破坏包络线的条件，

即应力状态使断层滑动，从而导致诱发地震，经过几个代数步骤后，可以写成：

$$P = \sigma_M + C\cot\phi - \Delta\sigma(\sin\phi + \cos\phi\cot\phi) \tag{11.2}$$

或

$$P = \sigma_M + \frac{C - \sqrt{1 + f^2} \cdot \Delta\sigma}{f} \tag{11.3}$$

该值可以与其他压力测量值进行比较，如静水压力 P_o（估计为感兴趣点的深度×水的密度×重力加速度）和注入流体的井底压力 P_B。为了便于进行比较，可以计算 K_1、K_2 和 K_3 的比率：

$$K_1 \equiv \frac{P - P_o}{P_B - P_o} \tag{11.4}$$

$$K_2 \equiv \frac{P - P_o}{\sigma_M - P_o} \tag{11.5}$$

$$K_3 \equiv \frac{P - P_o}{P_L - P_o} \tag{11.6}$$

式中，P_L 为静岩压力。

一旦测量了应力状态，在进行任何项目之前，可以使用这些指标来评估引起地震的可能性。因此，如果 $P \leqslant P_B$，那么诱发地震活动的可能性是明显的；这种可能性可以通过降低 P_B 或以其他方式加以控制；例如，通过保持足够低的注入量来限制任何诱发地震的震级，安排保险或通过为受诱发地震影响的人建立补偿计划。然而，需要重申的是，这种类型的分析应该在三维空间中进行，此处给出的二维版本只是为了说明问题。

这一分析（及其图 11.1 中的图形表示）对诱发地震活动有几个重要的实际结果，从式（11.3）的代数形式来看，所有这些结果都是显而易见的。注入流体的压力越高，诱发地震的可能性越大。另外，"更坚固"或"更粗糙"的岩石（即它的内聚力或摩擦系数越大），在给定的压力增加下，诱发地震的可能性就越小。从图 11.1 中可以明显看出，内聚力越高，破坏包络线的垂直截距就越高，而摩擦系数越高，破坏包络线就越陡峭。因此，这两个因素都会使失效包络线远离莫尔圆。应力差越大，诱发地震活动的可能性越大。这是显而易见的，因为应力差决定了莫尔圆的直径：直径越大，在其他因素相同的情况下，圆的一部分越有可能接近破坏包络线。相反，如果应力差相对于岩体的内聚力较低，那么，无论流体压力有多大，只要局部区域仍然处于压缩状态，莫尔圆可能永远不会与破坏包络线相交；只有在更大的流体压力导致的拉伸条件下，如果莫尔圆的左边缘在与材料的拉伸强度相对应的点（见图 11.1 中的 T）接触破坏包络线，才可能发生破坏。因此，高差应力是影响诱发地震活动的一个重要因素，尽管这一因素经常被忽视。例如，Walters 等人（2015）在讨论与流体注入相关的风险因素时，完全忽略了这一点。这显然是页岩气的水力压裂会导致诱发地震的原因，这些地震在高差应力地区（如英格兰北部、俄亥俄州和不列颠哥伦比亚省）足以感受到，而在得克萨斯州的页岩气省巴内特页岩，差应力非常低（Gale et al.，2007），尽管已经进行了大约 15000 口井的水力压裂，却没有发生这样的地震。

11.3 诱发地震清单

表 11.4 列出了诱发地震的清单，这些地震都可以说是由钻孔注入流体引起的。纽卡斯尔（澳大利亚）事件是例外，由于煤炭开采导致的地壳卸载（Klose，2007a），将其包括在内是为了进行比较。注液诱发地震的物理原因见专栏 11.3，并在图 11.1 中示意说明。这份清单扩展了 McGarr（2014）之前的版本，增加了更多的地震和事件的信息。图 11.2 绘制了每一次地震的地震矩 M_0，这是衡量地震时释放的弹性应变能的标准量度，它与地震震级 M_W 和注入水的体积 V 成比例。为了说明与流体注入有关的地震的六种因果机制：科学实验、用于增强型地热系统（EGS）、页岩气和提高石油采收率（EPR）的水力压裂、为 EPR 注入 CO_2 和废水处理。如前所述，美国注入的大部分废水都是废压裂液，或与非常规油气开发有关，因此，所列的最后四组诱发地震都属于本研究的范围。

这份清单并不详尽。事实上，Rubinstein 和 Mahani（2015）已经注意到近年来在美国发生了数百次 $M_W \geq 3$（$M_0 \geq 4 \times 10^{13}$ N·m）的地震，超过了这个国家的自然地震活动，尽管这些大多数没有进行详细的研究；其他人（Westaway，2002，2006；Klose，2007b，2013）记录了其他地震，也很可能是由采矿或其他人类活动引起的。此外，在许多情况下，包括表 11.4 所列的一些情况，被认为直接导致地震的注水量是一个相当不确定的问题。这在一定程度上是因为在美国的一些司法管辖区，页岩气开发商没有义务披露用于压裂的流体数量，这被认为是一个商业机密问题。一个例子是 2014 年 3 月 10 日发生在俄亥俄州波兰镇 M_W 3.0 地震（Skoumal et al.，2015）。这是目前美国境内由于页岩气水力压裂引发的最大地震，英国观察家认为这是美国不同的惯用方式和做法。在英国每口页岩气井的环境许可证规定每个压裂阶段或每天的注水量，由于这会影响其他消费者的供水而成为合理的公众关注问题。其次，某些情况下，注水量并没有被记录保存下来，例如 2011 年 8 月 23 日拉顿盆地 M_W 5.3 地震（Rubinstein et al.，2014）。这次地震发生在拉顿盆地的科罗拉多州和新墨西哥州边界附近，煤层气开采释放出的大量地层水被注入井眼。科罗拉多州的井眼注水量被系统记录下来，而新墨西哥州 2006 年 6 月之前并没有记录。另外，目前尚不清楚某一特定区域的注水对地震活动有多大影响。例如，是否应将某一特定地区所有前期压裂项目的注水量相加，还是将地震发生时正在进行压裂井的前期压裂阶段注水量相加，抑或仅考虑最近压裂阶段的注水量。这种不确定导致了多种可能性，因此，图 11.2 所示的与水力压裂诱发地震相关的水量存在很大的不确定性。最后，有实例（见表11.4）表明，在多口井注水的地区存在多重诱发地震的可能。因此，很难在地震之间分配注入体积，特别是一些诱发地震活动发生在井眼一定距离的地方，大部分注入的体积很可能从其他方向流到地下，因此对地震活动可能并没有影响。

表11.4　钻孔注入流体引起的诱发地震

名　称	日期	时间	原因	注释	M_W	$M_O/N \cdot m$		V_1/m^3	V_2/m^3	ID代码
						注释1	注释2			
KTB站点（德国）	1994.12.18	15:26	S	3	1.4	1.43×10^{11}	1.41×10^{11}	200		KTB
俄亥俄州哈里森县	2013.10.5	00:16	F SG	4	2.2		2.24×10^{12}	94175	840	HCO
普雷斯厅（英格兰）	2011.4.1	02:34	F SG	5	2.3	3.20×10^{12}	3.16×10^{12}	4170	2339	BUK
苏尔茨苏福雷茨（法国）	2000.7.16	21:41	E	6*	2.4		4.47×10^{12}	23000		STZ1
苏尔茨苏福莱茨（法国）	2003.6.10	22:54	E	6	2.9	2.51×10^{13}	2.51×10^{13}	40000		STZ2
俄克拉何马州埃奥拉（加文县）	2011.1.18	03:40	F EPR	7	2.9	3.50×10^{13}	2.51×10^{13}	17500	8500	GAR
俄亥俄州波兰镇	2014.3.10	06:26	F SG	8	3.0		3.55×10^{13}	19100	1219	PTO
霍恩河（加拿大）	2011.7.7	22:46	F SG	9	3.1		5.01×10^{13}	45000	5000	HRC2
得克萨斯州达拉斯-沃斯堡	2009.5.16	16:24	W	10	3.3	8.90×10^{13}	1.00×10^{14}	370000		DFW
巴塞尔（瑞士）	2006.12.8	16:48	E	6	3.4	1.41×10^{14}	1.41×10^{14}	11566		BAS
俄亥俄州阿什塔布拉市	1987.7.13	05:49	W	11*	3.6	2.82×10^{14}	2.82×10^{14}	60000		ASH1
得克萨斯州阿兹尔市	2013.12.8	06:10	W	12*	3.6		2.82×10^{14}	2813000		ATX
库珀盆地（澳大利亚）	2003.12.5	17:45	E	13*	3.7	3.98×10^{14}	3.98×10^{14}	20000	7300	CBN
霍恩河（加拿大）	2011.5.19	13:05	F SG	14	3.8		5.62×10^{14}	63000	3500	HRC1
俄亥俄州扬斯敦	2011.12.31	20:05	W	15	3.88	8.30×10^{14}	7.41×10^{14}	78798		YOH
俄亥俄州阿什塔布拉市	2001.1.26	03:03	W	11	3.9	8.00×10^{14}	7.94×10^{14}	340000		ASH2
科罗拉多州，帕拉多克斯谷	2000.5.27	21:58	W	16*	4.3	3.16×10^{15}	3.16×10^{15}	2350000	490000	PBN
柏林（萨尔瓦多）	2003.9.16	01:20	E	17	4.4		4.47×10^{15}	205000	136000	BER

续表 11.4

名　称	日期	时间	原因	注释	M_W	M_O/N·m		V_1/m³	V_2/m³	ID 代码
						注释 1	注释 2			
科罗拉多州拉顿（特立尼达）	2001.9.5	10:52	W	18	4.4	4.50×10^{15}	4.47×10^{15}	426000		RAT1
得克萨斯州科格德尔（斯奈德）	2011.9.11	12:27	G EPR	19*	4.41		4.62×10^{15}	325000		COG
科罗拉多州丹佛市	1967.4.10	19:00	W	20	4.53		7.10×10^{15}	625000		RMA1
科罗拉多州丹佛市	1967.11.27	05:09	W	20	4.54		7.20×10^{15}	625000		RMA3
阿肯色州盖伊	2011.2.28	05:00	W	21	4.7	1.20×10^{16}	1.26×10^{16}	3477000	612000	GAK
俄亥俄州佩恩斯维尔	1986.1.31	06:46	W	22	4.8	2.00×10^{16}	1.78×10^{16}	1190000		POH
科罗拉多州丹佛市	1967.8.9	13:25	W	20	4.85	2.10×10^{16}	2.10×10^{16}	625000		RMA2
得克萨斯州廷普森	2012.5.17	08:12	W	23	4.86	2.21×10^{16}	2.21×10^{16}	3950000	1050000	TTX
俄克拉何马州布拉格	2011.11.5	07:12	W	24	5.0		3.55×10^{16}	12000000		POK1
科罗拉多州拉顿（特立尼达岛）	2011.8.23	05:46	W	25	5.3	1.00×10^{17}	1.00×10^{17}	51670000	7840000	RAT2
纽卡斯尔（澳大利亚）	1989.12.27	23:26	C	26	5.6		2.82×10^{17}	778000000		NEW
俄克拉何马州布拉格市	2011.11.6	03:53	W	24	5.7	3.92×10^{17}	3.98×10^{17}	12000000		POK2

注：地震按震级 M_W 和地震力矩 M_O 的增加顺序排列。被认为对每一件事都应负责的原因或过程包括：
　　C，煤矿开采；E，用于增强型地热系统的水力压裂；F EPR，压裂法提高石油采收率；F SG，页岩气压裂法；G EPR，二氧化碳注入为加强石油回收；S，科学实验；W，废水处理。V_1 表示注入液体的测量或估计体积，V_2（在指定的地方）表示明显较小的估计，在某些情况下也可能适用。ID 代码在图 11.2 中识别单个地震。KTB 代表德国大陆深处钻井项目地点（德语 Kontinentales tiefbohrprogram），靠近巴伐利亚州的 Windischeschenbach。在"注释"栏中，* 表示必须在国际地震中心的在线目录中搜索其他信息来源没有提供的震源参数。

其他注释说明的资料来源：

1. 这一栏列出了 McGarr（2014）报告的 M_O。

2. 这一栏列出了 M_O 值是由本研究中确定的 M_W 中确定的数值，使用的标准是 Hanks 和 Kanamori（1979）方程（$\log_{10}(M_O/N \cdot m) = 9.05 + 1.5 M_W$）。对于一些地震所列出的 M_W 的测量值，首先得到的是这个公式的逆值 M_O。

3. 数据来自 Dahlheim 等人（1997），以及 Zoback 和 Harjes（1997）。

4. 数据来自于 Friberg 等人（2014）。这些作者报告说，对三条侧线进行了压裂。Ryser 2 在 9 月 7 日至

13 日期间有 20 个压裂阶段，体积为 24500 m^3；Ryser 4 在 9 月 14 日至 26 日期间进行了 24 个压裂阶段，体积为 30175 m^3；Ryser 3 在 9 月 19 日至 10 月 6 日期间进行了 47 次压裂，包括在诱导事件后进行的一些压裂，体积为 39500 m^3。V_1 是这三个体积的总和，V_2 是 Ryser 3 的一个压裂阶段的平均体积。

5. 数据来自 de Pater 和 Baisch（2011）。V_1（McGarr，2014）是地震前注入的总液体量，V_2 是指地震前压裂阶段的体积。

6. 数据来自 Majer 等人（2007）。

7. 震级，来自 Holland（2013）的数据，是 2.9 级，而不是 McGarr 所说的 3.0 级。McGarr（2014）中报告称大约 9000 m^3 的流体体积是在较早的压裂阶段注入的，因此可能对这一特定的诱发地震没有因果关系，因此，在这一过程中的差异为 V_2 和 V_1。

8. 数据来自 Skoumal 等人（2015），他们报告了诱发地震的情况，该井有 6 条测线，共经历了 94 个压裂阶段。因此注入的液体量没有披露（Beiersdorfer，2014）。然而，Ridlington 和 Rumpler（2013）报告说，截至 2012 年年底，俄亥俄州的 334 口井已经使用了 14 亿加仑的水进行压裂。这意味着每口井的平均用水量为 19100 m^3，将其视为 V_1 作为比较，2015 年 8 月 11 日，FracFocus 网站上记录了俄亥俄州马霍宁县 7 口井的用水量中位数，为 4469118 加仑（20317 m^3）。对于 V_2，将这个平均值除以压裂阶段的数量，然后将答案乘以 6，如 Skoumal 等人（2015）指出，其中六个压裂阶段导致了诱发地震，因此可以推断，在这六个压裂阶段注入的液体总量有助于"润滑"最终在最大的诱发事件中滑落的那块断层。

9. 数据来自 BCOGC（2012）。与之前更大的事件不同（见下文），在该事件发生时，诱发的地震被当地的地震网络监测到，因此可以看到更多发生的细节。该事件与位于霍恩河盆地 Eshto 地区的 d-1-D 平台的 G 井的水平部分相邻，可以推测是由该井压裂引起的。BCOGC（2012）报告称，从这个垫层钻出的 7 口井平均使用了 138005 m^3 的液体，平均有 27 个压裂阶段，表明典型的使用量为 5111 m^3 的液体，将其四舍五入为 5000 m^3。这次地震发生在 G 井进行了 9 个压裂阶段之后，因此可认为 V_1 为 9 ×5000 m^3，V_2 为 5000 m^3。

10. 数据来自 Frohlich 等人（2011）。McGarr（2014）得出的注入量为 28.2 万 m^3，从这个来源得出的注入量为 282000 m^3。然而，根据个人理解，Frohlich 等人（2011）数据集显示，最近的注水井在这次地震前运行了 246 天，典型的日注水量为 9500 桶，总注水量为 370000 m^3。

11. 数据来自 Seeber 等人（2004）的数据，他们报告的是当地的 3.8 级和 4.3 级，而不是这里列出的数值，这些数值来自于 McGarr（2014）。为第二个事件列出的流体体积包括已经"分配"给第一个事件的体积。

12. 数据来自 Hornbach 等人（2015）。通过将两个相邻注入井的所述数字相加来确定 V_1：井 1 每月 44000 m^3，持续 53 个月；井 2 每月 13000 m^3，持续 37 个月。尽管它的震中位于 Barnett 页岩中，但这次相对较大的诱发地震发生在更深的 Ellenberger 地层下（高渗透性，岩溶，奥陶系石灰岩；注入目标）。因此，这并不是 Barnett 页岩中的诱发地震（大到可以感觉到）没有被报道的观点的反例。

13. V_1 来自 McGarr（2014），是在 Baisch 等人（2006）之后注入的流体总量，包括地震后注入的流体。V_2 估计值也来自 Baisch 等人（2006），是截至地震发生时的注入量。

14. 所列震级如 BCOGC 报告（2012），Ellsworth（2013）报告 M_W 为 3.6。BCOGC（2012）报告称，这一事件发生在同样位于 Eshto 地区的 C-34-L 岩块的水力压裂过程中，但由于没有微震监测，对其与水力压裂的几何关系知之甚少。BCOGC（2012）还报告称，C-34-L 岩块的 9 口井平均使用了 63000 m^3 的流体（本表中的 V_1），平均有 18 个压裂阶段，表明每个压裂典型使用 3500 m^3 的流体（本表中的 V_2）。

15. 数据来自 Kim（2013），他报告 $M_W = 3.88$，而不是 McGarr（2014）所述的 4.0。同样，Kim（2013）报告的注入液体量为 78798 m^3，而不是 McGarr（2014）所述的 83400 m^3。

16. McGarr（2014）引用 Ake 等人（2005）的话说，估计注入量为 3287000 m^3。然而，根据这一参考资料，注入涉及两个阶段。因此，第一阶段从 1996 年 7 月 22 日到 1999 年 7 月 25 日，即 1100 天，减去关闭的大约 100 天。注射速度为 1290 L/min 或大约 1860 m^3/d，注入体积 1860000 m^3。第二阶段从 1999 年 7 月 26 日到 2000 年 6 月 23 日，即 332 天，减去 40 天的计划停产和 4.3 级地震后 28 天的停产，所以净时间为 264 天。注入率与以前相同，注入量为 490000 m^3。这两个数值之和为 V_1 的估计值，后一数值给出的是 V_2 因为第一阶段诱发了许多较小的地震。

17. 数据来自 Bommer 等人（2006）。V_1 为震前注入体积，V_2 是在最近的注入阶段注入的体积。

18. 数据来自 Meremonte 等人（2002），世卫组织报告的震级为 4.6 级，而不是 McGarr（2014）采用的 4.4 级。Meremonte 等人（2002）没有给出注入量的任何数字，但提供了科罗拉多石油和天然气保护委员会网站的链接，他们说该网站提供了"更多信息"。然而，当进行尝试时，这个链接不起作用，因此无法核实 McGarr（2014）所引用的注入液体量的值。

19. 数据来自 Gan 和 Frohlich（2013）。

20. 这是科罗拉多州丹佛市落基山兵工厂武器制造废水钻孔处理引起的诱发地震活动的"经典"案例研究（Healy et al.，1968）。震源参数取自 Herrmann 等人（1981）。注入的液体体积来自 Hsieh 和 Bredehoeft（1981），McGarr（2014）似乎从他们对注射历史的图形描述中确定了这一点。

21. 数据来自 Horton（2012），他报告说在这附近有 8 口注水井，他将其编号为 1 ~ 8。考虑到它们各自的注水速度和运行日期，在这次诱发地震之前，笔者估计注水量分别为 486135 m^3、1215505 m^3、479948 m^3、397612 m^3、126156 m^3、201477 m^3、510874 m^3 和 59708 m^3。将 V_1 作为这些值的和，取 V_2 为 1 号井和 5 号井的值之和，因为这些井在诱发地震活动发生后关闭，导致其逐渐停止，表明有因果联系。McGarr（2014）陈述了 629000 m^3 的体积，与 V_2 相似，这表明他进行了类似的计算。

22. 数据来自 Nicholson 等人（1988），报告震级为 5.0，表中列出的数值来自 McGarr（2014）。

23. 数据来自 Frohlich 等人（2014）。McGarr（2014）指出，这一来源给出的注入量为 991000 m^3，但实际上它说附近两口井的注入量分别为 1050000 m^3 和 2900000 m^3。将 V_1 取这些值的总和，并将 V_2 取其中较小的值。

24. Keranen 等人（2013）记录了俄克拉何马州布拉格地区的三个大事件，并将它们与附近两口井的 170000 m^3 流体注入联系起来。然而，McGarr（2014）指出，附近其他注入量较大的井使得相关的注入量更高，约为 12000000 m^3。

25. 数据来自 Rubinstein 等人（2014）。这些作者报告说，在最大的诱发事件之前，在科罗拉多州的拉顿盆地的这一部分，废水注入量为大约 1.85 亿桶，在新墨西哥州的这一部分，废水注入量为大约 1.4 亿桶。使用单元之间的标准转换系数，这些值等于大约 29410000 m^3 和大约 22260000 m^3。相反，McGarr（2014）报告的注入量为 7840000 m^3，相当于大约 49310000 桶。不清楚这个数字来自哪里，可能他总结了注入量（Rubinstein 等人（2014）没有报告个别油井的注入体积），也可能他的工作存在错误（如单位的过度换算）。尽管存在这些变化的情况，仍将拉顿盆地两个部分的总注入量取为 V_1，将 McGarr（2014）所述的量取为 V_2。

26. 数据来自 Klose（2007a）。这次地震不涉及流体注入，相反，它是由于煤炭开采和相关的脱水导致的地壳卸载引起的。Klose（2007a）估计去除的质量为 778000000 t，这里换算成等效的体积，就像质量完全由水组成一样。严格地说，在这种情况下，式（11.7）的右边应该包含一个额外的数值因子，它可以取 1/2 ~ 4/3 范围内的值，这取决于卸载引起的应变与应力场的关系（McGarr，1976）；然而，这样的细节从这一级比较中被省略了。

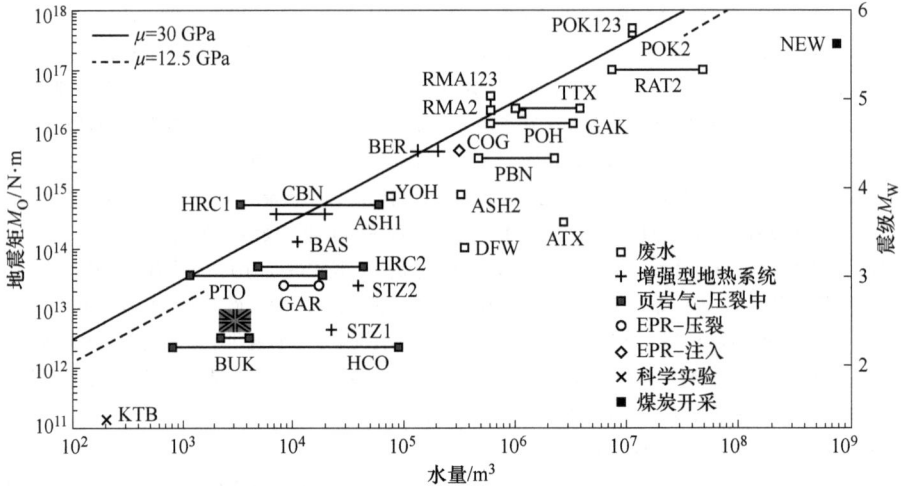

图 11.2　水量与地震距的关系

（斜线表示对给定 V 的 M_0 极限值的预测，使用式（11.1）计算剪切模量 μ 的两个代表值，
$\mu = 12.5$ GPa 的预测线仅显示在边缘附近，以避免混淆图形。讨论见正文）

　　如图 11.2 所示，页岩气水力压裂诱发的最大地震是 2011 年 5 月 19 日发生在不列颠哥伦比亚省（加拿大）的 M_w 为 3.6 或 3.8 的霍恩河地震。就地震矩而言，这比俄亥俄州波兰镇的地震大约 16 倍，比兰开夏郡的 Preese Hall 地震大 180 倍（见表 11.4）。然而，以峰值地速（PGV）表示的该震级范围内的地震所造成的干扰对 M_0 相对不敏感（Westaway 和 Younger，2014）。因此，如何以适当的方式控制干扰就变得相当复杂（下文将提及）。另外，注水后发生了更大的诱发地震，目前记录的最大地震（见表 11.4）是 2011 年 11 月 6 日发生在俄克拉何马州布拉格的 M_w 5.7 地震，就地震矩而言，比霍恩河地震大 700 多倍，比 Preese Hall 大厅地震大 13 万多倍。

11.4　讨　论

　　Walters 等人（2015）提出了涉及水力压裂项目的风险评估工作流程，强调需要从地球科学家、监管机构和项目运营商获得广泛的支持，包括要求后者披露相关的数据。总的来说，他们的评估似乎是合理的，特别是他们强调运营商披露数据的必要性。然而，他们对英国问题的评论，如"很明显，英国水力压裂作业的利益相关者对风险的容忍度非常低……"也表明他们对于该主题的熟悉程度相当有限。通过诱发地震活动和 Westaway 等人（2015）讨论的其他环境问题，可以看出英国面临的问题不是风险，而是麻烦（见下文）。近期英国公众对页岩气水力压裂诱发的地震造成的困扰缺乏认识，事实上，这与几年前法国和瑞士公众对 EGS 水力压裂诱发的地震缺乏认识情况类似（Majer et al.，2007），这种状况并不是英国独有的（见第 13 章）。影响英国页岩气开发的特殊问题包括：首先，存在高应力差（见专栏 11.3），例如在煤矿的地应力测量中这一点早就显而易见（Cartwright，1997）。Preese Hall-1 井的地应力测量表明，在深度为 2440 m 时，最大和最小水平应力分别为 73.4 MPa 和 43.6 MPa，垂直应力为 62.2 MPa（Younger 和 Westaway，2014），最大水平应力方向为 N7 ±3°E—S7 ±3°W（±2 s）（Westaways，审查中）。其次，地层断裂普遍发育，尤其是早石炭世地壳拉伸的继承性正断层（British Coal Corporation，1997；Kirby et al.，2000）。在现今应力场下，这些古老正断层中部分有助于走滑的复活，其最大主应力为 N—S，最小主应力为 E—W（Evans 和 Brereton，1990；Baptie，2010）。这种走滑也体现在 2011 年诱发地震活动的震源机制中（见图 11.3(a)～(c)），图 11.3(d)（专栏 11.3）表明，仅需对应力状态进行适度扰动即可导致断层滑动。在英国，第二个难题涉及目前可用地质信息的质量，虽然最近一些区域的地图已经进行了重新绘

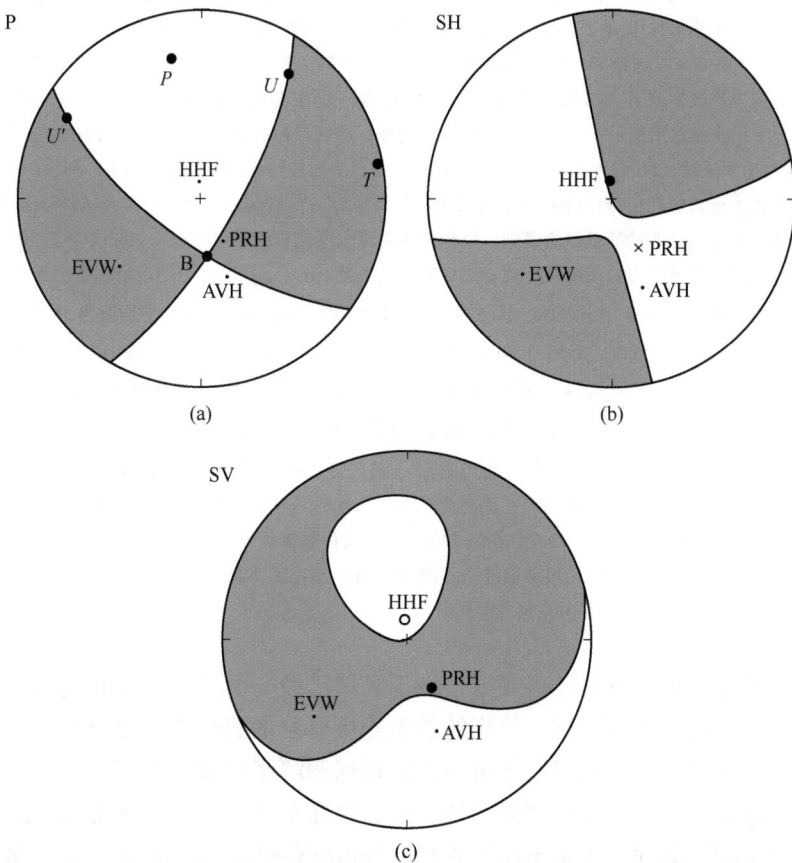

(a)　(b)　(c)

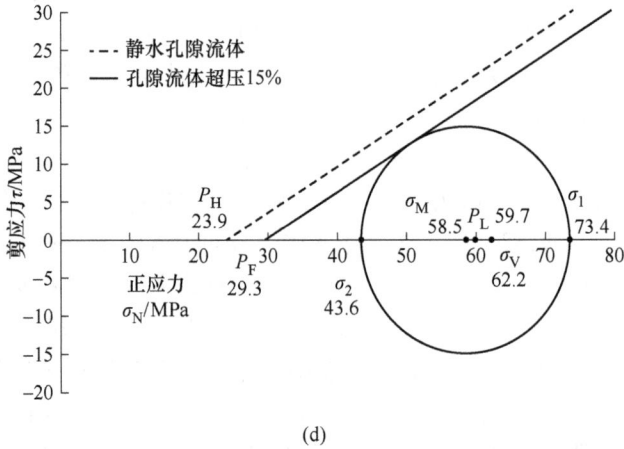

(d)

图 11.3　Preese Hall 诱发地震的变形感和应力场示意图

　　(a) ~ (c) 2011 年 8 月 2 日地震的首选震源机制（走向 30°，倾角 75°，前倾角 -20°，P 轴方位角 347°，下倾角 25°，T 轴方位角 87°，下倾角 3°）。与序列中较早的较大事件相比，由于当地地震仪覆盖范围有所改善，这一小事件得到了更好的记录，地震图的特征表明震源机制方向在整个层序中保持不变（详情请参见《Westaway 评论》）。所有图表都是下焦半球的等面积投影，对于 Preese Hall-1 井眼以南的震源，压缩象限（P 波）和正极象限（S 波）被阴影覆盖（再次参阅 Westaway（审查中），了解详细信息）。(a) 为 P 波辐射图显示标记为无明显的极性选择，尽管最初的运动在 HHF 和 AVH 时表现为扩张，而在 PRH 时出现压缩；(b) 为对应的 SH 波辐射图；(c) 为对应的 SV 波辐射图。(b) 和 (c) 中的实心和空心符号表示正负极性信号；(b) 中的交叉表示不清楚的（? 节点）信号。(d) 为与 Preese Hall 诱发地震活动相关的应力状态的简单概念模型。这种改进的莫尔圆结构说明了 Preese Hall-1 井 2440 m 深度处的应力状态与最佳定向垂直走滑断层上剪切破坏条件的关系。σ_1、σ_2 和 σ_V 分别表示测量的最大、最小水平应力和垂直应力，分别为 73.4 MPa、43.6 MPa 和 62.2 MPa。σ_M、σ_1 和 σ_2 的平均值为 58.5 MPa；P_L 为岩石静压力 $(\sigma_1 + \sigma_2 + \sigma_V)/3$，为 59.7 MPa；静水压力 P_H 为 23.9 MPa。斜线虚线说明了 $f = 0.6$ 的断层的滑动摩擦条件。粗斜线的构造假设是摩擦系数相同，但注入压裂液将其在断层内的压力提高到高于 P_H 值的 15%，即 P_H 值和 P_L 值之差，或 $P_F = 29.3$ MPa（即 $K_3 = 0.15$）。这条线现在接触到莫尔圆，使断层摩擦不稳定，因此能够在诱发地震中滑动。这与图 11.1 的构造基本相同，只是假设断层的内聚力为零，并且它的失效包络线已向右调整而不是向左移动莫尔圆。该计算适用的最佳断层方向将涉及与两个水平主应力成 45° 的走向（即垂直断层上的左侧滑动方位角 52° 或右侧滑动方位角 322°）。非最佳定向断层的相应计算（如在 (a) 中激活 ESE 倾斜节面并指示滑动方向）超出了本研究的范围，将在别处介绍；它们需要稍大的超压。上述改编自 Westaway（审查中）。

　　制，但许多地方仍未更新，事实上，许多区域已经一个多世纪没有进行过重新研究。最初绘制这些地形图时，使用的是未经摄影测量校准的旧地形底图，因此地形描绘并不准确。现有地图通常也不区分数据和解释部分，尤其是其所包含的一些断层信息是基于协调数据的概念性构造，如在本科构造地质学练习中那样，而不是基于实际的证据。英国地质调查局（British Geological Survey）的一名员工在英国页岩气会议（目前页岩气会议的数量远远超过页岩气井）上展示了地质的复杂计算机三维可视化，这是一种很好的现象，但其可用性并不能得到保障，即使现在，这些困难都无关紧要。在高地层应力差、断层发育环境下的页岩气开发，需要大量的地质知识提升对已有数据信息的认识，因此，需要一种方法来处理基础信息中的不确定性，尤其是针对断层。例如，有人会投资昂贵的勘探（三维地震反射？）识别所有断层，从而探明大部分资源，抑或试图通过调节压裂液的体积来限制诱发地震的地震矩（见下文）从而减轻诱发地震的危害，这些都需要通过政策而决定，但迄今尚未提供相关政策方向。

本节其余部分将集中讨论三个具体的主题：高应力差如何影响诱发地震活动特征，诱发地震如何随着流体注入量增加而变化，以及如何防止水力压裂引起的诱发地震造成的危害。

11.4.1 应力差有关问题

如前所述，鉴于现今应力场的方向，英格兰北部的高应力差异和断层再度激活的最佳接近方向相结合，使得该地区相对容易发生因流体注入而诱发的地震活动（见图 11.4）。de Pater 和 Baisch（2011）的结论是，2011 年发生的诱发地震活动是这种独特条件组合的结果，复发的概率非常低（他们估计未来每口页岩气井的概率为 0.01%），因此似乎毫无根据，只能听天由命。

这种情况与诱导性的无害后果截然不同，在美国许多页岩气省的天然裂缝相交，如得克萨斯州的 Barnett 页岩（Gale et al.，2007），那里的水平应力在震级上相似，即使有超过 15000 口的页岩气油井已经进行了水力压裂，页岩气压裂引起的诱发地震的震感有多强是未知的。尽管如此，由于页岩气水力压裂技术，美国已经由此诱发了两次大到足以感觉到的地震，M_W 2.2 Harrison 县和 M_W 3.0 Poland 镇事件（见表 11.4 及图 11.2 中的 HCO 和 PTO）均在俄亥俄州（Friberg et al.，2014；Skoumal et al.，2015）。俄克拉何马州的 Eola 也发生了 M_W 2.9 事件，是由 EPR 的水力压裂引起的（Holland，2013）。俄亥俄州事件附近的应力状态是由 Norton 矿的原位测量提供的，这是一个以前的石灰石矿，深度约 670 m，评估后要作为未来压缩空气储能的地方。Bauer 等人（2005）最近报告的主应力测量为 36.7 MPa（E—W）、28.2 MPa（N—S）和 22.5 MPa（垂直），以及历史和最近的编译测量的 42.1 MPa、25.0 MPa 和 20.9 MPa。高应力差预计会将俄亥俄州的这一地区的压裂深度推算增加（>2 km）。

2011 年 5 月 19 日的霍恩河地震（见图 11.2 中的 HRC1）提供了另一个相关示例。该事件和同一地区的许多其他事件（2～3 级地震）类似，同样发生在具有相对较高应力差的地层中（Roche et al.，2015）。Roche 等人（2015）确实注意到，霍恩河地区不同页岩地层的水力压裂诱发地震的大小分布与应力状态之间

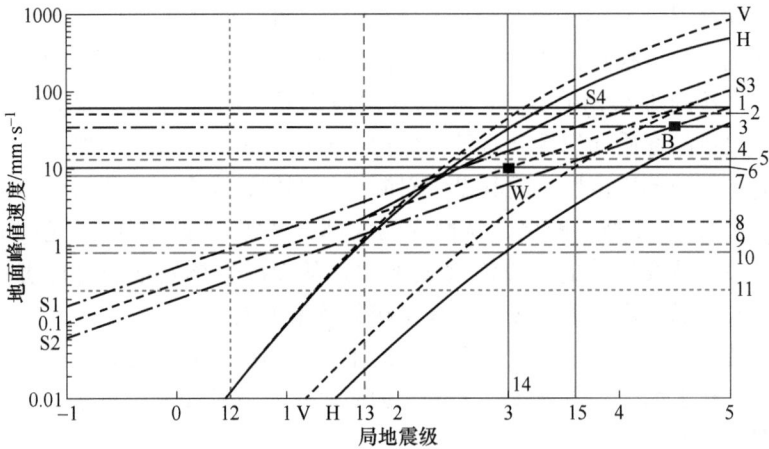

图 11.4　地面峰值速度与局地震级的关系

预测方程：

V—垂直峰值速度，Bragato 和 Slejko（2005）；H—峰值水平速度，Bragato 和 Slejko（2005）；S—频谱技术预测。

速度阈值：

1—严重损坏阈值（BS7385-2）：60 mm/s；2—石膏开裂的阈值（Calder, 1977）：50 mm/s；3—轻微损伤的阈值 MMI 5（Wald et al., 1999）：34 mm/s；4—外观损伤阈值（BS7385-2）：15 mm/s；5—"安全"极限（Siskind et al., 1980）：12.7 mm/s；6—工作日采石场爆破上限（BS6472-2）：10 mm/s；7—跳上木地板的极限（Stagg et al., 1980）：8 mm/s；8—采石场夜间爆破极限（BS6472-2）：2 mm/s；9—最小感觉效应阈值 MMI 2（Wald et al., 1999）：1 mm/s；10—在木地板上行走的极限（Stagg et al., 1980）：0.8 mm/s；11—非常敏感类型人的最小感觉效果阈值（Oriard, 2002）：0.25 mm/s。

震级阈值：

12—暂停压裂的阈值（Green et al., 2012）：M_L 0.5；13—暂停压裂的阈值（de Pater 和 Baisch, 2011）：M_L 1.7；14—英国水力压裂引起地震的上限（de Pater 和 Baisch）：M_L 3.0；15—产生 600 m 长裂缝的地震：M_L 3.6。

监管建议：

B—Bull（2013）：PGV 34 mm/s，M_L 4.5；W—在本研究中：PGV 10 mm/s，M_L 3.0。

（比较适用于英国的采石场爆破对住宅有感的地面速度峰值的规定，为调节水力压裂建议的震级阈值（以当地震级 M_L 表示，等同于 Westaway 和 Younger（2014）及本研究中 M_W），根据其他形式环境干扰对 PGV 的估计值，Westaway 和 Younger（2014）开发光谱方法及从 Bragato 和 Slejko（2005）方法发展起来的对垂直和水平 PGV 的预测值，其中四种备选预测 S1 ~ S4 均得到了充分解释。

所有的预测都是针对深度为 2.5 km 的水力压裂正上方的地表点；Bragato 和 Slejko（2005）之后的两组预测对应于其预测方程的不同调整，以处理非常浅的地震活动，Westaway 和 Younger（2014）对此进行了讨论。BSI（1993）描述了英国标准（BS 7385-2），规定了英国建筑物地面振动的允许水平。以上由 Westaway 和 Younger（2014）的图 1 修改而来）

存在相关性。地震群通常以"b 值"为特征，其中 b 是在给定时间跨度内，给定区域内地震累积发生频率 N 的对数图的梯度，其高于 M 级（即 b = - dlg$N$/dM）。

由水力压裂引起的地震群通常具有较高的 b 值，为 $2\sim3$，因此它们的发生频率在特定大小阈值以上突然下降，该阈值通常非常小，相比之下，自然发生的地震群通常是 b 值约为 1。然而，Roche 等人（2015）表明，加拿大西北部不同诱导地震群体的 b 值与局部应力差呈负相关，其中在应力最高的地区 b 值近似于 1。Harrison 县和 Poland 镇诱发地震群 b 值也相对较低，分别为 0.88 ± 0.08 和 0.89 左右（Friberg et al. , 2014；Skoumal et al. , 2015）。几十年前，Scholz（1968）指出，实验室岩石力学实验表明，应力差与 b 值之间存在负相关性，因此，应力差的变异性是不同地震群之间 b 值变化的主要原因。现在看来，这一推论显然对压裂法诱发的地震群具有重要意义。在应力差较高的区域，包括前面的例子，b 值可以预期较低，因此可以设想诱发地震的数量会扩展到更大的震级范围，显著提高可感知地震发生的概率。鉴于局部应力差较大，Preese Hall 诱发的地震群显然符合这种一般模式，尽管缺乏系统的微震监测使得无法直接确认低 b 值。

11.4.2 注入体积与诱发地震尺度的相关性

正如其他人（McGarr，2014）之前所述，图 11.2 说明了诱发地震的震级和地震矩与注入体积之间的一般相关性。McGarr（2014）推导出了一个将这些量关联起来的方程：

$$M_0 = \mu V \tag{11.7}$$

式中，M_0 为剪切模量为 μ 的岩石中注入体积 V 的液体可能诱发最大地震的地震矩。

该方程的推导是假设注入的液体可以完全渗透岩体，这一假设可能适用于向渗透性岩石中注入流体，但在其他情况下就不太适用了，尤其是在页岩气的水力压裂过程中，水被断层或裂缝吸收，而不是渗透岩体。然而，Westaway 和 Younger（2014）在 Eshelby（1957）提出的标准断裂力学理论基础上建立了式（11.7）形式的方程，该方程也适用于在压力下将水注入预先存在的断层，打开或"松开"断层并导致其滑动所诱发的地震。因此，例如，如果一个半径为 a 的圆形断层在流体压力的作用下被激活，而其周围保持恒定的剪应力 S，此时所诱发的地震的地震矩 M_0 为

$$M_0 = \int_0^a \frac{8S(1-\nu)}{\pi(2-\nu)} \sqrt{a^2-r^2} \times 2\pi r dr = \frac{16S(1-\nu)a^3}{3(2-\nu)} \tag{11.8}$$

式中，r 为距离断层中心的距离；ν 为岩石的泊松比。

V 为断层被激活所需要的相应流体体积：

$$V = \int_0^a \frac{8S(1-\nu)}{\pi\mu(2-\nu)} \sqrt{a^2-r^2} \times 2\pi r dr = \frac{16S(1-\nu)a^3}{3\mu(2-\nu)} \tag{11.9}$$

求式（11.8）和式（11.9）的比值就得到式（11.7）。

地壳基岩 μ 约为 30 GPa，大于其他岩石 (Varga et al.，2012，得克萨斯州 Barnett 页岩为 12.5 GPa)。图 11.2 显示了这些 μ 值的式 (11.1) 的说明。在两次针对基岩的比较中，即俄克拉何马州布拉格 (POK) 和科罗拉多州丹佛 (RMA) 的地震，所有诱发地震的地震矩略微超过注入量的预期值。库珀盆地 (澳大利亚)(CBN) 地震超过了预期的 M_0 的上限，除非注入量接近其自身的上限。同样，在比较页岩的两种情况下，较大的霍恩河事件 (HRC1) 和俄亥俄州波兰镇事件 (PTO)，M_0 超过预期上限，除非注入量再次接近其上限。

至于英国，使用式 (11.1) 与页岩的 μ 值，在 M_W 2.3 Preese Hall 事件发生前的累积 V 值 (见表 11.4)，给出 M_0 约为 5.2×10^{13} N·m (M_W 约为 3.1)，而前一压裂阶段的 V 值得出 M_0 约为 2.9×10^{13} N·m (M_W 约为 2.9)，认为是 2011 年在 Preese Hall 引发的最大地震。发生最大的诱发地震比这些预测的要小得多，这表明只有一小部分压裂液到达了诱发地震的断层，这与该断层在诱发裂缝网络的末端附近破裂情况相符。De Pater 和 Baisch (2011) 预测英国水力压裂诱发地震的上限为 M_W 约为 3，但这是根据采矿诱发地震的历史经验得出的，这一结果与其估计相符是偶然的。英国目前的监管规定是将单个压裂段的 V 值限制在 750 m³ 以内，主要是考虑供水问题，从式 (11.1) 可以得到 M_0 的上限大约在 9.4×10^{12} N·m，M_W 大约在 2.6。在压裂中限制 V 也会限制诱导裂缝网络的垂直和水平范围 (Fisher 和 Warpinski，2012；Westaway 和 Younger，2014)，以免超出地层范围而引发严重的后果。

Weingarten 等人 (2015) 提出，诱发地震的概率与注入井的累积体积无关。这种可能性是存在的，但任何可能诱发地震的震级和地震矩显然取决于流体体积 (见图 11.2)。Weingarten 等人 (2015) 则认为，诱发地震的概率与油井的注入率相关，这是因为增加注入率会提高油井周围水的压力 (Keranen et al.，2014；图 11.1)。这些观察结果反映了早期 EGS 的经验，例如，Cuenot 等人 (2008) 和 Dorbath 等人 (2009) 指出，一旦井中注入速率超过阈值，周围的压力就会增加。此外，一旦注入的流体进入可渗透断层，注入系统的整体响应也会发生变化。这些知识有可能应用于页岩气水力压裂技术，并有可能会开发实时控制系统以缓解诱发地震活动。同样，这些系统中明显的时间延迟，例如 Preese Hall 的注入和诱发地震活动之间有约 10 h 延迟 (de Pater 和 Baisch，2011)，需要给出合理的解释。例如，Davies 等人 (2013) 指出，这类延迟在原则上可能与断层的性质 (如储集和运移特性) 或邻近岩体的性质 (如孔隙弹性，或通过压力扩散传输流体压力所需的时间) 有关。事实上，目前尚不清楚在注入过程中或注入之后所做的任何测量是否能够表明这种时间延迟正在进行，是否能够确定实施方案防止即将发生的地震，或者一旦注入完成，地震是否不可避免。

关于流体注入诱发的地震和地表加载或卸载效应诱发的地震标度之间的比

较，值得注意的是（见图 11.2 和表 11.4），纽卡斯尔（澳大利亚）和布拉格（俄克拉何马州）的地震规模相似，但前者需要的质量/体积变化几乎比后者多近两个数量级。这说明了一个要点，即与流体注入相比，表面加载/卸载效应作为诱发地震的原因在本质上"效率"要低得多。后一种过程可以直接作用于断层中的有效正应力（专栏 11.3），而弹性建模（Westaway，2002；Klose，2007a）表明，地表加载/卸载在很大程度上被地球表面和地震成核深度之间的岩层弹性响应所吸收，因此给定的载荷对深度断层上的应力状态的影响要小得多。这种弹性模型需要将因果关系依次联系起来，反过来又使得建立由地表加载/卸载引起的诱发地震活动实例相对困难，而由井眼注入引起的实例通常可以简单地通过关联来建立（Davis 和 Frohlich，1993；专栏 11.1）。尽管如此，世界范围内正在发生的地表加载/卸载变化比流体注入造成的变化大许多个数量级（见表 11.3），并可能随着全球经济持续增长而增加。因此，由于流体注入速度和体积的持续增长，这些表面效应迟早会影响地震活动的总体水平，就像 2009 年左右在美国发生的流体注入引起的地震活动一样（Rubinstein 和 Mahani，2015）。

11.4.3 诱发地震造成的危害

如表 11.4 和图 11.2 所示，美国的污水注入已经导致了接近 6 级的诱发地震。众所周知，全球这种规模的地震会伤财甚至殒命，事实上，澳大利亚纽卡斯尔发生的地震造成了 13 人死亡和 50 亿美元损失（Klose，2007b）。缓解这种可能性的一个显而易见的方法是要求美国页岩气运营商处理废水，而不是井眼处理，这是与页岩气相关的环保实践众多问题中的一个，在美国被认为是可以接受的，但在其他国家包括英国是不允许的（Westaway et al.，2015）（参见第 5 章）。显然，如果美国污水注入率和注入量增加的趋势不断继续下去，那么相关的诱发地震迟早会导致死亡，或者至少会造成巨大的财产损失。由此可能会产生数百万美元诉讼，这将会促使重新评估水处理作为井眼注入废水的替代方案所具有的优点。

尽管如此，如前所述，英国和欧盟允许在地下注入 CO_2，并且作为契合国际温室气体减排目标战略的一部分正在被开发。其中一个项目涉及北海斯莱普纳气田利用新生代 Utsira 砂层的高渗透性注入 CO_2（Chadwick et al.，2004，Bickle et al.，2007）。虽然位于北海挪威地区，但斯莱普纳气田通过管道连接到英格兰北部，为英国供应了很大一部分天然气。未来，这条管道中的流动可能会被逆转，以隔阻英国排放的 CO_2。到 2011 年年底，约有 1300 万吨 CO_2 被注入 Utsira 砂层中，达到每年增加约 100 万吨的速率（Verdonet et al.，2013）。不断完善的流体注入诱发地震活动记录表（见表 11.4），记录了与 CO_2 注入相关的第一个重大事件（得克萨斯州科格德尔：M_w 4.41；Gan 和 Frohlich，2013；见表 11.4）。

鉴于此经验，斯莱普纳项目早期的环境报告（Solomon，2007）现在显得似乎有些自满，诸如"现有的方法可以评估和控制诱发压裂或断层活化……"，"没有 CO_2-EOR 引起的地震影响……"，以及"仅少数与深井注入相关的地震事件被记录下来，这表明风险很低"等更主观的观点。目前，斯莱普纳项目没有对诱发地震活动进行监测（Verdon，2014）。然而，由于 Utsira 砂层分布广泛且渗透性极强，据报道其在当前注入速率下的变形是极小的（Verdon et al.，2013）。

　　撇开污水注入引起的相对大的诱发地震问题不谈，诱发地震活动本身就是一个公共危害问题，而不仅仅是风险或危害。Westaway 和 Younger（2014）建议，考虑到感觉效应，英国令人满意的页岩气水力压裂诱发地震的监管框架，可能基于长期无争议的采石场爆破产生地面振动（以峰值地面速度或 PGV 量化）的监管框架，目前由英国标准 6472 第 2 部分（BSI，2008）提供。建议在工作日（周一至周五上午 8 时至下午 6 时，或周六上午 8 时至下午 1 时）任何住宅建筑地震波场的 PGV 不应超过 10 mm/s，在夜间（晚上 11 时至上午 7 时）不应超过 2 mm/s，或在其他时间不应超过 4.5 mm/s，这些准则是为了避免对居住者造成干扰，而不是考虑损害。此外，还建议在工作日内采用 6 mm/s 的替代下限，视情况允许 PVG 在 6~10 mm/s 之间进行调节。

　　图 11.4 这些准则与其他可引起建筑物破坏或各种形式环境干扰估算的 PVG 阈值，以及 Westaway 和 Younger（2014）对 2.5 km 深度地震的 PVG 预测范围的比较。可看出工作日采石场爆破产生的 PGV BS6472-2 10 mm/s 上限，与 2.5 km 深度 M_W 3 微震的预期 PGV 上限的中心预测（S3）基本吻合。同样，工作日内 6 mm/s 的推荐值大致与该深度处 M_W 2.6 微震的预测 PGV 上限相匹配。M_W 2.6 是根据目前的供水许可安排（如前所述）预计的最大值。因此，可以预计，根据现行的供水条例，可能发生最大的诱发地震（当然，假设它们发生在工作日）会产生地面振动，如果源头是采石场爆炸，而不是地震，则可以认为地面振动是可接受的。此外，这种水平的地面振动与许多其他形式的环境干扰（如交通）所产生的振动相当（Westaway 和 Younger，2014；见图 11.4）。

　　地震活动对环境造成的破坏应以 PGV 为基础来确定，这一观点由来已久。例如，Siskind 等人（1980）推荐 PGV 约为 12.7 mm/s 是避免对美国建筑物造成外观损坏的适当限制。瑞士"巴塞尔深热采矿"EGS 项目对诱发地震活动产生的 PGV 采用 5 mm/s 的监管限制（Majer et al.，2007）。Walters 等人（2015）评估诱发地震活动的工作流程同样基于感知效应确定的阈值，这可能基于 PGV，而阈值的设置则由各个司法管辖区决定。事实上，除了 Green 等人（2012）之外，还不知道世界范围内有任何基于地震规模（即震级）的评估先例，而不是感觉效应。

　　还有一个问题是，如果超过 PGV 阈值，应采取什么行动。在英国，对于页岩气的水力压裂每个压裂阶段的用水量监管，限制规定的任何超过水量都可能是微不足道的，并不意味着以后可能会发生更大的诱发地震。因此，与其被视为需要关闭项目的"红灯"情况，不如让运营商减少未来压裂阶段使用的水量。正如 Westaway 和 Younger（2014）所建议的，还可以建立一个对受超过任何阈值的 PGV 影响的人进行补偿的系统，这种方案可以通过仪器监测诱发地震活动来验证，这是英国的另一项监管要求。

11.5 结 论

本章旨在概述当前关于诱发地震活动的简要知识，重点关注影响美国和英国的问题，聚焦到非常规石油开发相关主题。在美国，目前最主要的问题是由井眼处理废水（其中大部分是页岩气开发过程中的压裂液）引发的中大型诱发地震的发生率不断增加。井眼注入废水的规模非常大，而且越来越大，由此产生的诱发地震在震级和地震矩方面达到了根据注入量预测的规模极限。因此，井眼注入是诱发地震的一个特别有效的过程，比地表加卸载效应要有效得多，后者需要更大的质量运动才能引起一定震级的诱发地震。美国在井眼注入废水引起的地震活动方面的经验，可以说明未来 CO_2 封存工作中预期的诱发地震活动。在英国，井眼废水处理是非法的，当前的主要问题首先是需要将压裂页岩气引起的地震活动纳入适当的监管框架，为页岩气的未来创造条件。第二个关键问题与英国普遍存在的各种条件有关，包括高应力差及靠近注入压裂液的岩石断层普遍发育。仅仅一口页岩气井的水力压裂，就可能引发了一系列强烈的地震，这并不是什么"坏运气"，而是在这种困难的地质环境下进行水力压裂的可预见后果。

致谢

感谢许多人对这个主题的有益讨论，特别是 Jennifer Roberts，Zoe Shipton 和 Paul Younger。

参 考 文 献

AKE J, MAHRER K, O'CONNELL D, et al., 2005. Deep injection and closely monitored induced seismicity at Paradox Valley, Colorado [J]. Bull. Seismol. Soc. Am., 95: 664-683.

AMBRASEYS N N, 1988. Engineering seismology [J]. Earthquake Eng. Struct. Dynam, 17: 1-105.

BAISCH S, WEIDLER R, VOROS R, et al., 2006. Induced seismicity during the stimulation of a geothermal HFR reservoir in the Cooper Basin, Australia [J]. Bull. Seismol. Soc. Am., 96: 2242-2256.

BAPTIE B, 2010. Seismogenesis and state of stress in the UK [J]. Tectonophysics 482:

150-159.

BAUER S J, MUNSON D E, HARDY M P, et al. , 2005. In situ stress measurements and their implications in a deep Ohio mine [C/OL] //Proceedings of Alaska Rocks 2005, the 40th U. S. Symposium on Rock Mechanics, Anchorage, Alaska, 25-29 June 2005. American Rock Mechanics Association paper ARMA-05-804 [2015-08-16]. https: //www. onepetro. org/conference-paper/ARMA-05-804 (accessed 16. 08. 2015.).

BBC, 2011. Small earthquake hits Blackpool [EB/OL]. BBC News; England (2011-04-01) [2015-11-25]. http: //www. bbc. co. uk/news/uk-england-12930915.

BCOGC, 2012. Investigation of observed seismicity in the Horn River Basin [EB/OL]. British Columbia Oil and Gas Commission, Fort St John, British Columbia, 29 [2015-08-11]. http: // www. bcogc. ca/node/8046/download? documentID = 1270.

BEIERSDORFER R, 2014. Mahoning County earthquakes and ODNR deja vu all over again [EB/OL]. Columbus Free Press, Columbus, Ohio [2015- 08- 11]. http: //columbusfreepress. com/article/mahoningcounty-earthquakes-and-odnr-deja-vu-all-over-again.

BGS, 2014. Minerals produced in the United Kingdom in 2013 [EB/OL]. British Geological Survey [2015-08-13]. http: //www. bgs. ac. uk/mineralsuk/statistics/downloads/MineralsProduced InTheUnitedKingdom. pdf.

BGS, 2015. Fracking and Earthquake Hazard [EB/OL]. British Geological Survey, Nottingham [2015-11-25]. http: //earthquakes. bgs. ac. uk/research/earthquake_hazard_shale_gas. html.

BHP Billiton, 2012. Escondida site tour, 32 pp [EB/OL]. [2015- 08- 13]. http://www. bhpbilliton. com/ ~ /media/bhp/documents/investors/reports/2012/121001 _ escondida-site-visit-presentation. pdf? la = en.

BICKLE M, CHADWICK A, HUPPERT H E, et al. , 2007. Modelling carbon dioxide accumulation at Sleipner: implications for underground carbon storage [J]. Earth Planetary Sci. Lett. , 255: 164-176.

BOMMER J J, OATES S J, CEPEDA M, et al. , 2006. Control of hazard due to seismicity induced by a hot fractured rock geothermal project [J]. Eng. Geol. , 83: 287-306.

BP, 2013. Statistical review of world energy [EB/OL]. [2015-08-13]. http://www. bp. com/content/dam/bp/excel/ Statistical-Review/statistical_review_of_world_energy_2013_workbook. xlsx.

BRAGATO P L, SLEJKO D, 2005. Empirical ground-motion attenuation relations for the Eastern Alps in magnitude range 2. 5-6. 3 [J]. Bull. Seismol. Soc. Am, 95: 252-276.

BRIDGLAND D R, WESTAWAY R, 2014. Quaternary fluvial archives and landscape evolution: A global synthesis [J]. Proc. Geol. Assoc. , 125: 600-629.

British Coal Corporation, 1997. Three-dimensional seismic surveying to investigate the geological structure of shear zones within the Selby coalfield [R]. European Union, Directorate-General Energy, report EUR 17161 EN. Office for Official Publications of the European Communities, Luxembourg, 122.

BSI, 1993. Evaluation and measurement for vibration in buildings—Part 2: Guide to damage levels from groundborne vibration: BS 7385-2: 1993 [S]. London: British Standards Institution, 16.

BSI, 2008. Guide to evaluation of human exposure to vibration in buildings—Part 2: Blast-induced vibration: BS 6472-2: 2008 [S]. London: British Standards Institution, 24.

BULL J, 2013. Induced seismicity and the O&G Industry [C/OL] //Ground Water Protection Council, 2013 Underground Injection Control Conference, Sarasota, Florida, 22-24 [2015-08-16]. http://www.gwpc.org/sites/default/files/event-sessions/Bull_Jeff.pdf.

Bus-ex.com, 2013. Vale Brazil-Carajás Iron Ore Mine [EB/OL]. [2015-08-13]. http://www.bus-ex.com/article/vale-brazil-% E2% 80% 93-caraj% C3% A1s-iron-ore-mine.

CALDER P N, 1977. Perimeter blasting [M] //Pit Slope Manual, Chapter 7, CANMET Report 77-14. Canadian Center for Mineral and Energy Technology, Ottawa, Canada, 82.

CARTWRIGHT P B, 1997. A review of recent in-situ stress measurements in United Kingdom Coal Measures strata [C] //Rock Stress: Proceedings of the International Symposium on Rock Stress, Kumamoto, Japan. Balkema, Rotterdam, 469-474.

CHADWICK R A, ZWEIGEL P, GREGERSEN U, et al., 2004. Geological reservoir characterization of a CO_2 storage site: The Utsira Sand, Sleipner, northern North Sea [J]. Energy, 29: 1371-1381.

CLARK C D, HUGHES A L C, GREENWOOD S L, et al., 2012. Pattern and timing of retreat of the last British-Irish Ice Sheet [J]. Quat. Sci. Rev., 44: 112-146.

CLARKE H, EISNER L, STYLES P, et al., 2014. Felt seismicity associated with shale gas hydraulic fracturing: The first documented example in Europe [J]. Geophys. Res. Lett, 41: 8308-8314.

CUENOT N, DORBATH C, DORBATH L, 2008. Analysis of the microseismicity induced by fluid injections at the EGS site of Soultz-sous-Forêts (Alsace, France): Implications for the characterization of the geothermal reservoir properties [J]. Pure Appl. Geophys., 165: 797-828.

DAHLHEIM H A, GEBRANDE H, SCHMEDES E, et al., 1997. Seismicity and stress field in the vicinity of the KTB location [J]. J. Geophys. Res., 102: 18493-18506.

DANIELS R B, 1987. Soil erosion and degradation in the southern piedmont of the USA [C] //Land Transformation in Agriculture. John Wiley & Sons Ltd, Chichester, England, 407-428.

DAVIES R, FOULGER G, BINDLEY A, et al., 2013. Induced seismicity and hydraulic fracturing for the recovery of hydrocarbons [J]. Mar. Petroleum Geol., 45: 171-185.

DAVIS S D, FROHLICH C, 1993. Did (or will) fluid injection cause earthquakes? Criteria for a rational assessment [J]. Seismol. Res. Lett., 64: 207-224.

DECC, 2012. Written ministerial statement by Edward Davey: Exploration for shale gas [EB/OL]. UK Government Department of Energy & Climate Change [2015-11-25]. https://www.gov.uk/government/news/written-ministerial-statement-by-edward-davey-exploration-for-shale-gas.

DECC, 2013. Onshore oil and gas exploration in the UK: Regulation and best practice [R/OL]. Department of Energy and Climate Change, London, 49 [2015-08-13]. https://www.gov.uk/government/uploads/system/uploads/attachment_data/file/265988/Onshore_UK_oil_and_gas_ exploration_England_Dec13_contents. pdf.

DEFRA, 2009. Safeguarding our soils: A strategy for England [R/OL]. UK Government Department for Environment, Food and Rural Affairs, 48 [2015-08-13]. http: //webarchive. nationalarchives. gov. uk/20130123162956/http: //archive. defra. gov. uk/environment/quality/land/ soil/documents/soil-strategy. pdf.

DEFRA, 2015. Digest of waste and resource statistics—2015 Edition [R/OL]. UK Government Department for Environment, Food & Rural Affairs [2015-08-13]. https: //www. gov. uk/ government/uploads/system/uploads/attachment _ data/file/422618/Digest _ of _ waste _ England _-_ finalv2. pdf.

DE PATER C J, BAISCH S, 2011. Geomechanical study of Bowland Shale seismicity: synthesis report [R/OL]. Cuadrilla Resources Ltd. , Lichfield, 71 [2015-08-05]. http://www. rijksoverheid. nl/ bestanden/documenten-en-publicaties/rapporten/2011/11/04/rapport-geomechanical-studyof-bowland-shale-seismicity/rapport-geomechanical-study-of-bowland-shale-seismicity. pdf.

DORBATH L, CUENOT N, GENTER A, et al. , 2009. Seismic response of the fractured and faulted granite of Soultz-sous-Forêts (France) to 5 km deep massive water injections [J]. Geophys. J. Int. , 177: 653-675.

ELLSWORTH W L, 2013. Injection-induced earthquakes [J]. Science, 341: 8.

EPA, 2012. Class Ⅱ Wells-Oil and Gas Related Injection Wells (Class Ⅱ) [EB/OL]. United States Environmental Protection Agency, Washington, D. C [2015-08-05]. http: //water. epa. gov/ type/groundwater/uic/class2/.

ESHELBY J D, 1957. The determination of the elastic field of an ellipsoidal inclusion, and related problems [J]. Proc. Royal Soc. Lond. , 241: 376-396.

European Union, 2000. Directive 2000/60/EC of the European Parliament and of the Council establishing a framework for the Community action in the field of water policy [EB/OL]. [2015-08-12]. http: //eur-lex. europa. eu/resource. html? uri = cellar: 5c835afb- 2ec6- 4577-bdf8- 756d3d694eeb. 0004. 02/DOC_1&format = PDF.

EVANS C J, BRERETON N R, 1990. In situ crustal stress in the United Kingdom from borehole breakouts [J]. Geological Applications of Wireline Logs. Geological Society, London, Special Publications, 48: 327-338.

FISHER K, WARPINSKI N, 2012. Hydraulic-fracture-height growth: Real data [J]. Soc. Petroleum Eng. , Prod. Operat. J. , 27: 8-19.

FRIBERG P A, BESANA-OSTMAN G M, DRICKER I, 2014. Characterization of an earthquake sequence triggered by hydraulic fracturing in Harrison County, Ohio [J]. Seismol. Res. Lett, 85: 1295-1307.

FRIEDMAN E S, SATO Y, ALATAS A, et al. , 2000. An X-ray fluorescence study of lake sediments from ancient Turkey using synchrotron radiation [C] //Proceedings of the 47th Annual Denver X-ray Conference, Colorado Springs, Colorado, 3-7 August 1998. Advances in X-ray Analysis, 42: 151-160.

FROHLICH C, ELLSWORTH W, BROWN W A, et al. , 2014. The 17 May 2012 M 4. 8

earthquake near Timpson, east Texas: An event possibly triggered by fluid injection [J].
J. Geophys. Res. , 119: 581-593.

FROHLICH C, HAYWARD C, STUMP B, et al. , 2011. The Dallas-Fort Worth earthquake
sequence: October 2008 through May 2009 [J]. Bull. Seismol. Soc. Am, 101: 327-340.

GALE J F W, REED R M, HOLDER J, 2007. Natural fractures in the Barnett Shale and their
importance for hydraulic fracture treatments [J]. Am. Assoc. Petroleum Geol Bull, 91: 603-622.

GAN W, FROHLICH C, 2013. Gas injection may have triggered earthquakes in the Cogdell oil
field, Texas [J]. Proc. Natl. Acad. Sci. , 110: 18786-18791.

GREEN C A, STYLES P, BAPTIE B J, 2012. Preese Hall shale gas fracturing: Review and
recommendations for induced seismic mitigation [R/OL]. UK Government Department of Energy and
Climate Change, London, 26 [2015-08-13]. https://www. gov. uk/government/uploads/system/
uploads/attachment_data/file/48330/5055-preese-hall-shale-gas-fracturing-review-and-recomm. pdf.

HANKS T C, KANAMORI H, 1979. A moment magnitude scale [J]. J. Geophys. Res, 84:
2348-2350.

HEALY J H, RUBEY W W, GRIGGS D T, et al. , 1968. The Denver earthquakes [J].
Science, 161: 1301-1309.

HERRMANN R B, PARK S K, WANG C Y, 1981. The Denver earthquakes of 1967- 1968
[J]. Bull. Seismol. Soc. Am. , 71: 731-745.

HOLLAND A, 2013. Earthquakes triggered by hydraulic fracturing in south-central Oklahoma
[J]. Bull. Seismol. Soc. Am. , 103: 1784-1792.

HORNBACH M J, DESHON H R, ELLSWORTH W L, et al. , 2015. Causal factors for
seismicity near Azle, Texas [J]. Nature Commun. , 7728: 11.

HORTON S, 2012. Disposal of hydrofracking waste fluid by injection into subsurface aquifers
triggers earthquake swarm in central Arkansas with potential for damaging earthquake [J].
Seismol. Res. Lett. , 83: 250-260.

HOUGHTON R A, 2003. Revised estimates of the annual net flux of carbon to the atmosphere
from changes in land use and land management 1850-2000 [J]. Tellus, 55: 378-390.

HOUGHTON R A, 2005. Aboveground forest biomass and the global carbon balance [J].
Global Change Biol. , 11: 945-958.

HSIEH P A, BREDEHOEFT J D, 1981. A reservoir analysis of the Denver earthquakes: A case
of induced seismicity [J]. J. Geophys. Res. , 86: 903-920.

International Copper Study Group, 2012. The world copper factbook 2012 [R/OL]. [2015-08-
13]. http://www. slideshare. net/PresentacionesVantaz/the-world-copper-factbook-2012-16401361.

IPCC, 2013. Climate change 2013 the physical science basis [R/OL]. Intergovernmental Panel
on Climate Change, 2216 [2015-08-16]. http://www. climatechange2013. org/images/uploads/
WGIAR5_WGI-12Doc2b_FinalDraft_All. pdf.

JUHLIN C, DEHGHANNEJAD M, LUND B, et al. , 2010. Reflection seismic imaging of the
end-glacial Pärvie Fault system, northern Sweden [J]. J. Appl. Geophys. , 70: 307-316.

KERANEN K M, SAVAGE H M, ABERS G A, et al. , 2013. Potentially induced earthquakes in Oklahoma, USA: Links between wastewater injection and the 2011 Mw 5. 7 earthquake sequence [J]. Geology, 41: 699-702.

KERANEN K M, WEINGARTEN M, ABERS G A, et al. , 2014. Sharp increase in central Oklahoma seismicity since 2008 induced by massive wastewater injection [J]. Science, 345: 448-451.

KIRBY G A, BAILY H E, CHADWICK R A, et al. , 2000. The structure and evolution of the Craven Basin and adjacent areas [M]. London: Subsurface Memoir. The Stationery Office, 130.

KIM W Y, 2013. Induced seismicity associated with fluid injection into a deep well in Youngstown, Ohio [J]. J. Geophys. Res. , 118: 3506-3518.

KLOSE C D, 2007a. Geomechanical modeling of the nucleation process of Australia's 1989 M5. 6 Newcastle earthquake [J]. Earth Planetary Sci. Lett. , 256: 547-553.

KLOSE C D, 2007b. Mine water discharge and flooding: a cause of severe earthquakes [J]. Mine Water Environ. , 26: 172-180.

KLOSE C D, 2012. Evidence for anthropogenic surface loading as trigger mechanism of the 2008 Wenchuan earthquake [J]. Environ. Earth Sci. , 66: 1439-1447.

KLOSE C D, 2013. Mechanical and statistical evidence of the causality of human-made mass shifts on the Earth's upper crust and the occurrence of earthquakes [J]. J. Seismol. , 17: 109-135.

KONIKOW L F, 2011. Contribution of global groundwater depletion since 1900 to sea-level rise [J]. Geophys. Res. Lett. , 38: 5.

KONIKOW L F, 2013. Comment on "Model estimates of sea-level change due to anthropogenic impacts on terrestrial water storage" by Pokhrel et al. Nature Geosci. 6, 2.

Laing O'Rourke, 2014. London Gateway Port, London, UK [EB/OL]. Laing O'Rourke, Ltd. , Dartford, England [2015-08-16]. http: //www. laingorourke. com/our-work/all-projects/london-gateway-port. aspx.

LUNDQVIST J, LAGERBACK R, 1976. The parve fault: A late-glacial fault in the Precambrian of Swedish Lapland [J]. Geologiska Föreningens I Stockholm Förhandlingar, 98: 45-51.

MCGARR A, 1976. Seismic moments and volume changes [J]. J. Geophys. Res. , 81: 1487-1494.

MCGARR A, 2014. Maximum magnitude earthquakes induced by fluid injection [J]. J. Geophys. Res. , 119: 1008-1019.

MCGARR A, SIMPSON D, SEEBER L, 2002. Case histories of induced and triggered seismicity [J]. Int. Handbook Earthquake Eng. Seismol. , 81A: 647-661.

MAJER E, BARIA R, STARK M, et al. , 2007. Induced seismicity associated with enhanced geothermal systems [J]. Geothermics, 36: 185-222.

MATHER J, HALLIDAY D, JOSEPH J B, 1998. Is all the groundwater worth protecting? The example of the Kellaways Sand [J]. Geological Society, London, Special Publications, 130: 211-217.

MEREMONTE M E, LAHR J C, FRANKEL A D, et al. , 2002. Investigation of an earthquake swarm near Trinidad, Colorado, August-October 2001 [R/OL]. U. S. Geological Survey Open-File

Report 02- 0073, 32 [2015-08-12]. http: //pubs. usgs. gov/of/2002/ofr- 02- 0073/ofr- 02-0073. html.

Mining-technology. com, 2013. The 10 biggest coal mines in the world [EB/OL]. [2015-08-13]. http: //www. mining-technology. com/features/feature-the-10-biggest-coal-mines-in-the-world/.

Mining-technology. com, 2014. The world's biggest iron ore mines [EB/OL]. [2015-08-13]. http: //www. mining-technology. com/features/featurethe-worlds-11-biggest-iron-ore-mines-4180663/.

MITCHELL B R, 1984. Economic Development of the British Coal Industry, 1800-1914 [M]. Cambridge: Cambridge University Press, 360.

MÖRNER N A, SJÖBERG R, AUDEMARD F, et al. , 2008. Paleoseismicity and uplift of Sweden [C/OL] //Field guide, for International Geological Congress excursion No. 11, July-August 2008, 109 [2015-08-16]. http: //www. iugs. org/33igc/fileshare/filArkivRoot/coco/FieldGuides/No 11 Palaeoseismisity. pdf.

MYERS N, 1993. Gaia: An atlas of planet management [M]. New York: Anchor/Doubleday, Garden City.

NHBC, 2007. Housing completions show moderate rise [EB/OL]. National House-Building Council. [2015-08-13]. http://www. nhbc. co. uk/NewsandComment/UKnewhouse-buildingstatistics/Year2007/ Name,32187,en. html.

NICHOLSON C, ROELOFFS E, WESSON R L, 1988. The northeastern Ohio earthquake of 31 January 1986: was it induced? [J] Bull. Seismol. Soc. Am. , 78: 188-217.

PAUL T, CHOW F, KJEKSTAD O, 2002. Hidden aspects of urban planning: Surface and underground development [M]. London: Thomas Telford, 85.

PEGG I L, 2015. Turning nuclear waste into glass [J]. Phys. Today, 68 (2): 33-39.

PIMENTEL D, 2006. Soil erosion: A food and environmental threat [J]. Environ. Dev. Sustainability,8:119-137.

POKHREL Y N, HANASAKI N, YEH P J F, et al. , 2012. Model estimates of sealevel change due to anthropogenic impacts on terrestrial water storage [J]. Nature Geosci. , 5: 389-392.

POKHREL Y N, HANASAKI N, YEH P J F, et al. , 2013. Overestimated water storage [J]. Reply. Nature Geosci. , 6: 2-3.

Port of Rotterdam, 2013. Projectorganisatie Maasvlakte 2 Construction, from plan to execution [EB/OL]. [2015-08-16]. https: //www. maasvlakte2. com/en/index/show/id/198/Construction.

RIDLINGTON E, RUMPLER J, 2013. Fracking by the numbers: Key impacts of dirty drilling at the state and national level [R/OL]. Environment America Research & Policy Center, Boston, Massachusetts, 47 [2015-08-11]. http: //www. environmentamerica. org/sites/environment/files/reports/EA_FrackingNumbers_scrn. pdf.

RINGROSE P S, 1989. Recent fault movement and palaeoseismicity in western Scotland [J]. Tectonophysics, 163: 315-321.

ROCHE V, GROB M, EYRE T, et al. , 2015. Statistical characteristics of microseismic events and in-situ stress in the Horn River Basin [C/OL] //Proceedings of GeoConvention 2015, Calgary, Canada, 4-8 May 2015: 5 [2015-08-16]. http: //www. geoconvention. com/ uploads/2015abstracts/

080_GC2015_Statistical_characteristics_of_microseismic_events. pdf.

RUBINSTEIN J L, ELLSWORTH W L, MCGARR A, et al. , 2014. The 2001-present induced earthquake sequence in the Raton Basin of northern New Mexico and southern Colorado [J]. Bull. Seismol. Soc. Am. , 104: 2162-2181.

RUBINSTEIN J L, MAHANI A B, 2015. Myths and facts on waste water injection, hydraulic fracturing, enhanced oil recovery, and induced seismicity [J]. Seismol. Res. Lett. , 86: 1060-1067.

SCHOLZ C H, 1968. The frequency-magnitude relation of microfracturing in rock and its relation to earthquakes [J]. Bull. Seismol. Soc. Am. , 58: 399-415.

SEEBER L, ARMBRUSTER J, KIM W Y, 2004. A fluid-injection-triggered earthquake sequence in Ashtabula, Ohio: Implications for seismogenesis in stable continental regions [J]. Bull. Seismol. Soc. Am. , 94: 76-87.

SISKIND D E, STAGG M S, KOPP J W, et al. , 1980. Structure response and damage produced by ground vibration from surfacemine blasting [R]. United States Bureau of Mines, Report of Investigations No. 8507.

SKOUMAL R J, BRUDZINSKI M R, CURRIE B S, 2015. Earthquakes induced by hydraulic fracturing in Poland Township, Ohio [J]. Bull. Seismol. Soc. Am. , 105: 189-197.

SOLOMON S, 2007. Carbon Dioxide Storage: Geological Security and Environmental Issues-Case Study on the Sleipner Gas field in Norway [R/OL]. The Bellona Foundation, Oslo, Norway, 128 [2015-08-15]. http: //bellona. org/filearchive/fil_CO2_storage_Rep_Final. pdf.

STAGG M S, SISKIND D E, STEVENS M G, et al. , 1980. Effects of repeated blasting on a wood frame house [R]. United States Bureau of Mines, Report of Investigations No. 8896.

STEWART I, FIRTH C, RUST D, et al. , 2001. Postglacial fault movement and palaeoseismicity in western Scotland: A reappraisal of the Kinloch Hourn fault, Kintail [J]. J. Seismol. , 5: 307-328.

SUTINEN R, PIEKKARI M, MIDDLETON M, 2009. Glacial geomorphology in Utsjoki, Finnish Lapland proposes Younger Dryas fault-instability [J]. Global Planetary Change, 69: 16-28.

SYVITSKI J P M, KETTNER A J, 2011. Sediment flux and the Anthropocene [J]. Philos. Transact. Royal Soc. Lond. , 369: 957-975.

SYVITSKI J P M, VÖRÖSMARTY C J, KETTNER A J, et al. , 2005. Impact of humans on the flux of terrestrial sediment to the global coastal ocean [J]. Science, 308: 376-380.

TESTRAD, 2012. Thames Estuary Airport: Feasibility review [EB/OL]. The Thames Estuary Research and Development Company, London, 64 [2015-08-21]. http: //testrad. co. uk/wp-content/uploads/2012/08/TEAFRreport. pdf.

TRIMBLE S W, 1975. A volumetric estimate of Man-induced Erosion on the Southern Piedmont [R]. U. S. Department of Agriculture, Agricultural Research Service Publication S40: 142-145.

TRIMBLE S W, 2008. Man-induced soil erosion on the Southern Piedmont: 1700- 1970 (enhanced 2nd Edition) [M]. Ankeny, Indiana: Soil and Water Conservation Society, 80.

USGS, 2013. Mineral commodity summaries 2013 [R/OL]. U. S. Geological Survey, Reston,

Virginia, 198 pp [2015-08-13]. http://minerals. usgs. gov/minerals/pubs/mcs/2013/mcs2013. pdf.

VAN OOST K, CERDAN O, QUINE T A, 2009. Accelerated sediment fluxes by water and tillage erosion on European agricultural land [J]. Earth Surf. Processes Landforms, 34: 1625-1634.

VARGA R, PACHOS A, HOLDEN T, et al. , 2012. Seismic inversion in the Barnett Shale successfully pinpoints sweet spots to optimize wellbore placement and reduce drilling risks [C] // Proceedings of the 2012 Society of Exploration Geophysicists Annual Meeting, 4-9 November 2012, Las Vegas, Nevada, paper SEG-2012-1266. Curran Associates, Red Hook, New York, 4023-4027.

VERDON J P, 2014. Significance for secure CO_2 storage of earthquakes induced by fluid injection [J]. Environ. Res. Lett. , 9: 064022.

VERDON J P, KENDALL J M, STORK A L, et al. , 2013. A comparison of geomechanical deformation induced by 'megatonne' scale CO_2 storage at Sleipner, Weyburn and In Salah [J]. Proc. Natl. Acad. Sci. , 110: E2762-E2771.

WADA Y, VAN BEEK L P H, VAN KEMPEN C M, et al. , 2010. Global depletion of groundwater resources [J]. Geophys. Res. Lett, 37 (5): L20402.

WADA Y, VAN BEEK L P H, WEILAND F C S, et al. , 2012. Past and future contribution of global groundwater depletion to sea-level rise [J]. Geophys. Res. Lett. , 39 (6): L09402.

WALD D J, QUITORIANO V, HEATON T H, et al. , 1999. Relationships between peak ground acceleration, peak ground velocity, and modified Mercalli intensity in California [J]. Earthquake Spectra, 15: 557-564.

WALTERS R J, ZOBACK M D, BAKER J W, et al. , 2015. Characterizing and responding to seismic risk associated with earthquakes potentially triggered by fluid disposal and hydraulic fracturing [J]. Seismol. Res. Lett. , 86 (4): 1110-1118.

WEINGARTEN M, GE S, GODT J W, et al. , 2015. High-rate injection is associated with the increase in U. S. mid-continent seismicity [J]. Science, 348: 1336-1340.

WESTAWAY R, 2002. Seasonal seismicity of northern California before the great 1906 earthquake [J]. Pure Appl. Geophys. , 159: 7-62.

WESTAWAY R, 2006. Investigation of coupling between surface processes and induced flow in the lower continental crust as a cause of intraplate seismicity [J]. Earth Surf. Processes Landforms, 31 (12): 1480-1509.

WESTAWAY R, 2016. Isostatic compensation of Quaternary vertical crustal motions: coupling between uplift of Britain and subsidence beneath the North Sea [J]. J. Quat. Sci. , 32: 169-182.

WESTAWAY R, in review. The importance of characterizing uncertainty in controversial geoscience applications: induced seismicity associated with hydraulic fracturing for shale gas in northwest England. Proc. Geol. Assoc.

WESTAWAY R, YOUNGER P L, 2014. Quantification of potential macroseismic effects of the induced seismicity that might result from hydraulic fracturing for shale gas exploitation in the UK [J]. Quarterly J. Eng. Geol. Hydrogeol. , 47: 333-350.

WESTAWAY R, YOUNGER P L, CORNELIUS C, 2015. Comment on 'Life cycle environmental impacts of UK shale gas' by L. Stamford and A. Azapagic. Appl. Energy, 134, 506-518, 2014 [J]. Appl. Energy, 148: 489-495.

World Steel Association, 2012. World steel in figures 2012, 15 pp [R/OL]. [2015-08-13]. http: //www. worldsteel. org/dms/internetDocumentList/bookshop/WSIF_2012/document/World Steel in Figures 2012. pdf.

Worldtravellist. com, 2011. Palm Deira of Dubai is the largest man made island in the world [EB/OL]. [2015-08-16]. http: //trip. worldtravellist. com/2011/06/palm-deira-dubai/.

WRENCH G T, 1946. Reconstruction by Way of the Soil [M]. London: Faber and Faber, 262.

YOUNGER P L, in review. How can we be sure fracking will not pollute aquifers? Lessons from a major longwall coal mining analogue (Selby, Yorkshire, UK). Earth and Environmental Sciences, Transactions of the Royal Society of Edinburgh.

YOUNGER P L, WESTAWAY R, 2014. Review of the Inputs of Professor David Smythe in Relation to Planning Applications for Shale Gas Development in Lancashire (Planning Applications LCC/2014/0096/0097/0101 and/0102) and Associated Recommendations [R/OL]. http: // eprints. gla. ac. uk/108343/.

ZOBACK M D, HARJES H P, 1997. Injection-induced earthquakes and crustal stress at 9 km depth at the KTB deep drilling site, Germany [J]. J. Geophys. Res, 102 (18): 477-18, 491.

12 美国联邦和各州石油和天然气法规

Karen J. Anspaugh

美国密歇根州特拉弗斯城，印第安纳大学罗伯特麦肯尼法学院
苏瑞特和安斯波（Surrett & Anspaugh）事务所

12.1 油气法规的目的

价格合理、储量丰富、唾手可得的化石燃料几乎影响着美国人生活的方方面面。石油和天然气（O&G）提高了美国人民的生活水平，推动了美国和全球经济的发展。在每一个油气生产州，都出台了一系列规章制度来保护该州的自然资源，鼓励有效生产化石燃料以满足公共使用需求，维护矿产权益所有者的权利，保护环境，提高社会福利，促进经济增长，并通过鼓励能源独立来巩固国家安全。对化石燃料的依赖是现实问题，所以在美国国内开采油气是必要的。2014年美国使用的能源占比为：石油（35%）、天然气（28%）、煤炭（18%）、可再生能源（10%）和核能（8%）(US Energy Information Administration，2014)。而油气产出与全球经济息息相关。

能源供应和能源独立是全球性问题（见第13章）。天然气和原油基准价格由全球供需驱动，原油价格主要由石油输出国组织（OPEC）驱动（参见第2章）。与美国不同，外国生产商很少遇到监管过程中固有的延迟和成本增加。(Bronstein et al.，2014)。美国如何提高自己的核心竞争力？

适得其反的监管和过度监管（可能是出于政治动机，而不是基于对地质构造和生产技术的广泛了解）都无法实现适当的监管目标。过度监管减少了低成本能源供应，降低了企业的盈利能力，削弱了就业市场，并抬高了保障公共卫生的商品和服务的价格。

虽然近年来经济处于低迷时期，但依旧有充分的证据表明，使用水力压裂技术开发非常规油气对美国经济是非常有利的。众所周知，油气行业的就业增长率远远超过了其他所有经济领域的就业增长率，而在页岩气开发效果较好的地区经济增长强劲，失业率较低。

有充分的证据表明，只要有足够的监管（包括水测试和所使用化合物的披

露）、资金充足的检查和验证及运营商的最佳管理，压裂是可以安全地进行的（见第 4 章）。2015 年 6 月 4 日，美国环境保护署（US EPA）发布了一项为期 5 年的研究报告草案，报告称泄漏事故罕见，水力压裂法并未对饮用水资源造成任何广泛或系统性的影响（US EPA，2015）（见第 6 章）。

12.2　美国国家机构监管的油气问题

国家油气保护法律由国家监管机构（如自然资源部、环境质量部、油气和矿产办公室或其他机构）执行。这些机构由州立法授予权力，并被赋予以下职责：确保自然资源的高效经济开发，监督国有土地租赁，保护自然资源免受浪费和破坏，保护地下水，防止环境污染，执行井网密度要求，限制井间距，通过一体化共享平台确保油气公平共享，允许收取钻井（石油、天然气、煤层气、排污水、提高采收率、非商业用气、供水、储气和地质构造测试井）所需的费用和保证金，执行钻井施工标准，检查井，强制提交完井报告和其他钻井记录，加强对井漏的及时上报和补救，监督封堵和弃井（见第 1 章和第 4 章）。

国家油气监管机构确保井的设计、施工和完整性符合州规范，并监测流体的运移和密封、水的可用性、压裂液的存储、添加剂的存储、返排液和固体的存储，以及压裂废物的移动、管理和处置（见第 5 章）。自油气保护法颁布以来（大多数在 50 多年前通过），州机构已经成功地规范了水力压裂法（见第 1 章和第 4 章），要求作业者使用多层不透水的套管和水泥来保护地下水。井施工规范由州监管机构审查和批准，作为钻井许可流程的一部分，州监管机构通常由经过培训的地质学家组成。此后，州检查办公室调查和评估所有井场，并持续监测钻井进程。

完井报告中必须提供详细的信息，如使用流体的类型和体积，以及使用支撑剂的性质和数量，并作为永久记录的一部分。例如，在怀俄明州，作业公司必须报告所有化学添加剂、化合物类型、使用浓度和混合速率。在路易斯安那州，为了确保地下水可供公众使用，限制将压裂液注入 Haynesville 页岩地层（备忘录WH-1，勘探开发作业用水要求，路易斯安那州国家石油资源，2009 年 9 月）。在密歇根州，为了保护地下水，需要将表层套管设置在冰川沉积物底部以下30.48 m（100 ft），进入有效的基岩，并在所有淡水地层 30.48 m（100 ft）以下。套管必须通过循环水泥自下而上密封至地面。

12.3　美国联邦机构监管的油气问题

美国有关废水和地下水的联邦法规通常在州一级执行。空气质量受到州和联邦的双重约束，而排水在联邦一级强制执行。以下是美国国会颁布的专门针对油

气行业的联邦环境法规:

(1)《清洁空气法》(1970)。该法案将各种油气活动确定为空气排放的潜在来源,如钻机、压裂设备和现场发电机的发动机排放、返排液中碳氢化合物的挥发性排放、返排过程中气体的排放和燃烧排放、分离器、存储容器、气动控制装置、乙二醇脱水机、压缩机和脱硫装置。该法案创建了新的污染源执行标准(NSPS;40 C. F. R. 第60部分,OOOO子部分),这是第一个适用于压裂井的联邦空气标准。NSPS的制定旨在减少油气作业(包括天然气井、储罐及其他设备和处理装置)中挥发性有机化合物和二氧化硫的排放,适用于2011年8月23日之后建造的所有相关设施,以及此后设施的改造或重建。现有设施必须在2012年8月16日起60天内满足要求。自2015年1月1日起,已压裂的井(不包括适用修订规则的未压裂井)必须使用"减排量完井技术"(俗称"绿色完井")来控制返排液的排放。

(2)《清洁水法》(1977)。该法确立了与油气作业和向通航水道排放石油相关的用水指南。《石油污染法案》是对《清洁水法》的修正,涉及对通航水域和海岸线的大型石油泄漏进行清理和损害评估。国家污染物排放消除系统(NPDES)监管污染物向美国水域的排放。《清洁水法》第404条规定并要求向美国水域排放疏浚或填充物需要提供许可证,适用于任何向可航行水域(包括湿地)排放污染物的情况。许可证由美国陆军工程兵部队批准。填充材料可以是岩石、沙子、土壤、混凝土、抛石、涵洞、下水道和公用设施管线。需要注意的是,水力压裂不受1974年《安全饮用水法》的保护,该法是《清洁水法》的一部分,保护饮用水及可用于人类使用的地上和地下水源。《安全饮用水法》要求环境保护署为Ⅱ类注水井制定最低标准,这些注水井由州地下注水控制项目管理。Ⅱ类井用于提高采收率或将采出水和卤水处理到淡水底部以下的深层地层中。重要的是,2005年的《能源政策法》修订了《清洁水法》,以排除以储存为目的在地下注入天然气及向地下注入用于水力压裂作业的液体或支撑剂(柴油燃料除外)。

(3)《濒危物种法》(1973)。该法案授予美国鱼类及野生动植物管理局权力,禁止任何可能威胁和损害到濒危物种(如飞镖鱼、草原松鸡和山艾树蜥蜴)栖息地和生态系统的活动。

12.4　各联邦机构管辖的问题

下列美国联邦机构是对油气生产具有管辖权的监管机构:

(1)陆军工程兵团(USACE):利用工程、设计和施工管理保护国家的水生资源,并评估美国水域(包括湿地)施工活动的许可申请。

(2)印第安事务局(BIA):与土地管理局共同监管印第安本土土地的石油开发。

（3）土地管理局（BLM）：监管联邦陆上财产的石油、天然气和煤炭运营、开发、勘探和生产。该局管理着 7 亿 acre（1 acre = 4046.86 m²）的地下矿藏，约占美国土地的 29%。

（4）海洋能源管理局（BOEM）：管理美国近海资源的勘探和开发。

（5）安全与环境执法局（BSEE）：促进安全，保护环境和保护近海资源。

（6）能源部（DOE）：管理战略石油储备，进行能源研究，并收集和分析能源行业数据。

（7）内政部（DOI）：监管从联邦土地上开采油气。

（8）环境保护署（US EPA）：负责监督环境、健康和安全问题，主要负责执行美国的许多环境法规。美国环境保护署成立于 1970 年，目前在 10 个地区办事处和 27 个实验室雇用了大约 1.6 万名员工。

（9）联邦能源管理委员会（FERC）：监管州际管道和电力、天然气和石油的州际传输。该机构审查建造液化天然气终端和州际天然气管道的提案，并为水电项目颁发许可证。

（10）联邦职业安全与健康管理局（劳工部下属部门）（DOL-OSHA）：促进雇员的安全。

（11）鱼类及野生动植物管理局（内政部下属部门）：管理和执行 1973 年的《濒危物种法》，列出濒危和受威胁的物种，并指定关键栖息地。

（12）自然资源收入办公室（ONRR）：收取陆上和海上生产的欠政府的特许权使用费。

（13）管道和危险物质安全管理局（PHMSA）：监管包括油气在内的危险物质运输的固有风险，并执行 1968 年《天然气管道安全法》(P. L. 90-481)。

12.5　允许水力压裂的州

表 12.1 列出了生产油气和允许水力压裂的州。为了提高压裂程序的透明度，地下水保护委员会（GWPC）和州际石油和天然气合同委员会（来自石油和天然气生产州的监管者组成的自愿协会）成立了 FracFocus 网站（Groundworks，2011）。各个州自愿提供信息，且 FracFocus 公布了运营商使用的添加剂。

表 12.1　生产油气并允许水力压裂的州（FracFocus，2015）

序号	州	提供信息要求的内容
1	阿拉巴马州	要求向 FracFocus 披露压裂解决方案
2	阿拉斯加州	要求向 FracFocus 披露压裂解决方案
3	阿肯色州	要求向州政府披露压裂解决方案

续表 12.1

序号	州	提供信息要求的内容
4	加利福尼亚州	要求向 FracFocus 披露压裂解决方案
5	科罗拉多州	要求向 FracFocus 披露压裂解决方案
6	佛罗里达州	正在考虑向 FracFocus 报告
7	爱达荷州	要求向 FracFocus 披露压裂解决方案
8	印第安纳州	要求向州政府披露压裂解决方案
9	伊利诺伊州	要求向州政府披露压裂解决方案
10	堪萨斯州	要求向 FracFocus 披露压裂解决方案
11	肯塔基州	要求向 FracFocus 披露压裂解决方案
12	路易斯安那州	要求向 FracFocus 披露压裂解决方案
13	马里兰州	没有压裂井
14	密歇根州	要求向 FracFocus 披露压裂解决方案
15	密西西比州	要求向 FracFocus 披露压裂解决方案
16	蒙大拿州	要求向 FracFocus 披露压裂解决方案
17	内布拉斯加州	要求向 FracFocus 披露压裂解决方案
18	内华达州	要求向 FracFocus 披露压裂解决方案
19	新墨西哥州	要求向州政府披露压裂解决方案
20	北卡罗来纳州	要求向 FracFocus 披露压裂解决方案
21	北达科他州	要求向 FracFocus 披露压裂解决方案
22	俄亥俄州	要求向 FracFocus 披露压裂解决方案
23	俄克拉何马州	要求向 FracFocus 披露压裂解决方案
24	俄勒冈州	没有压裂井
25	宾夕法尼亚州	要求向 FracFocus 披露压裂解决方案
26	南达科他州	要求向 FracFocus 披露压裂解决方案
27	田纳西州	要求向 FracFocus 披露压裂解决方案
28	得克萨斯州	要求向 FracFocus 披露压裂解决方案
29	犹他州	要求向 FracFocus 披露压裂解决方案
30	维吉尼亚州	正在考虑向 FracFocus 报告
31	西维吉尼亚州	要求向 FracFocus 披露压裂解决方案
32	怀俄明州	要求向州政府披露压裂解决方案

注：亚利桑那州、康涅狄格州、特拉华州、乔治亚州、夏威夷、爱达荷州、艾奥瓦州、马萨诸塞州、明尼苏达州、密苏里州、新罕布什尔州、新泽西州、俄勒冈州、罗得岛州、南卡罗来纳州、南达科他州、佛蒙特州和华盛顿州没有经济上可行的油气储量。

12.6　禁止水力压裂的州

以下几个州已经禁止或暂停使用水力压裂：

（1）佛蒙特州：2012 年，佛蒙特州成为第一个禁止水力压裂的州，尽管该州一直没有油气生产。

（2）纽约州：经过 6 年的研究，纽约州于 2014 年禁止了该州所有的水力压裂。自 2010 年以来，该禁令已经实施。纽约州官员解释说，他们知道没有确凿的研究表明水力压裂法有害。然而，他们认为，水力压裂法对公众健康和环境的潜在风险存在足够的不确定性，因此有理由禁止水力压裂法。金融方面的后果是什么？如果在未来的 15 年内，纽约州只有 10% 的天然气储量投产，按 4 美元/MMbtu（1 MMbtu = 1.055 GJ）计算，纽约州将获得 570 亿美元的利润，这相当于土地所有者损失 70 亿美元的收入（Joy et al.，2015）。

（3）马里兰州：2015 年 5 月，马里兰州批准了一项为期 2.5 年的水力压裂禁令。

12.7　水力压裂风险证据的分量

大量科学研究表明，纽约州的水力压裂禁令并不是基于安全、环境或人类健康方面的考虑。

美国环保署、州监管机构（注意，除非油气开发活动发生在联邦土地上，否则油气开发是州监管机构的专属领域）、行业组织和学术界的研究都确定，水力压裂不会造成不利的环境风险。甚至在科莫（Cuomo）执政期间，纽约州环境保护部（DEC）也确定水力压裂不会对纽约州的环境造成不利影响。

1998 年，美国地下水保护委员会对负责管理水力压裂的州政府机构进行了一项全面的调查，结果发现没有证据表明水力压裂会对公众健康造成威胁。

2002 年州际油气合作综合委员会（一个由包括纽约州在内的油气生产州的监管机构组成的多州机构）进行了一项调查，确定尽管从 20 世纪 40 年代以来大约有 100 万口井进行了水力压裂，但没有证据表明水力压裂会污染地下水（见第 4 章和第 6 章）。

麻省理工学院（MIT）2011 年发布了一项关于水力压裂对地下水含水层的潜在风险的研究，发现"在压裂过程中，没有记录到压裂液直接侵入浅水区的事件"。

2013 年 1 月，美国地质调查局（USGS）发布了一份对 Fayetteville 页岩大部分地区地下水样本的研究报告，再次发现与天然气生产相关的活动对地下水没有区域污染影响。Fayetteville 页岩与纽约的 Marcellus 和 Utica 页岩相似，都是低渗低孔的页岩地层，必须进行水力压裂才能实现经济生产。

2012 年，来自阿肯色州、科罗拉多州、路易斯安那州、北达科他州、俄亥俄州、俄克拉何马州、宾夕法尼亚州和得克萨斯州的监管机构向美国政府问责局（US Government Accountability Office）提出建议，根据各州的调查，水力压裂过程产出了大量石油和天然气，但水力压裂并没有导致任何一个州地下水的污染。阿拉斯加石油和天然气保护委员会在 2011 年表示："在过去 50 多年的石油和天然气生产中，阿拉斯加还没有发生过一次地下饮用水源受到破坏的记录。"

奥巴马政府下属的联邦政府监管机构也承认，没有证据表明水力压裂对地下水产生了不利影响。2011 年 5 月 24 日，美国环境保护署署长 Lisa Jackson 在众议院监督和政府改革委员会作证，证明环保署"不知道最近在 Marcellus 页岩的钻探有任何水污染"。同样，土地管理局（BLM）局长 Robert Abbey 在 2011 年的国会证词中表示："从未看到任何证据表明，在已获土地管理局批准的井中使用压裂技术会对地下水造成影响。"

经过广泛的研究和分析，纽约环境保护部（DEC）于 2009 年发布了一份通用环境影响声明草案，结论是纽约页岩地层水力压裂的物理过程不会对地下水构成任何风险。纽约环境保护部的结论部分基于从科罗拉多州、新墨西哥州、宾夕法尼亚州、俄亥俄州、得克萨斯州和怀俄明州的相关州监管机构收集的证据，这些机构均得出结论，水力压裂作业不会对地下水污染造成风险（Joy et al.，2015）。

12.8　州政府或联邦机构监管水力压裂的必要性

美国国家油气监管机构（地下水保护专家）没有提出是否需要额外的有关压裂的联邦法规问题，这表明了他们在监管水力压裂方面的信心和成功。然而，与水力压裂相关的风险问题被那些不熟悉州地质特征、在油气行业或水力压裂方面没有专业知识的各方反复讨论和考虑。各个州地下储层、岩石成分、地层构造和含水层深度情况不同，相应地，压裂中使用的水和添加剂成分的量也因各州而异。各州监管机构熟悉本州的独特特征，因此从逻辑上讲，它们最适合执行压裂法规。各州也可以更快地对油气公司做出反应，这是一个突出的优势。各州监管机构、地下水保护委员会和州际石油与天然气合同委员会均表示额外的联邦监管是多余的，他们担心任何联邦参与的程序性因素都将使目前全面参与地下水保护工作的州政府官员负担过重。

最适合水力压裂的监管机构是各州，由于各州的独特地位和在行业事务上的综合专业知识，它们是国内油气行业普通法的来源。美国各州已经采取了完备的法律法规来保障安全作业和保护国家的饮用水源，并培训了有效监管油气勘探和生产的人员。几十年来，水力压裂一直是油气行业在所有产气的州中勘探和生产过程中的一种常见操作。由于各州的独特地位和他们在油气行业相关事务上的综合专业知识，对水力压裂的监管仍然应该是各州的责任。在保护地下水方面，各州与联邦政府有着同样的既得利益，因此，将继续高效地监管这一过程，同时也考虑到其边界内的地质和水文情况，没有"一刀切"的有效监管方法（Groundworks，2015）。

12.9　监管考虑全球动态的必要性

美国在全球市场的表现见第 13 章的全球讨论。美国正在争夺全球市场份额，因此，法规必须允许在不快速变化的环境下进行油气生产，监管机构不会造成审批流程出现重大延误，并且税收和费用及严格遵守法规的经营成本不会降低利润率，导致钻井停止（参见第 2 章）。

在最大的石油公司中，产量增长的绝大部分来自国有实体。沙特阿美公司的盈亏平衡成本在每桶 10 美元左右。美国最好的页岩油气公司的盈亏平衡价格接近 40 美元（Helman 和 Christopher，2015）。

与外国国有企业的爆炸性增长相比，北美油气生产商表现不佳，增长停滞。近年来，外国国有油气生产商的产量和盈利显著增长，而独立超级大公司的增长微乎其微或根本没有增长。国有油气生产商受到政府融资和保护支持，不受繁重的税收、费用、官僚主义的拖延和环保原因的过度监管限制。表 12.2 列出了占全球供应量 50% 的 21 家最大油气生产商。

表 12.2　全球占 50% 供应量的油气生产商（Helman 和 Christopher，2015）

序号	生　产　商	日均油当量产量/百万桶
1	沙特阿美石油公司（沙特阿拉伯）	12
2	俄罗斯天然气工业股份公司（俄罗斯）	8.3
3	伊朗国家石油公司（伊朗）	6
4	埃克森美孚公司（美国）	4.7
5	俄罗斯石油公司（俄罗斯）	4.7
6	中国石油（中国）	4
7	英国石油公司（英国）	3.7
8	荷兰皇家壳牌（英国/荷兰）	3.7
9	墨西哥石油（墨西哥）	3.6
10	科威特石油（科威特）	3.4
11	雪佛龙公司（美国）	3.3

序号	生 产 商	日均油当量产量/百万桶
12	阿布扎比国家石油公司（阿联酋）	3.1
13	道达尔石油及天然气公司（法国）	2.5
14	巴西国家石油公司（巴西）	2.4
15	卡塔尔石油公司（卡塔尔）	2.4
16	卢克石油公司（俄罗斯）	2.3
17	阿尔及利亚国家石油公司（阿尔及利亚）	2.2
18	伊拉克石油部（伊拉克）	2
19	委内瑞拉国家石油公司（委内瑞拉）	2
20	康菲石油公司（美国）	2
21	挪威国家石油公司（挪威）	2

一个国家驱动的资本主义时代已经到来，政府再次引导巨大的资本流动，甚至跨越资本主义民主国家的边界，对自由市场和国际政治产生深远影响。中国和俄罗斯在国有企业的战略部署上处于领先地位，其他国家的政府也开始效仿。总体而言，跨国石油公司的产量仅占全球油气储量的 10%，国有企业现在控制着75% 以上的原油产量（Bremmer 和 Ian，2010）。

12.10　美国国家能源政策的有效性

美国的能源政策是由多个联邦部门和机构及各州相关部门（包括内政部、交通部、能源部和环保署）制定的一系列法律构建起来的。

州油气保护法的效力受到国家政策的限制。一个有效的国家能源政策将为各州的有效监管铺平道路。坚持法治和促进监管效率的政策可以提高油气产量和经济增长。当运营商能够在联邦陆地和近海地点进行钻探，当补贴不会人为地偏袒一种能源，当监管职责没有受到过度限制时，国内生产就会蓬勃发展。批准Keystone XL 输油管道、提高原油出口、取消能源技术关税、限制导致失业的法规将有利于国内生产。国会（而不是美国国家环境保护署和其他联邦监管机构）应该批准新的联邦法规（遵守宪法框架），监管改革应该适当重视和考虑生产商、最终用户的成本。合规成本应与所获得的环境效益相平衡，导致成本大于环境效益的法规应该废除。

奥巴马总统和他的政府卷入了一场关于化石燃料的全面战争。在减少全球变暖的理由下，政府颁布了大量法规，试图在所谓的清洁能源计划下进一步减少二氧化碳排放。这些规定不仅在实际影响全球气温或海平面方面被证明是无效的，而且事实证明，这些规定将对所有美国人产生严重的经济影响，尤其是低收入和少数族裔家庭（Inhofe，2015）。

美国清洁煤电联盟（ACCCE）的一项研究发现，总统的气候议程只会降低 CO_2 浓度不到 0.5%，将全球平均气温降低不到 2% 度，将海平面的上升幅度降低 1% 英寸（1 in = 2.54 cm），也就是三张纸的厚度。这些微不足道的数字使得总统的议程在 4790 亿美元的价格标签下显得非常的鲁莽（Inhofe，2015）。

根据清洁能源计划，未来 10 年，大多数州的电价将翻倍，这将导致数以万计的高薪工作岗位流失，这些岗位将转移到环境限制较少的海外市场。提交给参议院环境与公共工程委员会的专家证词显示，大约有 5900 万户美国家庭的收入在 5 万美元或以下（税后 22732 美元，每月不到 1900 美元）。该收入阶层的家庭将 17% 的税后收入用于能源消费。如果能源价格翻倍，他们将花费税后收入的 34% 用于能源消费（Inhofe，2015）。

在 2015 年 6 月 23 日举行的环境与公共工程委员会听证会上，美国黑人商会主席（Harry Alford）作证称，到 2035 年，政府的清洁能源计划将使贫困人口增加 23%，导致黑人社区失去 700 万个工作岗位，使拉美裔社区贫困人口增加 26%，减少 1200 万个工作岗位。《清洁能源计划》要求美国人用高成本的风能和太阳能替代价格合理的化石燃料，以便到 2030 年可再生能源的发电量占总发电量的 28%。目前，经过几十年的努力，风能和太阳能占电力的比例不到 5%（Inhofe，2015）。

对于活跃在美国的大部分油气运营商来说，经营成本是一个重要的因素（80% 的生产商是小公司，通常雇用不到 10 人）。数以千计的这些小公司通常经营最边缘的油井，因此对价格和运营成本的变化非常敏感。大量拟议的环境法规正在生效或考察中，可能会影响许多美国国内运营商的经济可行性（American Petroleum Institute，2010）。

数据表明，当前的美国国家能源政策并没有有效地促进或有利于国内的油气生产，而对国家、油气行业（健康经济的主要驱动力）和低收入公民造成了损失，他们将把越来越多的收入用于能源消费。

参 考 文 献

American Petroleum Institute, 2010. Environmental regulation of the exploration and production industry [EB/OL]. http://www.api.org/environment-health-and-safety/environmental-performance/environmental-stewardship/environmental-regulation-exploration-production-industry.

BREMMER I, 2010. The long shadow of the visible hand-government-owned firms control most of the world's oil reserves. Why the power of the state is back [EB/OL]. Wall Street J. [2010-05-22]. http://www.wsj.com/articles/SB10001424052748704852004575258541875590852.

BRONSTEIN S, GRIFFIN D, 2014. Self-funded and deep-rooted: How ISIS makes its millions

[EB/OL]. CNN. http://www. cnn. com/2014/10/06/world/meast/isis-funding.

FracFocus: Hydraulic fracturing chemical disclosure state-by state, 2015 [EB/OL]. http://fracfocus. org/welcome.

Groundworks: Hydraulic fracturing regulations, 2015 [EB/OL]. http://groundwork. iogcc. ok. gov/topics-index/hydraulic-fracturing/hydraulic-fracturing-regulations.

HELMAN C, 2015. The world's biggest oil and gas companies- 2015, Forbes [EB/OL]. [2015- 03- 19]. http://www. forbes. com/sites/christopherhelman/2015/03/19/the-worlds-biggest-oil-and-gas-companies.

Inhofe J. Senator, 2015. The Obama administration's war on fossil fuels [EB/OL]. Human Events [2015-09-14]. http://humanevents. com/2015/09/14/the-obama-administrations-war-on-fossil-fuels.

JOY M P, THOMAS E, LEGGETTE L P, 2015. Cuomo decision on HF doesn't appear to be based in Science-or the Law.

Energy in Depth [EB/OL]. http://energyindepth. org/marcellus/cuomodecision-on-hf-doesnt-appear-to-be-based-in-science-or-the-law.

U. S. Energy consumption by energy source, 2014 [EB/OL]. http://www. eia. gov/Energyexplained/index. cfm? page = us_energy_home.

U. S. Environmental Protection Agency, 2015. Assessment of the potential impacts of hydraulic fracturing for oil and gas on drinking water resources, executive summary [EB/OL]. http://www2. epa. gov/sites/production/files/2015-06/documents/hf_es_erd_jun2015. pdf.

13　国际视野：页岩气开发面临的挑战和制约

Katharine Blythe[①]，Robert Jeffries[②]，Mark Travers[③]

①英国爱丁堡，英国安博英环有限公司；
②英国伦敦，英国安博英环有限公司；
③丹麦哥本哈根，安博英环公司

13.1　简　　介

本章考察了陆上页岩气开发的全球形势，重点关注美国以外的储量。在此过程中，考虑了全球页岩气资源的预计储量、储量可观国家的勘探和生产现状，以及影响页岩气开发的挑战和制约因素[❶]。

本章使用"制约"一词来表示限制页岩气勘探成功可能性的固定环境或其他因素，使用"挑战"一词来表示一个可解决的因素，通常更具社会政治性质并可以通过投资或政治意愿来消除。缺乏特定的制约或挑战被认为是"成功因素"。

13.2　全　球　背　景

尽管许多国家都拥有页岩盆地，但目前进行页岩气商业开采的地区仅限于北美地区（美国和加拿大），阿根廷和中国的面积较小。

表 13.1 列出了按页岩气储量大小排序的国家名单。该数据来自美国能源信息署（EIA，2013）。EIA 的估算是基于（未探明的）页岩气总可采储量（TRR），为全球比较提供了一个参考。某些页岩盆地被排除在 EIA 的评估之外，因为没有足够的数据来估算页岩气资源。这些盆地（主要在俄罗斯、大洋洲、中

---

❶　"资源"指的是对地质构造中实际包含的石油或天然气数量的估计，"储量"是指对地质构造在技术上和经济上可以预计产出的石油或天然气数量的估计。

东，以及较小范围的中南半岛、北非和巴西）可能有潜在的高产页岩，但没有从勘探或室内研究中获得相关信息。

表 13.1　按页岩气储量估值（湿气和干气）排名的国家

国家	TRR 估值❶/tcf	现状❷	国家	TRR 估值❶/tcf	现状❷
中国	1115	生产	哥伦比亚	55	勘探
阿根廷	802	生产	罗马尼亚	51	搁置
阿尔及利亚	707	搁置	智利	48	勘探
加拿大	573	生产	印尼	46	勘探
美国	567	生产	玻利维亚	36	勘探
墨西哥	545	勘探	丹麦	32	搁置
澳大利亚	437	生产（有限）	荷兰	26	暂停
南非	390	搁置	英国	26	搁置
俄罗斯	287	搁置	土耳其	24	勘探
巴西	245	勘探	突尼斯	23	勘探
委内瑞拉	167	勘探	保加利亚	17	暂停
波兰	148	勘探	德国	17	暂停
法国	137	禁止	摩洛哥	12	勘探
乌克兰	128	勘探	瑞典	10	搁置
利比亚	122	搁置	西班牙	8	勘探
巴基斯坦	105	搁置	约旦	7	勘探
埃及	100	勘探	泰国	5	搁置
印度	96	勘探	蒙古国	4	勘探
巴拉圭	75	搁置	乌拉圭	2	勘探

注：1 tcf = 283.17 亿 m^3。

除了美国能源信息署数据，表 13.1 还包括从公开的简报和媒体报道（截至

---

❶ TRR：估算（未探明）湿页岩气可采储量。

❷ 现状一栏中，"生产"指用于发电或输送天然气的页岩气商业生产；"勘探"指正在进行先导试验或打探井，包括天然气的试验开采；"搁置"指没有全国性的官方禁令或中止，或者根本没有或非常有限的积极勘探（例如，由于重新评估地质、环境法规、社会政治意见或经济原因导致的结果）；"暂停"或"禁止"意味着在全国范围内存在一种政治或法律文书，可以暂时或永久地阻止与页岩气开采相关的活动。

2015 年 8 月）中收集的每个国家页岩气活动现状的简要总结。应该承认，这些数据有明确的时效性，许多国家的情况正在不断地重新评估并可能发生变化。

总体而言，美国能源信息署（2013）的报告估计，全球页岩气可采储量超过7000 tcf（1 tcf = 283.17 亿 m^3）（包括可能与石油一起开采的湿气）。由于许多国家的地质资料相对稀少，因此存在很大不确定性。未来还将对各国的页岩气资源进行更详细的评估。

13.3　页岩气活动区域概况

本节根据以下区域，参照表 13.1 中列出的国家讨论了页岩气活动的现状：

（1）欧洲：保加利亚、丹麦、法国、德国、荷兰、波兰、罗马尼亚、西班牙、瑞典、英国；

（2）俄罗斯和乌克兰；

（3）北美：加拿大、墨西哥、美国❶；

（4）亚太地区：澳大利亚、中国、印尼、蒙古国、泰国；

（5）南亚：印度、巴基斯坦；

（6）中东和北非地区：阿尔及利亚、埃及、约旦、利比亚、摩洛哥、突尼斯、土耳其；

（7）撒哈拉以南非洲：南非；

（8）南美：阿根廷、玻利维亚、巴西、智利、哥伦比亚、巴拉圭、乌拉圭、委内瑞拉。

13.3.1　欧洲

欧洲各地的研究表明，存在巨大可开采页岩油气潜力（BSG，2012；Natural Gas Europe，2015；Perkins，2015；Vetter，2015）。欧洲在常规天然气生产方面有着悠久的历史，具有良好的地质认识、健全的监管制度、将天然气输送到需求中心的良好基础设施及技术经验。在欧洲，水力压裂技术用于提高陆上和海上常规油井的产能已经有了一定历史。例如，自 20 世纪 50 年代以来，德国已经对300 口常规井进行了压裂（Vetter，2015），荷兰超过 200 口（Van Leeuwen，2015），而英国已经对 2000 口陆上油井进行了压裂（Royal Society & The Royal Academy of Engineering，2012）。

常规储量的下降意味着欧洲国家现在普遍依赖天然气进口。以德国为例，约90% 的天然气依赖进口，在 2011 年关闭核电站后，这一需求有所增加（Vetter，

---

❶ 虽然美国不在本章的范围内，但为了比较起见，列入了对生产水平的参考。

2015）。波兰高度依赖来自俄罗斯的天然气和煤炭，这两种能源约占波兰能源结构的56%（PWC，2014），而英国大约一半的天然气通过欧洲管道进口，液化天然气（LNG）则从卡塔尔和中东进口（May et al.，2015）。丹麦和荷兰是例外，这两个国家仍然拥有大量的常规天然气产量和巨大的剩余储量，并在可再生能源方面进行了大量投资（Bird & Bird，2015b；Perkins，2015a；Vinson 和 Elkins，2015）。

因此，欧洲页岩气有可能提高能源独立性、减少碳排放、降低天然气价格、提供就业机会和税收优惠，特别是在失业率高和经济萧条的地区（如东欧和英国北部）（May et al.，2015）（见第2章）。欧洲石油和天然气的采矿权由国家持有，因此土地所有者没有权利获得其土地下面的天然气；然而，目前鼓励勘探的奖励措施正在出台。例如，英国已经降低了页岩气的税收，英国和西班牙已经为当地社区引入了优惠政策，包括对西班牙的土地所有者和社区征收高达油井利润5%的税收，而在英国，其社区为每口压裂井一次性支付10万英镑（Shale Gas Europe，2015b；May et al.，2015）。

在欧洲，页岩气的开采通常受到矿业或油气法规的限制（包括在各国之间提供一定程度一致性的立法）。在允许公司进行钻探之前，通常涉及几个阶段，需要土地使用变更（规划）许可，包括环境影响评估（作为最佳实践）、井的建设和维护、地面和地下设施的建立、土地利用变更（规划）及环境保护（包括土地、地表水、地下水和空气质量的保护）（Shale Gas Europe，2015b，d）。一些国家也在制定单独的页岩相关法律，比如英国《基础设施法》（2015），该法案禁止在1000 m深度和某些"保护区"（包括地下水源地区和国家公园）进行水力压裂，要求在水力压裂开始前监测地下水和空气中的基线甲烷水平。并要求公开压裂液中的化学物质（见第8章）。此前，此类措施是通过许可制度而不是在立法范围内考虑的（May et al.，2015）。其他国家，尤其是东欧国家制度比西欧国家更为繁复，监管行动更为缓慢，例如，波兰和罗马尼亚在健全精简监管体系和税收框架方面的拖沓，以及不稳定的法律程序导致一些投资者退出（Mihalache，2015；Shale Gas Europe，2015a，d）。

尽管有潜在的有利地质条件、法规和政治意愿，但在过去的5～10年里与美国的情况相比，整个欧洲几乎没有进行页岩气勘探。波兰是这方面最先进的国家，自2010年以来，已钻探了60多口页岩井，其中25口进行了水力压裂（PWC，2014）。截至2011年，法国共对20口页岩井进行了水力压裂（Martor，2015），德国也于2008年对页岩进行了试钻和水力压裂（Vetter，2015；Natural Gas Europe，2015）。在英国，自2010年以来已经钻探了7口测试井，其中只有一口在2011年英格兰北部的布莱克浦附近进行了压裂，这导致了两次地震（如第11章所述），并在对这些地震的原因进行研究时实施了一项临时禁令（于

2012 年解除）（Green et al.，2012）。对于波兰、罗马尼亚和瑞典等已进行勘探和
钻探的国家，由于已确定的储量相对较小，初步结果令人失望，钻井也是不营利
的 （见第 2 章）（Bird & Bird，2015a；Natural Gas Europe，2015a，d；Mihalache，
2015）。

然而，在整个欧洲，对于水力压裂工艺一直存在大量的政治和公众反对意
见。人们关注的焦点是这一过程可能产生环境影响，如地下水污染、地震、温室
气体排放量增加、耗水量增加，以及返排水处理不当带来的风险。人们还质疑企
业的透明度和公开性，以及现有的监管框架是否合适。这些担忧通常是基于过程
中的感知问题，而不是相关国家报告的事件 （Martor，2015；Vetter，2015）（参
见第 8 章）。

因此，一些国家实行了暂停措施和禁令，有待进一步地研究，这些国家包括
德国 （2011 年起）、比利时 （2012 年起）、荷兰 （2013 年起，并于 2015 年延长
5 年）、苏格兰和威尔士 （2015 年起） 及法国 （2011 年起）（Perkins，2015a；
Vetter，2015；Government of the Netherlands，2015；Deans，2015；Martor，
2015）。这些措施的实施违背了专家的建议，即尽管存在健康、安全和环境风险，
但通常可以通过实施最优的补救措施、尽可能地修改现有立法和增加公众对这一
过程的参与度，来有效解决这些风险 （Royal Society & Royal Academy of
Engineering，2012；Mackay 和 Stone，2013 年；May et al.，2015；Martor，2015；
Vetter，2015）。即使是没有页岩气禁令的国家，到目前为止也无法建立多元化的
勘探项目，这主要是由于公众的反对。例如，在英国，2015 年 6 月，当地议会以
"农村工业化"的噪声和交通问题为由，拒绝了在两个地点钻探和压裂 8 口页岩
井的规划申请 （Beattie，2015）。在英国，探井和取心井 （用于页岩和煤层气
（CBM） 及在某些情况下常规陆上钻井） 的其他应用已经引起了广泛的公众反
对，包括拒绝临时工程的小规模应用 （Beattie，2015；Deans，2015）。

一些暂停页岩气开发的国家表示，他们仍将页岩气作为未来能源结构的可行
组成部分，并在未来将允许针对页岩气进行水力压裂研究 （AFP，2015；
Government of the Netherlands，2015；Martor，2015；Perkins，2015a）。由于勘探
和地质数据收集的延迟，许多国家对页岩储量的了解有限 （Government of the
Netherlands，2015；Shale Gas Europe，2015b），页岩是否具有生产性或经济性尚
不清楚。在进一步探索解决这些未知问题之前，在欧洲获得社会认可的问题可能
是最具挑战性的。

13.3.2 俄罗斯和乌克兰

尽管俄罗斯和乌克兰在地理上相邻，但两国开发页岩气的原因却截然不同。
俄罗斯拥有世界上最大的常规天然气资源，因此开发非常规天然气储备的意愿并

不迫切。俄罗斯的非常规天然气储量中页岩气只占有3%，主要分布在西伯利亚东北部、乌拉尔山脉和北极等人烟稀少的偏远地区，限制了天然气的开采。由于实行政治制裁，欧洲和北美的投资和专业技术的转让受到阻碍。因此，俄罗斯的公司正在加强与印度、中国、印尼、越南和韩国等亚洲经济体的联系，并在阿根廷等其他地区投资勘探。俄罗斯本身的页岩气勘探非常有限（Nowak 和 Boczek，2015；Shale Gas International，2015c，d）。

然而，乌克兰在勘探方面更先进，希望通过供应多样化来减少对俄罗斯天然气的依赖。近年来政治上的不稳定凸显了能源安全的重要性。例如，俄罗斯在2006年1月和2009年1月切断了对乌克兰的天然气供应，也影响了对欧洲其他国家的供应。美国和欧洲的公司仍在对乌克兰天然气进行投资（Shale Gas Europe，2015c）。然而，雪佛龙和壳牌最近都因不可抗力撤出了乌克兰，据了解，这是由于地区政治不稳定和勘探工作没有证实存在大量天然气的综合影响。通过国有公司与波兰合作，乌克兰的页岩气勘探、评估和最终开采工作继续进行（Shale Gas International，2015c）。

13.3.3 北美

显然，北美的产量由美国主导，主要来自阿肯色州、科罗拉多州、路易斯安那州、北达科他州、宾夕法尼亚州和得克萨斯州的油井（Tran，2014）（见第1章）。尽管某些城市和州已经实施了暂停或禁令，作为对当地法规和公共认知缺陷的政治回应，但总体而言，美国在勘探和生产方面正在取得进展。这影响了邻国加拿大和墨西哥之间的出口关系。两国过去都曾向美国出口天然气，然而，由于美国天然气产量的增加和成本的下降，这两个国家不得不调整其出口市场。

加拿大约5%的天然气来自不列颠哥伦比亚省、西北地区和阿尔伯塔省的页岩气。加拿大有一个完善鼓励外国投资的计划（EIA，2013）。天然气开采的税收用于资助医疗、教育和基础设施建设。然而，生产盆地的偏远位置限制了天然气运输。因此，目前主要输送到小型液化天然气设施中，用作运输燃料或者作为离网属性和企业的燃料。加拿大东部和西部海岸也正在开发大型液化天然气项目，尽管这些项目存在包括运输距离、野外建设、技术资源可用性和复杂监管流程等一系列挑战（EIA，2013；Gomes，2015）（参见第9章）。

墨西哥目前通过长输管道从美国进口天然气，常规储量正在下降。墨西哥毗邻美国得克萨斯州的页岩气和石油产区（Eagle Ford），这也意味着位于工业东北部的同一页岩盆地（在墨西哥被称为 Burgos 盆地）有巨大开发潜力。自2014年以来，大约钻探了20口探井，其中大部分由墨西哥国家石油公司承担（Burnett，2015；Collins，2015；Fisher，2015；Seelke 等，2015）。为了弥补商业页岩气井的成本，寻求进一步的投资，自2013年以来，随着税收制度的减少，自主权和竞争性增加，外国投资者已经被允许进入能源行业（Collins，2015）。

制约墨西哥发展的因素包括水资源短缺，特别是在非常干旱的墨西哥北部。此外，该地区面临的挑战还包括安全问题、管道被挖掘、油轮被"燃料海盗"劫持导致石油泄漏等环境问题，以及熟练员工不愿在该国工作的问题。当地收集和输送天然气和石油的基础设施缺乏，页岩丰富地区的公路、铁路和住房也同样缺乏（Burnett，2015；Fisher，2015）。

13.3.4 亚太地区

这是一个多样化的地区，包括澳大利亚、中国、印尼、蒙古国和泰国，在油气开采、监管制度和经济体系方面有着非常不同的经验。全球各国都热衷于开发页岩气，以提高能源独立性，增加出口潜力，特别是中国，致力于减少能源生产中的碳和其他污染物排放（Shale World，2013）。

随着澳大利亚和中国勘探工作的进行，商业生产也正取得进展。在澳大利亚，西澳大利亚州拥有大约 2/3 的已探明页岩气储量，库珀盆地自 2012 年以来就开始了商业生产，并拥有相关的基础设施、管道和处理站，而珀斯盆地由于靠近珀斯市地区，也在进行勘探（Allnutt 和 Yoon，2015）。自 2013 年以来，中国国有企业中国石油和中国石化在中国中南部的四川盆地钻探了 200 多口探井，其中 74 口于 2015 年年中投产。据估计，到 2015 年底，天然气产量将达到每年 2190 bcf（1 bcf = 283.17 万 m³），是 2013 年产量的 30 多倍，尽管预计未来 30 年大部分天然气仍将从俄罗斯进口（Economist，2014；Aloulou，2015）。

印尼的苏门答腊岛、婆罗洲岛和巴布亚岛等主要岛屿周围拥有潜在的页岩产层，这些岛屿的地质情况与美国相似。然而，由于勘探受到限制，印尼的投资主要集中在美国、加拿大和南美的页岩盆地。泰国也投资美国和加拿大的页岩开发，而不是在国内开发，2014 年上台的军政府在鼓励进一步投资方面进展缓慢（Razavi 和 Hidayanto，2013；Riaz，2013；Jaipuriyar，2015）。蒙古国与页岩油气勘探相关的有限勘探也在进行中（Shale World，2013）。

国际公司投资页岩开采的动机在各地区不尽相同，各国的政治背景不同，监管也存在很大差异。澳大利亚的监管受到国家和州级控制，澳大利亚政府制定了广泛的经济政策，为石油开采提供了法规框架，并促进了地球科学信息的收集。各州可以推出自己的法规和变更。例如，西澳大利亚州针对页岩气行业出台了专门的监管改革，并正在制定一个更稳健、可执行和透明的监管框架，而维多利亚州则在 2012 年宣布暂停水力压裂和煤层气开采（Allnutt 和 Yoon，2015）。印尼也在 2012 年通过了一个专门的页岩气法规监管，该框架主要针对深水常规储量的油气监管。通过与印度尼西亚国家石油公司（Pertamina）（Shale Gas International，2015b）签订联合协议，开放允许国际公司进行勘探。然而，税收、激励措施、共享基础设施和营销限制等方面正在阻碍外国投资者，尽管通过印度尼西亚国家石油公司（Pertamina）投资外汇储备使得知识和技能的转让正在改善（Razavi 和 Hidayanto，2013）。同样，中国和蒙古国的大部分投资都是由国有企业进行的（Economist，2014），尽管蒙古国尤其受到缺乏油气开采历史及相关专业知识、技术和基础设施的制约（Shale World，2013）。

亚太地区的关键制约因素是页岩盆地的生产位置偏远，这些地区通常远离需求中心，这导致了基础设施建设面临挑战，并增加了钻井和生产成本（包括液化天然气设施的开发）(Economist，2014；Jaipuriyar，2015)。水资源也是整个地区的一个制约因素，包括西澳大利亚、中国和蒙古国（Shale World，2013；Economist，2014；Allnutt 和 Yoon，2015）。

页岩的深度和质量等地质约束也是一个考虑因素。该地区的页岩相对较深，且缺乏钻机等设备来钻至目标深度，因此，钻井成本很高（Allnutt 和 Yoon，2015）。以印尼为例，进口天然气（LNG）的成本大约是美国的 4 倍，因此仍有可能降低整体天然气成本（Razavi 和 Hidayanto，2013）。在中国，页岩脆性不那么强，也不像美国那样容易断裂。中国和蒙古国的一些页岩区也处于地震活跃区（Shale World，2013）。

13.3.5　南亚

印度和巴基斯坦都从常规来源生产天然气，但大约一半需要进口（Batra，2013）。两国都计划通过利用页岩储量来实现能源的更加独立。印度还希望通过使用压缩天然气和管道天然气来减少汽油和液化石油气的消耗（EMIS，2015）。

印度的勘探主要集中在该国西北部的六个盆地周围。在征询公众意见后，2013 年 9 月政府批准了一项页岩气勘探政策，允许对区块进行国际竞争性招标，并制定一套关于特许权使用费和生产相关支付的财政制度，提高国家控制的天然气价格上限（EMIS，2015）。印度国家石油天然气公司（ONGC）和印度石油公司（OIL）于 2012 年和 2013 年在古吉拉特邦和西孟加拉邦进行了勘探钻探，并宣布进一步投资。印度还专注于为其他国家储量的开发提供所用技术的经验。

然而，政府不鼓励外国投资，以及低天然气价格和高勘探生产成本之间的矛盾进一步阻碍了投资。尽管采矿权由政府持有，但页岩勘探公司或州政府持有就必须购买项目所需的土地，这是一个漫长且缓慢的过程。页岩沉积也主要发生在人口密集的地区，这引发了人们对地震导致大量人口流离失所的担忧。

巴基斯坦的勘探进展缓慢，因为政府政策似乎倾向于从卡塔尔进口管道天然气或液化天然气，认为这是更便宜的选择（Bhutta，2015）。尽管巴基斯坦对页岩储层有很好的地质认识，但开发该资源的政治意愿有限（Abbasi，2015）。目前还没有正式的页岩气政策，来自环保组织的压力似乎阻碍了页岩气勘探的进程。尽管该行业有降低失业率的潜力，但这是页岩气开发所在的农村地区失业率面临的一个主要问题（Abbasi，2015）。

印度和巴基斯坦都面临着物质和经济性缺水问题。到 2030 年，潜在的页岩气蕴藏区也将面临严重的缺水压力（Batra，2013）。现有的供水限制意味着并非所有可能的页岩气藏都可以勘探，从而限制了天然气开发的潜在效益（EMIS，2015）。

尽管印度的环境法规认识到在排放前对开发过程中使用过的水进行处理的重要性，但环境法规的执行可能存在问题，而且是断断续续的，尤其是废水处理往往没有得到充分执行（Batra，2013）。

13.3.6 中东和北非

中东和北非国家在历史上经历了大量的油气生产，但约旦、摩洛哥和土耳其等国家通常从该地区其他国家进口油气。但是，由于该地区政治动荡导致常规储量正在下降，为帮助维持国内供应和出口合同，以及从煤炭和柴油转向天然气发电以减少碳排放，页岩气开发（以及其他选择）越来越受到重视。（Global Security. org，2014；Rebi，2014；Nakhle，2015；O'Neill et al.，2015；Santos，2015；Vladimirov，2015）。进口国也热衷于提高对本身能源的依赖，以减少对俄罗斯和伊朗等国的依赖。在利比亚，页岩井的快速部署被视为降低该国失业率的潜在优势（Yee，2015）。

监管制度已经做出了各种改变。例如，阿尔及利亚于 2005 年出台了一项《油气法》，随后进行了修订，以减少阿尔及利亚国家石油公司（Sonatrach）的垄断，并提供与页岩气相关的税收优惠，但仍限制进口和外国投资。在利比亚，还采取了一项举措，国有石油公司（NOC）拥有的页岩项目允许外国公司持有更高的股权，并且对 1955 年的《石油法》也进行了修订，为外国投资者提供了更明确、清晰的条款，尽管由于缺乏国家宪法的支持而受到阻碍（Yee，2015）。

某些国家与一些国际公司签订了投资资本和专业技术的协议，如在阿尔及利亚（Nakhle，2015）、埃及西部沙漠的 3 口探井（Chodkowski-Gyurics，2014），突尼斯的 4 口探井（Rebi，2014）和摩洛哥的 Lalla Mimouna 盆地探井（Vladimirov，2015）。然而，这些协议是有限的。约旦的储量主要是页岩油（USGS，2014），主要位于约旦中西部，那里的页岩相对靠近地表并且处于基础设施附近，来自爱沙尼亚、巴西和美国的跨国公司正在勘探这些资源。虽然在摩洛哥钻探的一些井很有前景，但在利比亚其他一些井的结果却令人失望（Yee，2015）。

在阿尔及利亚和突尼斯，很多公众抗议政府投资水力压裂的决定，主要是由于大量用水可能会减少主要依赖农业的地区的供水（EJ Atlas，2013；Nakhle，2015）。例如，阿尔及利亚 95% 以上的页岩被撒哈拉沙漠覆盖。该地区的其他国家也饱受缺水之苦。在突尼斯，也有人担心国际公司在没有许可证和执照的情况下开发页岩气（Rebhi，2014）。

基础设施不足、钻井平台有限、政府审批流程缓慢、难以吸引投资伙伴及技术问题等其他挑战都阻碍了对该地区的投资。此外，还有不稳定的立法和监管环境、保护主义政策、严厉的税收制度、腐败和安全高度风险（Nakhle，2015）。政治的不稳定导致国际公司不愿投资是整个地区的一个特征（Goddard，2013；O'Neill et al.，2015）。以利比亚为例，该国政治不稳定，阵发性的石油工人罢工和港口查封令外国投资者望而却步（NARCO，2015）。这些风险使外国投资者不敢进行投资，尤其是在限制性政策（包括补贴国内天然气价格）导致利润较低及初步结果令人失望的情况下。

13.3.7 撒哈拉以南非洲

据了解，在撒哈拉以南的非洲地区只有南非拥有大量的页岩储量。南非政府正在推动对页岩气的勘探，以提高能源独立性。页岩气储量主要位于西开普省的卡鲁盆地。2011年4月，由于环保组织担心页岩气勘探可能会对卡鲁地区的生物多样性和地下水资源造成潜在影响，暂停了页岩气勘探，导致南非政府被迫拒绝任何勘探许可（Pinsent Masons，2015）。该项禁令于2012年解除，根据专家建议，勘探工作可在一个监督委员会的严格监督下进行，如果出现环保相关问题，可以对其暂停。在现有的监管框架下，建议开展地质野外测绘和其他数据收集活动，同时对该框架进行了修订，允许增加监管条款。然而，由于这项立法的最终定稿时间有所推迟，造成了很大的不确定性，也导致很多跨国公司从该国撤出，例如壳牌公司于2015年3月从卡鲁盆地撤离，阿纳达科石油公司于2014年撤出。

13.3.8 南美

许多南美国家都有常规天然气的生产史，但产量都在下降，如阿根廷（Platts，2015）、玻利维亚（Hill，2015；Shale Gas International，2015a）和哥伦比亚（Mares，2013；Naziri，2014）。这些国家希望恢复出口能力和国内供应，并发展国内工业。其他国家，如巴西、巴拉圭和委内瑞拉，正致力于降低国内天然气生产成本，增加对民用和商业使用的供应（Mares，2013；Cunha，2014；Regester Larkin，2014）。巴西也在积极寻求利用页岩气开发收入投资到其他领域，如"盐下层"海上油气开发（Platts，2015）。委内瑞拉热衷于将开发的天然气用于工业，因此致力于对天然气基础设施的发展。

在阿根廷，页岩气开发一直在有序进行。举例来讲，自2013年以来，位于阿根廷中西部瓦卡穆埃尔塔页岩层，有超过275口井，每年生产约250 bcf

（1 bcf＝283.17 万 m³）页岩气。阿根廷主要运营商是国有公司 YPF，该公司已与国际公司签订了合资协议。哥伦比亚在 La Luna 地层的勘探也取得了进展（Naziri，2014），2014 年在该国钻了大约 10 口井（Arthur，2014）。而玻利维亚、巴西、智利（与阿根廷页岩盆地接壤）和委内瑞拉等其他国家，虽然进展不那么顺利，但已经签订了页岩气探井协议（Shale Gas International，2014；Arthur，2014）。乌拉圭的页岩主要含有石油而不是天然气，2013 年的勘探重点集中在页岩油方面，最终开发出一批具有伴生气的油井（Proactive Investors，2013）。

南美油气立法体制的改革使国际公司加大了海外投资。这些变化旨在减少经济不确定性和限制性政策，如限制利润外流和价格控制，提供税收减免、能源价格上涨和其他激励措施（Naziri，2014；Platts，2015；Shale Gas International，2015a）。各国也在制定专门针对非常规天然气的法规，这些国家勘探前期主要依据更宽泛的油气法规，而在巴西等国家，环境法规目前没有明确规定（register Larkin，2014），这种情况有助于鼓励国际直接投资，也可以为该地区页岩气开发提供资金和专业知识（Cunha，2014；ITE Oil & Gas，2015）。还有一些国家，如哥伦比亚，有大量的国际公司在开发常规储量（Naziri，2014）。尽管油价的下跌使许多投资转向了地质和监管框架更有吸引力的墨西哥等国（Platts，2015）。那些对页岩气基本认识较浅、估算储量也很小的国家（如巴拉圭和乌拉圭）是不太可能得到国际资本青睐的（Mares，2013）。

在玻利维亚，公众对水和化学品使用、健康影响，以及不断增加的碳排放量关注度很高。特别是在偏远地区，如玻利维亚的查科地区，被认为环境脆弱的地区，并且是原住民的家园（Hill，2015）；而在邻国巴西，由于经济利益，公众对它的接受度更高。

进一步的制约因素包括许多盆地地处偏远，存在缺乏管道和钻机在内的基础设施等问题，尤其是在巴西和智利。其他挑战包括缺乏地质和技术知识，以及高昂的运营成本，这些井成本高达美国成本的 5 倍（Arthur，2014），其中一些问题正在通过与其他国家的合作加以解决。例如玻利维亚正在与阿根廷合作，对其劳动力进行开采技术培训（Hill，2015）。阿根廷正在开发中国和俄罗斯的资源（Aloulou，2015）。但勘探和天然气行业的安全风险仍然存在挑战，这影响行业的盈利能力，例如在巴西和哥伦比亚，2013 年发生了超过 250 起管道爆炸事件（Naziri，2014）。

13.4　页岩气生产面临的全球性挑战和制约

通过对全球页岩气开采现状的回顾发现，要成功开采页岩气将要面临诸多挑战和制约。图 13.1 对此进行了总结。此图展示了一个"红绿灯"系统：白色格表示成功的因素或有限的约束和挑战；灰色格表示一些中等程度的制约或挑战（在全国范围内强度不同，或总体上强度中等）；黑色格表示覆盖全国大部分地区的重大制约或挑战。带问号的格子表示目前没有足够的数据来确定是否可能存在约束。

图13.1所用的数据改编自13.3节中引用的参考文献，以及全球水资源压力和全球地震灾害分布图（World Resources Institute，2014；GSHAP，1999）。此项定性矩阵可较为直观对各国现状进行类比。

13.4.1 制约因素

制约因素指的是环境和其他因素，是国家和页岩气资源性质的一部分，这种制约因素不能通过投资、政治或立法体制变革来改变。这些因素包括页岩的性质、地质、位置、页岩所在地区的水资源可用性，以及一个国家机构的构成和过去油气开发历史等因素。虽然可以减轻约束，但通常不能完全消除它们。如果不存在约束条件（例如，如果一个国家没有用水的限制），它就被认为是一个"成功因素"（即水力压裂过程有潜在的水供应）。缓解这一限制可能包括从其他地方引水，或开发减少用水的技术，但这并不会消除这一限制。

13.4.1.1 地质和位置

不同页岩矿床的地质特征可能会有很大的差异，特别是深度、温度和有机物的性质。页岩还需要"脆性"（例如，黏土的比例较低），这样才能使目前的水力压裂改造技术取得成功。复杂或不利的页岩地质性质会影响页岩气技术可开发性（即不考虑天然气价格和生产成本的情况下，用当前技术可以生产的天然气量）。

目前，许多国家页岩矿床的地质特征存在很大的不确定性。例如，尽管欧洲中部的一些页岩区块预计产量会较高，但在波兰、罗马尼亚和丹麦的测试井的产量却低于预期，而北美和南美的类似井更有潜力。中国等其他国家似乎拥有高黏土页岩，但脆性不高，因此产量不如美国页岩。为了确定不同国家的地质性质，不仅要通过案头研究和地震调查，还要通过取心井和试验井进行更多的勘探和研究。这方面的研究需要前期投入大量的投资才能获得收益。投资者的不确定性可能会阻碍这项研究的开展。

在中国和蒙古国等受地震活动潜在影响的地区，也会影响页岩气的开发。正如第11章所讨论的，诱发地震可能是由于废水注入或水力压裂过程本身造成的（参见第5章）。虽然水力压裂引起的地震活动不太可能造成财产损失，但它可能会造成滋扰问题，并存在完井风险。

位置因素也很重要。当页岩储量位于偏远地区的地区时，在运输和出口天然气的基础设施方面将面临挑战，还会带来额外的成本和环境影响。

地区		欧洲										苏联		北美			亚太地区				
国家		保加利亚	丹麦	法国	德国	荷兰	波兰	罗马尼亚	西班牙	瑞典	英国	俄罗斯	乌克兰	加拿大	墨西哥	美国	澳大利亚	中国	印度尼西亚	蒙古国	泰国
当前状态		M	O	B	M	M	E	O	E	O	O	O	E	P	E	P	E/P	P	E	E	O
限制条件	水资源可利用性																				
	深煤层/页岩盆地																				
	初始结果不佳	?		?	?	?			?	?	?									?	?
	地震活动																				
	偏远地区																				
	资源的私人/政府所有权																				
	现有常规能源供应过剩																				
挑战	联合地质日期																				
	昂贵的水井																				
	优化现有的基础设施																				
	缺乏陆上钻机设备																				
	公众的强烈反对																				
	不确定/缺乏环境法规																				
	政治格局动荡不安																				
	复杂的监管程序/限制性政府政策																				
	安全风险和腐败																				

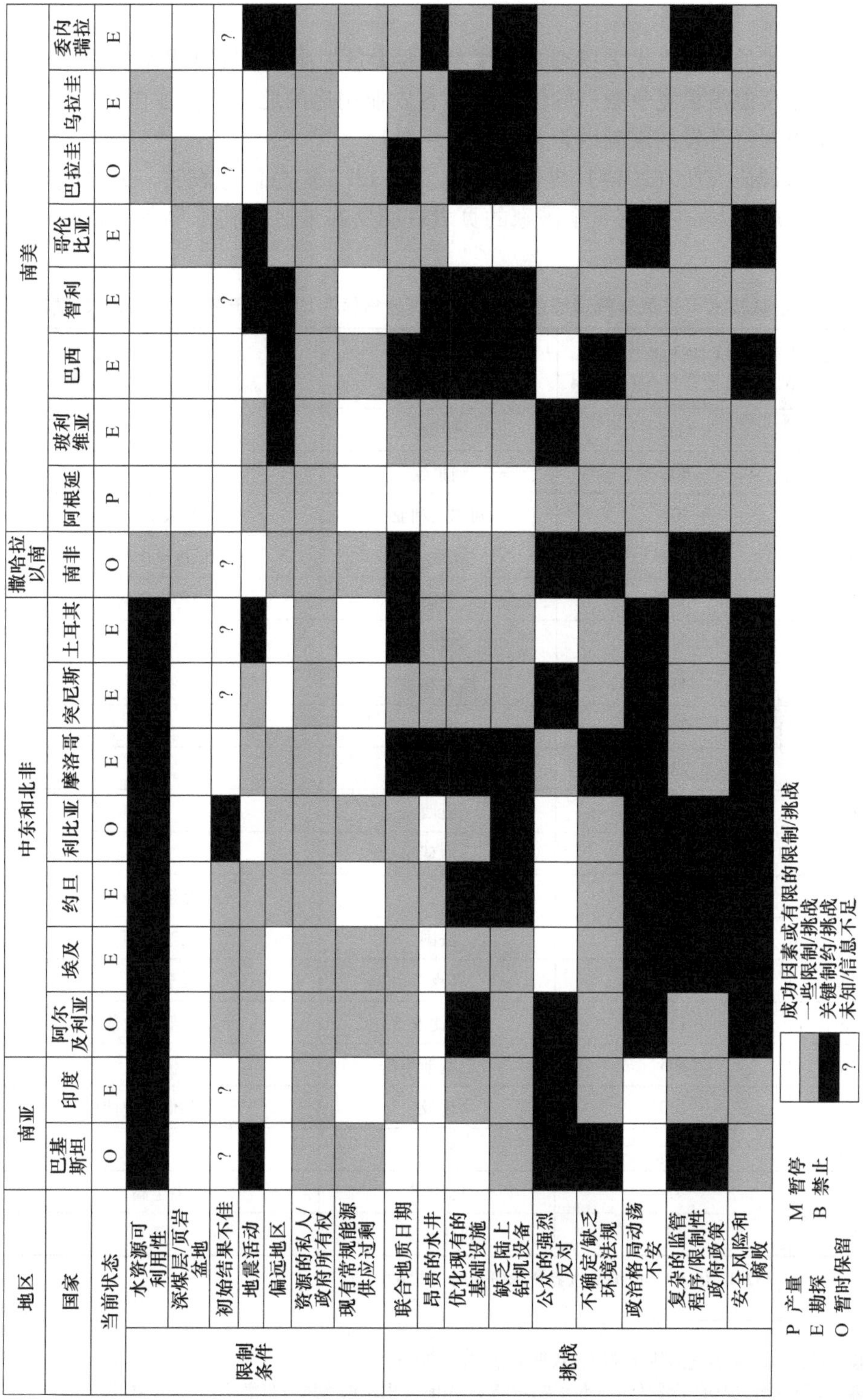
地区
国家
当前状态
南亚
中东和北非
撒哈拉以南
南美
巴基斯坦 O
印度 E
阿尔及利亚 O
埃及 E
约旦 E
利比亚 O
摩洛哥 E
突尼斯 E
土耳其 E
南非 O
阿根廷 P
玻利维亚 E
巴西 E
智利 E
哥伦比亚 E
巴拉圭 O
乌拉圭 E
委内瑞拉 E
限制条件
水资源可利用性
深煤层/页岩盆地
初始结果不佳
地震活动
偏远地区
资源的私人/政府所有权
现有常规能源供应过剩
挑战
联合地质日期
昂贵的水井
优化现有的基础设施
缺乏陆上钻机设备
公众的强烈反对
不确定/缺乏环境法规
政治格局动荡不安
复杂的监管程序/限制性政府政策
安全风险和腐败
?
成功因素或有限的限制/挑战
一些限制/挑战
关键制约/挑战
未知/信息不足
P 产量
E 勘探
O 暂时保留
M 暂停
B 禁止

图 13.1 全球页岩气生产面临的挑战和制约因素总结

13.4.1.2　水资源

现有技术的页岩气水力压裂开发技术需要大量的淡水，在许多水资源稀缺的国家和对水资源需求竞争激烈的国家（如有农业用途的北非和南亚国家），这可能是推进页岩气开发的限制因素（参见第 4 章）。

世界资源研究所（2014）提供的信息及表 13.2 汇总信息表明，页岩气资源最丰富的 20 个国家中，有 8 个国家的页岩资源所在地区面临干旱条件或基线水压力。

表 13.2　全球技术可采页岩气资源前 20 个国家页岩气区平均暴露于基线水压力下的情况

排名❶	EIA 估计的 TRR 页岩气/tcf	国　家	页岩气区平均暴露于基线水压力下的情况❷
1	1115	中国	高
2	802	阿根廷	低至中等
3	707	阿尔及利亚	干旱和低水位使用
4	573	加拿大	低度至中度
5	567	美国	中等至高等
6	545	墨西哥	高
7	437	澳大利亚	低
8	390	南非	高
9	287	俄罗斯	低
10	245	巴西	低
11	167	委内瑞拉	低
12	148	波兰	低至中等
13	137	法国	低至中等
14	128	乌克兰	低至中等
15	122	利比亚	干旱和低水位使用
16	105	巴基斯坦	极高
17	100	埃及	干旱和低水位使用
18	96	印度	高
19	75	巴拉圭	中至高
20	55	哥伦比亚	低

注：1 tcf = 283.17 亿 m³。改编自世界资源研究所（2014）。

❶ 基于 TRR 页岩气的估计规模，数据来源 EIA（2013）。
❷ 水资源研究所的工具"Aqueduct Water Risk Atlas（引水渠水风险图集）"。

目前，有关减少用水需求、现场处理技术、回流/废水再利用、使用丙烷凝胶等非水替代品的研究正在进行中，这对在缺水环境中寻求钻井和水力压裂的替代技术措施非常重要（有关技术参见第5章）。

13.4.1.3 历史因素

虽然大多数限制因素是环境、历史和经济因素，如过去的油气开发经验和天然气储量的财务所有权，也会影响页岩气开发成功。

美国与其他国家的一个关键区别是美国的矿产储备是私人所有，这意味着特许权使用费可支付给土地所有者，避免了以滋扰、成本和利益不平衡为理由的反对意见（EIA，2013）（见第8章关于激励措施的讨论）。此外，对新的天然气供应来源的需求，将取决于当前常规储备的生产情况。俄罗斯和荷兰等国拥有大量的矿产储备，足以满足或超过当前的国内需求。因此，与欧洲、亚洲和北非的许多净进口国相比，他们不太关心建立新的能源供应来提高能源安全，或增加天然气在国内电力供应中的比例等措施。

13.4.2 挑战

挑战是指可以通过现有知识、投资和政治意愿切实克服或大大减少的因素。例如，不明确的管理制度或不利的税收制度的挑战可以通过修改这些制度来消除。同样，基础设施或技术知识的缺乏可以通过在这些领域的投资来克服，缺少或克服了特定的挑战，意味着"成功因素"。显然，一些挑战，如地区政治不稳定和安全风险，比其他挑战更难通过简单的立法或结构改革来控制，但为便于统筹考虑，本书把它们放在一起考虑。

尽管已确定的挑战有很多重叠，但建立有利的政治、经济、监管和环境因素的平衡对未来的页岩气开发至关重要。这种平衡的确切性质因国家而异，取决于每个环境背景的敏感性。后面将列出指示性挑战及特定国家如何应对这些挑战。详细内容在13.3一节中概述。

13.4.2.1 有限的地质资料

许多国家缺乏地质调查数据和页岩气测试井的数据，这些因素可能会影响国际投资。这在欧洲确实是个问题，因为欧洲的禁令和暂停措施阻碍了测试数据的收集，而在中国、俄罗斯、北非和一些南美国家，如巴拉圭和巴西，页岩盆地偏远，技术专长有限。

13.4.2.2 有限的现有基础设施

如果页岩盆地位于远离需求中心的地区，可能会对管道、道路和水处理设施等基础设施提出额外要求。在中国西部、澳大利亚和俄罗斯等地区，这是一个关键问题，导致与已有基础设施的国家相比，这些国家钻井成本将更高。钻机的可用性和专业储备也可能是限制有效开发的一个挑战，例如在欧洲、南美洲和北非一些没有油气开发历史的地区。

13.4.2.3　环境监管框架

一个明确、有力和全面的环境规章框架对于吸引国际投资很重要，可以确保外部投资者了解相关的环境风险和责任。需要考虑的因素包括：

（1）在发放许可证前，提前规划并评估可能产生的累积效应；

（2）仔细评估环境影响和风险；

（3）确保油气井的完整性达到最佳实践标准；

（4）在作业开始前，检测当地的水、空气和土壤的质量，监测并处理任何变化带来的新风险；

（5）通过捕获气体来控制废气排放，包括温室气体排放；

（6）向公众公布单井使用的相关化学品；

（7）确保运营商在整个项目中的应用实践。

在非洲、中东、亚洲和南美洲，不明确和不断变化的环境立法是一个特别的挑战，在欧洲也是如此，这些地区的公众期望很高，一些国家仍在制定专门针对非常规油气开发的法规。

13.4.2.4　公众的反对

公众反对声高涨通常是一个与环境影响有关的挑战，可以通过各种参与技术来解决。公众的反对是一个全球性的问题，也是欧洲许多国家推迟页岩气勘探的关键原因，南亚和北非的情况还不太严重。这种反对意见可能导致禁止或暂停水力压裂，就像波兰、罗马尼亚和南非。特别是，避免公众反对的方法包括建立一个清晰的环境监管体系，如前所述，并确保在整个过程中与受影响的社区可以透明地接触。在人口密集的地区（如英格兰北部）和更偏远的"原始"环境（如波兰和玻利维亚），水力压裂的提议都会遭到公众的强烈反对（见第8章）。

13.4.2.5　政治经济不稳定及安全风险

政治不稳定的国家给投资者带来了风险，甚至使潜在的高产页岩盆地变得不那么受欢迎。这种挑战在乌克兰和俄罗斯之间的冲突，以及利比亚和其他北非国家持续的内部冲突中有明显表现。此外，墨西哥和哥伦比亚等国也经历了严重的暴力和基础设施破坏。

13.4.2.6　政府支持

国家层面上，政府对页岩气活动的支持和承诺在战略上和财政上都很重要（例如建立有利的税收制度）。目前，加拿大、西班牙和英格兰（英国）等国家有政治支持，这与保加利亚、法国、荷兰、苏格兰和威尔士（英国）等国家的暂停措施和禁令形成鲜明对比。

13.5　总　　结

　　页岩气储量的成功开发取决于多种因素，由于现有信息有限，不可能预测哪些国家会成功。一般来说，页岩的成功开发取决于成功因素最大化，以及剩余挑战和制约因素最小化和控制之间的平衡。然而在某些情况下，很少有限制或挑战可以阻止勘探，而在其他情况下，成功的勘探甚至生产可以在一个极具挑战性和受限的环境中进行。

　　与那些工业不发达的国家相比，目前有商业页岩气生产计划的国家（美国、加拿大、阿根廷、中国及澳大利亚（较小程度上））面临较少的限制和挑战。尽管美国、加拿大和阿根廷有相对较多的"成功因素"（见图 13.1），但中国和澳大利亚显示出更多的限制和挑战，甚至比不太成功的国家还要多。这很可能反映了各国页岩资源的高度变化特性，因此，生产是在限制较少的地区进行的。相反，像英国、瑞典和丹麦这样的国家，理论上几乎没有什么环境限制和一些"成功因素"，但"搁置"了，几乎没有进行任何勘探，这主要是由于公众反对这一进程。

　　在欧洲，"社会政治"挑战限制了进一步的探索，导致这些国家比预期的更加"谨慎"。在非洲、中东、南美和亚洲，尽管仍有大量的限制和挑战，但勘探工作正在取得进展。总而言之，即使政治挑战仍然存在，但这些国家在许多情况下还是在通过国有企业进行勘探，当然，这可能会影响国际投资者。

　　全球范围内，储量的确定需要进一步的研究和探索，需要回答在哪里和如何开发这些储量。然而，北美这种少数限制和挑战结合下的成功模式，在短期内不太可能在其他国家复制。

参 考 文 献

　　ABBASI A H, 2015. Shale gas: A real game-changer—The International News [EB/OL]. [2015-08-05]. http://www.thenews.com.pk/Todays-News-9-321573-Shale-gas-a-real-game-changer.

　　AFP, 2015. Germany restricts fracking but doesn't ban it [EB/OL]. [2015-08-14]. http://phys.org/news/2015-04-germanyrestricts-fracking-doesnt.html.

　　ALLNUTT L, YOON J, 2015. Australia-shale gas handbook-June 2015 Norton Rose Fulbright LLP [EB/OL]. [2015-08-05]. http://www.lexology.com/library/detail.aspx? g = 314ab6de-8c0f-4e82-868b-77468e2b2b95.

　　ALOULOU F, 2015. Argentina and China lead shale development outside North America in firsthalf 2015-Today in Energy, US EIA [EB/OL]. [2015-08-03]. http://www.eia.gov/

todayinenergy/detail. cfm？ id = 21832.

　　ARTHUR A，2014. Shale oil and gas the latest energy frontier for South America ［EB/OL］. ［2015-08-10］. http://oilprice. com/Energy/Energy-General/Shale-oil-and-gas-the-latest-energy-frontier-for-South-America. html.